W0115425

Roland Süße (Hrsg.) · Theoretische Elektrotechnik, Band 2

Theoretische Elektrotechnik

Band 2: Netzwerke und Elemente höherer Ordnung

Priv.-Doz. Dr.-Ing. Roland Süße (Hrsg.)
Dr.-Ing. Ute Diemar
Dipl.-Ing. Georg Michel

 VERLAG

Die Deutsche Bibliothek – CIP-Einheitsaufnahme

Theoretische Elektrotechnik / von Roland Süsse (Hrsg.) ; Ute
Diemar ; Georg Michel. – Düsseldorf : VDI-Verl.
    Teilw. im BI-Wiss.-Verl., Mannheim, Leipzig, Wien, Zürich. – Bd. 1
    verf. von Roland Süsse und Bernd Marx.
NE: Süsse, Roland; Marx, Bernd; Diemar, Ute; Michel, Georg
Bd. 2. Netzwerke und Elemente höherer Ordnung. – 1996

Druck und Verarbeitung: Konrad Triltsch GmbH, Würzburg

ISBN-13: 978-3-642-95764-2   e-ISBN-13: 978-3-642-95763-5
DOI: 10.1007/978-3-642-95763-5

Vorwort

Der zweite Band entstand ebenfalls aus Vorlesungen zur Elektromagnetik und zur elektromechanischen Modellierung für Studierende der Elektrotechnik, Informationstechnik, Automatisierungstechnik und Maschinenbau an der Technischen Universität Ilmenau. Auch er wendet sich, wie der erste Band, an Studierende und Ingenieure der Elektrotechnik, an Maschinenbauer, an Physiker sowie an Interessierte. Zum Verständnis seiner Inhalte werden nur solche Kenntnisse vorausgesetzt, wie sie das Grundstudium an einer Technischen Universität oder Hochschule in Mathematik, Physik, Elektrotechnik und Elektronik anbietet. Weitergehende Ausführungen zur Variations- bzw. Tensorrechnung, zum Lagrange- bzw. Hamilton-Formalismus, zu den Elementen höherer Ordnung sind im betreffenden Kapitel vorangestellt oder es wird auf Band 1 verwiesen.

Die Theoretische Elektrotechnik setzt sich aus der Theorie und Anwendung elektromagnetischer Felder, der Theorie und Technik elektrischer Netzwerke und dem Mechanismus der Stromleitung in Gasen, Flüssigkeiten und festen Körpern mit den Teilgebieten Analyse, Modellierung und Synthese zusammen. Im ersten Band wurden Grundgesetze der Elektrotechnik auf Basis von Variations- und Tensorrechnung hergeleitet.

Der zweite Band bietet Berechnungsmethoden für lineare und nichtlineare elektrische Netzwerke auf der Grundlage der Variationsrechnung an, wobei ausführlich die Elemente höherer Ordnung einbezogen sind. Die Autoren zeigen neue, für den Ingenieur nicht übliche Wege auf.

Das Buch enthält Ausführungen zu den Gebieten: Einführung und ausgewählte Anwendungen (Elektrotechnik-Elektronik, Elektromechanik, Thermotechnik), Prinzipien in der Technik, Hamiltonsche Gleichungen und Legendresche Transformation, $\{L, D\}$-Modelle von Bauelementen, der Riemannsche Raum, Elemente höherer Ordnung und ihre Anwendung, $\{L, D\}$-Modelle für Elemente höherer Ordnung, Hamilton-Funktion für Systeme mit Elementen höherer Ordnung, Analyse von Systemen mittels Lagrange- und Hamilton-Formalismus, technische Anwendungen für Elemente höherer Ordnung, Umsetzung auf dem Computer.

Das erste Kapitel zeigt auf den Ingenieur abgestimmt in überschaubarer Weise die Anwendungsbreite der Variationsrechnung, des Lagrange- sowie Hamilton-Formalismus in der Technik. Die anschließenden Ausführungen bieten später benötigte mathematische und topologische Inhalte an, um nach der Abhandlung der zukunftsweisenden Elemente höherer Ordnung die Formalismen von Lagrange und Hamilton dafür zum Zwecke der Berechnung von technischen Systemen mit solchen Elementen auszubauen. Dabei sind auch vorkommende Dissipationen berücksichtigt.

Die Kapitel 6 und 12 beinhalten die Berechnung nichtlinearer elektromechanischer Systeme im Riemannschen Raum. Die tensorielle Betrachtung geht von verallgemeinerten kontravarianten Lagekoordinaten aus, so daß aus der Ableitung der kontravarianten Lagrange-Funktion nach denselben die verallgemeinerten kovarianten Impulse hervorgehen. Da die kontravarianten Impulse und die kontravarianten Geschwindigkeiten gemäß der Legendre-Transformation äquivalente Rechengrößen darstellen, können die metrischen Koeffizienten zur Substitution der Geschwindigkeiten durch die Impulse beim Übergang vom Lagrange- zum Hamilton-Formalismus benutzt werden. Unter der Verwendung der metrischen Koeffizienten (metrischen Tensoren) lassen sich die kovarianten in kontravariante Größen und umgekehrt umrechnen, so daß für einunddasselbe technische System mehrere Formen von Bewegungsgleichungen vorliegen.

Den Autoren bleibt die angenehme Pflicht, jenen zu danken, die uns durch wertvolle Hinweise unterstützt haben. Unser besonderer Dank gilt dafür den Herren Prof.Dr.rer.nat.habil Christoph Schnittler und Privatdozent Dr.-Ing.habil Werner Reibetanz.

Das Manuskript wurde von den Studierenden Axel Schneider, Michael Schneider, Stephan Mohr, Thomas Mohr und Tom Ströhla durchgesehen. Ihre Anregungen sind in den Text und die Abbildungen eingeflossen.

Den Satz des Buchmanuskriptes übernahm Herr Dipl.-Ing. Volker Winterstein. Einen Teil der Zeichnungen fertigte Frau Ch. Heintz an.

Die Autoren bedanken sich beim VDI Verlag für die gute Zusammenarbeit.

Roland Süße
Ilmenau, 1996

Inhaltsverzeichnis

Übersicht verwendeter Symbole

S	Wirkungsintegral, symmetrischer Tensor zweiter Stufe
$\delta(*)$	Variation
S_F	Wirkungsintegral des elektromagnetischen Feldes
S_T	Wirkungsintgral eines Teilchens
S_{FT}	Wirkungsintegral eines Teilchens im elektromagnetischen Feld
L	Lagrange-Funktion
$\mathcal{L}$	Dissipative Zustandsfunktion
D	Dissipationsfunktion
l	Lagrange-Dichte
T	kinetische Energie
V	potentielle Energie
p, p^*	Impuls, verallgemeinerter Impuls
q	verallgemeinerte Lagekoordinate, elektrische Ladung
$\dot{q}$	verallgemeinerte Geschwindigkeit, elektrischer Strom
$\overset{(n)}{q}$	n-te Ableitung von q
q^n	n-te Potenz von q
q^k	kontravariante verallgemeinerte Lagekoordinate
q_k	kovariante verallgemeinerte Lagekoordinate
x^k	kontravariante Ortskoordinate
x_k	kovariante Ortskoordinate
T^{ij}	kontravariante Koordinaten eines zweistufigen Tensors
T^i_j, T^j_i	gemischte Koordinaten eines zweistufigen Tensors
F^{ij}	kontravarianter Feldtensor
F_{ij}	kovarianter Feldtensor
A^i	kontravariantes Viererpotential
A_i	kovariantes Viererpotential
$\vec{A}$	dreidimensionales magnetisches Vektorpotential

φ	skalares elektrisches Potential
$\vec{r}$	Ortsvektor im dreidimensionalen Raum
t	Zeit
$p := \frac{d}{dt}$	Differentiationsoperator
$p^\beta := \frac{d^\beta}{dt^\beta}$	Differentialoperator der Ordnung β
$\int_{\alpha\text{-fach}} \int dt$	α-faches Integral
v	Bahngeschwindigkeit, Geschwindigkeit zwischen zwei Bezugssystemen
W	Energie
w	Energiedichte
$\vec{e}_i$	kovarianter Einheitsvektor
$\vec{g}_i$	kovarianter Grundvektor
$\underline{a}_j^i$	Transformationskoeffizienten
$\nabla_j(*)$	Nabla-Operator
$\Delta(*)$	Delta-Operator
g^{ij}	kontravarianter metrischer Tensor
g_{ij}	kovarianter metrischer Tensor
δ_j^i	Kronecker-Symbol
Γ_k^{ij}	Christoffel-Symbole
E^n	n-dimensionaler euklidischer Vektorraum
u	Augenblickswert der elektrischen Spannung
i	Augenblickswert des elektrischen Stromes
ψ	Augenblickswert des verketteten magnetischen Flusses
ϕ	Augenblickswert des magnetischen Flusses
L^*	Induktivität
C, c	Kapazität bzw. Lichtgeschwindigkeit
A	Fläche bzw. antisymmetrischer Tensor zweiter Stufe
V	Volumen
ϱ	elektrische Raumladungsdichte
$\vec{E}$	elektrische Feldstärke
$\vec{B}$	magnetische Flußdichte (neuere Bezeichnung: Magnetische Feldstärke)
$\vec{D}$	dielektrische Verschiebung (neuere Bezeichnung: Elektrische Erregung)
$\vec{H}$	magnetische Feldstärke (neuere Bezeichnung: Magnetische Erregung)
$\vec{F}$	mechanische Kraft, verallgemeinerte Kraft
$\vec{S}_p$	Poynting-Vektor
p_k	kovarianter verallgemeinerter Impuls, kanonische Impulse

p^k	kontravarianter verallgemeinerter Impuls
H	Hamilton-Funktion,
$H(p), H(p^*)$	Übertragungsfunktion
H^n	erweiterte konservative Hamilton-Funktion n-ter Ordnung
$\mathcal{H}$	erweiterte Hamilton-Funktion
$\vec{j}$	elektrische Stromdichte
j^i	kontravariante vierdimensionale elektrische Stromdichte
s	Weg
I, J	Funktional
ΔJ	vollständige Variation des Funktionals J
$\lvert x \rvert$	Betrag von x
$\lVert x \rVert$	Norm von x
m, m_0	Masse, Ruhemasse
k	Federkonstante
ω	Frequenz
τ	normierte Zeit
ω_0	Resonanzfrequenz
ϵ	Dielektrizität oder Permittivität
μ	Permeabilität
κ	elektrische Leitfähigkeit

Kapitel 1

Einleitung

1.1 Wirkungsintegral, Euler-Lagrange-Gleichung und Hamilton-Funktion

Auch dieser Band beginnt mit charakteristischen Beispielen, die in übersichtlicher Form das Anliegen der Buchserie aufzeigen. Es sind technische Problemstellungen, die als Variationsproblem modelliert werden können.

Im Kapitel 2 in Band 1 wurde ausführlich auf die nicht im Grundstudium an Technischen Universitäten bzw. Technischen Hochschulen angebotenen mathematischen Gebiete, die der Variations- und die Tensorrechnung, eingegangen, worauf wir auch Bezug nehmen werden.

Um den Leser auf einfache Art und Weise in die Lage zu setzen, die sich anschließenden Problemstellungen (Beispiele) nachzuvollziehen, werden die erforderlichen Begriffe und Gleichungen als Abriß angeboten. Dies betrifft das Funktional, Formen der Euler-Lagrange-Gleichungen sowie die Hamilton-Funktionen.

Eine Voraussetzung zur Anwendung des Lagrange- bzw. Hamilton-Formalismus zur Berechnung technischer Systeme besteht in deren Modellierung als Variationsproblem. Das Grundproblem der Variationsrechnung (Band 1, Seite 35) besteht in der Bestimmung der größten und kleinsten Werte von Funktionalen , die von Elementen aus einem Funktionenraum abhängen und (in der Regel) durch Integrale ausgedrückt werden. Eine solche Ausdrucksmöglichkeit ist durch das Funktional

$$J = \int_{t_0}^{t_1} F(\dot{q}, q, t) \, dt \qquad (1.1)$$

gegeben. Unter einem Funktional wird eine Zuordnungsvorschrift verstanden, die den Elementen einer Menge eine reelle oder komplexe Zahl (reelles oder komplexes Funktional) zuordnet. Hier stellt diese Menge einen Funktionenraum dar, dessen Elemente Differenzierbarkeitseigenschaften besitzen. Darüber hinaus soll die Funktion F nach allen Argumenten (beim Vorhandensein von Elementen höherer Ordnung enthält F auch höhere Ableitungen der verallgemeinerten Variable q) so oft stetig differenzierbar sein, wie es zur Untersuchung (Analyse, Synthese, Modellierung) des technischen Problems erforderlich ist. Bei Bedarf kann auf die stetige Differenzierbarkeit verzichtet werden. Die Funktionen q, $\dot{q}$ hängen selbst von der Zeit t ab. Im Integral (1.1) können auch mehrere Funktionen q_1, q_2, ψ, $\dot{q}_1$, $\dot{q}_2$ auftreten, so daß

$$J^* = \int_{t_0}^{t_1} F^*(\dot{q}_k, q_k, t)\, dt \qquad\qquad k = 1, \ldots, f \tag{1.2}$$

gilt. Dem betrachteten System wird ein Wirkungsintegral zugeordnet, welches ein Funktional der möglichen (zulässigen) Bewegungen (Zustandsänderung) ist, das für die tatsächlich erfolgende Bewegung ein Extremum besitzt und dessen erste Variation an der "Stelle" der tatsächlichen Bewegung deshalb verschwindet.

Das Integral hängt von den Zuständen des Systems während eines endlichen Zeitintervalls ab. Ein beliebiges System (elektrisches, magnetisches, elektromagnetisches, mechanisches, elektromechanisches, wärmetechnisches) besitzt f Freiheitsgrade. Seine Lage (Zustand) wird durch die q_1, q_2, $\ldots$, q_f eindeutig beschreiben. Sie heißen "verallgemeinerte" Lagekoordinaten. Ihre Ableitungen nach t, also $\dot{q}_1$, $\dot{q}_2$, $\ldots$, $\dot{q}_f$ werden verallgemeinerte Geschwindigkeiten genannt.

Auf diese Weise werden Systeme erfaßt, in denen eine Bewegung nur im Sonderfall als solche im Sinne der Mechanik stattfindet. In einem elektrischen Netzwerk sind die q_i ($i = 1, 2, \ldots, f$) elektrische Ladungen und die $\dot{q}_i$ elektrische Ströme (Ladungsformulierung). Das zu variierende Integral in (1.1) und (1.2) besitzt in einem elektrischen System die Dimension einer Wirkung:

$$[\text{Wirkung}] = [\text{S}] = [\text{Energie}] \cdot [\text{Zeit}] = \text{VAs} \cdot \text{s}$$

Sowohl die Wirkung als auch das Wirkungsintegral haben das Symbol S. Das Wort 'Wirkung' wurde von H. von Helmholtz und Max Planck sanktioniert. Als markantestes Beispiel einer Wirkung gilt das Plancksche Wirkungsquantum

$$h = 6,6256 \cdot 10^{-34}\,\text{Js} = 6,6256 \cdot 10^{-34}\,\text{VAs} \cdot \text{s} \quad .$$

Als zweites Beispiel zur Verdeutlichung der Wirkung sei ein linearer ohmscher Widerstand betrachtet, an dem die Spannung U anliegt und der vom Strom I durchflossen wird. Die Wirkung dieses elektrischen Widerstandes errechnet sich aus

$$S = W \cdot t = U \cdot I \cdot t \cdot t \quad . \tag{1.3}$$

Die Wirkung dieses Widerstandes ist gleich dem Produkt der elektrischen Energie, die in einem Zeitintervall in Wärmeenergie umgewandelt wird, und dem Zeitintervall selbst. Verwendet man die Leistung, so beinhaltet die Wirkung das Produkt dieser Leistung mit dem Quadrat der Zeit. Die Wirkung wächst mit dem Quadrat der Zeit, während die Leistung konstant bleibt.

International wird für die Wirkung die Bezeichnung **action** (lat. actio, de agere, actum) gebraucht. Das Wirkungsintegral heißt dann folgerichtig *l'intégrale d'action*.

Für konservative Systeme verwendet man das Wirkungsintegral

$$S = \int_{t_0}^{t_1} (T - V)\, dt = \int_{t_0}^{t_1} L\, dt \tag{1.4}$$

Darin bedeuten T die kinetische, V die potentielle Energie, und $L(\dot{q}_k, q_k, t) := T - V$ die Lagrange-Funktion. Das Integral S ist für die reale Bewegung extremal, so daß die die Bewegung beschreibenden q_k den notwendigen Bedingungen (Euler-Lagrange-Differentialgleichungen, kurz: Euler-Lagrange-Gleichungen)

$$\frac{d}{dt}\frac{\partial L}{\partial \dot{q}_k} - \frac{\partial L}{\partial q_k} = 0 \quad , \quad k = 1, 2, \ldots, f \tag{1.5}$$

genügen. Bei Systemen mit nichtkonservativen Kräften kann unter bestimmten Voraussetzungen eine Dissipationsfunktion D eingeführt werden, und es gelten die Gleichungen

$$\frac{d}{dt}\frac{\partial L}{\partial \dot{q}_k} - \frac{\partial L}{\partial q_k} + \frac{\partial D}{\partial \dot{q}_k} = F_k \quad , \quad k = 1, \ldots, f \tag{1.6}$$

wobei die geschwindigkeitsproportionalen Kräfte durch $D(\dot{q}_k, t)$ und die eventuell vorhandenen anderen nichtkonservativen Kräfte durch die $Q_k(t)$ erfaßt werden.

Sind in einem technischen System Elemente höherer Ordnung enthalten, lauten die Differentialgleichungen für die q_k

$$\sum_{l=0}^{n}(-1)^{l+1}\frac{d^l}{dt^l}\left(\frac{\partial L}{\partial \overset{(l)}{q}_k}\right) + \sum_{s=0}^{m}(-1)^s\frac{d^s}{dt^s}\left(\frac{\partial D}{\partial \overset{(s+1)}{q}_k}\right) = F_k \quad , \quad k = 1, \ldots, f \tag{1.7}$$

Die Lagrange- bzw. die Dissipationsfunktion hängen in erforderlicher Weise auch von den höheren Ableitungen der q_k sowie der Zeit t ab. Beide Funktionen bilden das $\{L, D\}$-Modell des Systems. Durch die Ausführung der Differentiationen nach (1.5), (1.6) oder (1.7) ergeben sich bei konkret vorgegebenen Funktionen L und D die expliziten Bewegungsgleichungen des Systems.

Für konservative Systeme gelangt man von der Lagrange-Funktion durch einen Wechsel der Variablen (Funktionen), auch Legendresche Transformation genannt, zur Hamilton-Funktion. Bei f Freiheitsgraden im System werden die f neuen Funktionen, bezeichnet als kanonische Impuls p_k, durch

$$p_k = \frac{\partial L}{\partial \dot{q}_k} \quad , \quad \dot{p}_k = \frac{\partial L}{\partial q_k} \quad , \quad k = 1, \ldots, f \qquad (1.8)$$

definiert. Die Hamilton-Funktion ist dann eine Funktion der Variablen p_k, q_k, t und es gilt

$$H(p_k, q_k, t) = \sum_{k=1}^{f} p_k \dot{q}_k - L(\dot{q}_k, q_k, t) \quad . \qquad (1.9)$$

Aus dieser folgen die $2f$ Bewegungsgleichungen erster Ordnung des Systems durch die Differentiation von H nach den p_k bzw. q_k in der Form

$$\dot{p}_k = -\frac{\partial H}{\partial q_k} \quad , \quad \dot{q}_k = \frac{\partial H}{\partial p_k} \quad , \quad k = 1, \ldots, f \quad . \qquad (1.10)$$

Die $\dot{q}_k$ in (1.9) werden vorher mit Hilfe der beiden Gleichungen aus (1.8) eliminiert, während gleichzeitig die p_k eingeführt werden. Die erforderlichen Stetigkeits- und Differenzierbarkeitseigenschaften von Lagrange- und Hamilton-Funktion seien erfüllt.

In realen technischen Systemen (Bauelemente, Schaltungen, Geräte, ...) treten immer energetische Verluste sowie äußere Kräfte auf. Die Verlustenergien gehen dem System irreversibel verloren. Um nun diese nebst äußeren Kräften ebenfalls zu erfassen, bieten sich neben (1.6) und (1.7) drei weitere Vorgehensweisen zur Aufstellung der Bewegungsgleichungen an. Vorerst sollen nur Bauelemente nullter bzw. erster Ordnung vorhanden sein.

1. Die klassische Hamilton-Funktion $H = H(p_k, q_k, t)$ aus (1.9) wird für den konservativen Teil des Systems über L aufgestellt. Für den nichtkonservativen Teil, also jene Bausteine, die die Verluste enthalten, wird die Dissipationsfunktion D bestimmt. Die ersten zeitlichen Ableitungen der verallgemeinerten Impulse p_k berechnet man nun nicht nach (1.9), sondern durch den Ansatz

$$\dot{p}_k = -\frac{\partial H}{\partial q_k} - \frac{\partial D}{\partial \dot{q}_k} \quad \text{mit} \quad k = 1, \ldots, f \quad , \qquad (1.11)$$

wobei weiterhin für die $\dot{q}_k$

$$\dot{q}_k = \frac{\partial H}{\partial p_k} \quad , \quad k = 1, \ldots, f \qquad (1.12)$$

gilt. Die Gleichungen (1.11), (1.12) stellen $2f$ Bewegungsgleichungen erster Ordnung dar.

2. Die zweite Vorgehensweise geht von dem Ansatz (Summation über $k = 1, \ldots, f$)

$$H^* = H - q_k \left(F_k - \frac{\partial D}{\partial \dot{q}_k} \right) = p_k \dot{q}_k - L - q_k \left(F_k - \frac{\partial D}{\partial \dot{q}_k} \right) \qquad (1.13)$$

aus. Die Funktion H^* wird als "nichtkonservative Hamilton-Funktion" bezeichnet. Sie geht aus der klassischen konservativen Hamilton-Funktion nach (1.9) hervor, wobei jedoch die $\dot{q}_k$ nicht mit (1.8) eliminiert werden. Es gilt demzufolge $H^* = H^*(p_k, \dot{q}_k, q_k, t)$. Die $2f$ Bewegungsgleichungen liefern die Ableitungen von H^* nach den p_k, q_k durch

$$\dot{p}_k = -\frac{\partial H^*}{\partial q_k} = -\frac{\partial H}{\partial q_k} + F_k - \frac{\partial D}{\partial \dot{q}_k} \qquad (1.14)$$

und

$$\dot{q}_k = \frac{\partial H^*}{\partial p_k} = \frac{\partial H}{\partial p_k} \qquad (1.15)$$

Diese Vorgehensweise beinhaltet wegen des in H^* auftretenden $\dot{q}_k$ keine Legendre-Transformation. Es ist leicht zu zeigen, daß der Ansatz nach (1.13) auf (1.6) führt. In konservativen Fall stellt der Übergang zu H eine Legendresche Transformation dar.

Die Vorteile des neuen Ansatzes (1.13) sind: Es muß nicht nach den $\dot{q}_k$ explizit aufgelöst werden. Alle Informationen zur Aufstellung der Bewegungsgleichungen befinden sich in einer Funktion, während beim $\{L, D\}$-Modell dieselben Informationen in zwei Funktionen enthalten sind.

Sollen speziell elektrische Netzwerke über die Energiebilanz berechnet werden, so erfaßt man in (1.13) die ohmschen Verluste in der Dissipations-Funktion $D(\dot{q}_k)$. Hierbei ist f die Anzahl der Knotenspannungen im Netzwerk, die p_k, q_k und die F_k sind die elektrischen Impulse, die verallgemeinerten Lagekoordinaten (Ladungen) und die äußeren Kräfte (Spannungsquellen). In der Lagrange-Funktion sind die kinetische (magnetische) Energie T sowie die potentielle (elektrische) Energie V mit $L = T - V$ enthalten.

Die Funktion D stellt eine dissipative Leistung dar, welche der Ausdruck

$$\frac{\partial D}{\partial \dot{q}_k} = F_k \qquad (1.16)$$

wiedergibt. So gesehen ist (1.16) eine Nebenbedingung zum Variationsproblem und der Faktor q_k in (1.13) ein Legendrescher Multiplikator derselben.

3. Die Methode nach (1.13) enthält in H^* noch die $\dot{q}_k$ und stellt demzufolge keine Legendresche Transformation dar. Um nun doch noch eine neue Methode zu finden, die dieser Transformation genügt, wird vom Ansatz

$$\mathcal{L} := L + \sum_{k=1}^{n} q_k \dot{q}_k \int \frac{\frac{\partial D}{\partial \dot{q}_k}}{\dot{q}_k^2} \, d\dot{q}_k \qquad (1.17)$$

ausgegangen, in dem L die klassische Lagrange-Funktion bezeichnet. Wird diese Funktion $\mathcal{L}$ in die Legendre-Transformation [1] eingesetzt, dann folgt daraus eine erweiterte Hamilton-Funktion

$$\mathcal{H} := \sum_{k=1}^{n} \frac{\partial \mathcal{L}}{\partial \dot{q}_k} \cdot \dot{q}_k - \mathcal{L} = \sum_{k=1}^{n} p_k^* \dot{q}_k - \mathcal{L} \quad . \tag{1.18}$$

Die erste zeitliche Ableitung des verallgemeinerten Impulses steht mit dieser so definierten Funktion über den Ausdruck

$$\dot{p}_k^* = -\frac{\partial \mathcal{H}}{\partial q_k} + \frac{q_k}{\dot{q}_k} \frac{\partial^2 D}{\partial \dot{q}_k^2} \ddot{q}_k = \frac{\partial \mathcal{L}}{\partial q_k} - \frac{q_k}{\dot{q}_k} \frac{\partial^2 D}{\partial \dot{q}_k^2} \ddot{q}_k \tag{1.19}$$

im Zusammenhang. Der Vergleich mit den klassischen Größen nach (1.9) und (1.8) zeigt eine *Formgleichheit*. Das heißt, die jeweiligen Gleichungen sind bis auf die physikalischen Größen in ihnen vom selben Aufbau. Wir sprechen hier von einer Formgleichheit, und nicht von einer Forminvarianz [2] (Kovarianz).

1.2 Anwendungen aus Elektrotechnik-Elektronik und Elektromechanik

1.2.1 Die Gleichstromklingel als elektromechanisches System

Aufbau, Funktionsweise und vereinfachende Voraussetzungen

Abbildung 1.1 zeigt den prinzipiellen Aufbau einer Gleichstromklingel. Der Stromkreis eines Elektromagneten wird über den beweglich angebrachten Klöppel geschlossen. Durch die Kraftwirkung auf das am Klöppel angebrachte Eisenblech wird der Klöppel infolge des sich aufbauenden Magnetfeldes in Richtung Elektromagnet bewegt. Dies bewirkt, daß der Stromkreis durch den Klöppel mittels eines Kontaktes unterbrochen wird. Aufgrund der nun fehlenden Kraftwirkung wird der federnd angebrachte Klöppel wieder in die Ausgangslage gebracht und der Stromkreis erneut geschlossen. Der Klöppel beginnt also zu schwingen und läßt die Glocke erschallen. Der Kondensator wirkt der Bildung eines Lichtbogens entgegen.

Zur mathematischen Beschreibung dieses elektromechanischen Systems werden folgende Restriktionen getroffen:

---

[1]Schmutzer, E.; Grundlagen der Theoretischen Physik. VEB Deutscher Verlag der Wissenschaften, Berlin 1989, S.114.

[2]Süße, R.; Marx, B.: Theoretische Elektrotechnik; Band 1: Variationsrechnung und Maxwellsche Gleichungen. B.I.-Wissenschaftsverlag Mannheim, 1994, S. 201. Im weiteren kurz: Band 1, S. 201

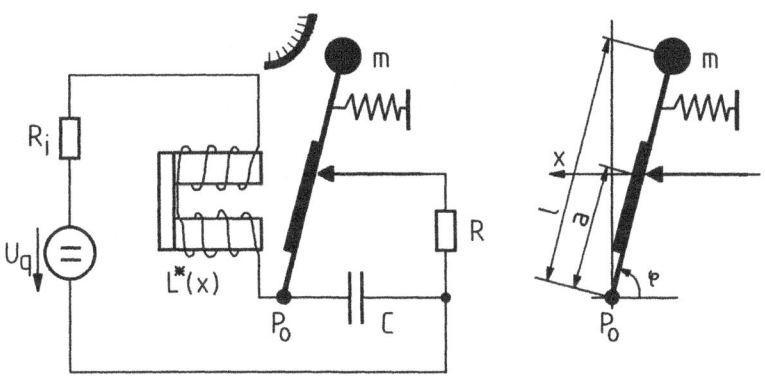

Abbildung 1.1: Aufbau und Geometrie der Gleichstromklingel

- Die verteilten Elementegrößen des Klöppels werden in diskreten Bauelementen zusammengefaßt.

- Die Ruhelage des Klöppels befindet sich im Koordinatenursprung.

- Alle Kräfte greifen am gleichen Punkt des Klöppels (Koordinatenursprung) an, und jede Kraft habe nur eine x-Komponente.

- Es treten nur kleine Winkeländerungen auf.

- In der Ruhelage des Klöppels tritt keine Federkraft auf.

- Der Übergangswiderstand des Klöppelkontaktes wird durch $R_x(x)$ beschrieben.

- Die Ankerrückwirkung auf den Zustand des Materials im "Kopf" des Magnetkreises wird vernachlässigt.

Anwendung des Lagrange-Formalismus zur Aufstellung der Bewegungsgleichungen

In dem elektrischen Schaltungsteil werden die Zweigströme i_l und in dem magnetischen Teil werden die magnetischen Flüsse ϕ_m eingezeichnet. Ohne die elektrischen bzw. mechanischen Bauelemente verbleiben die rechts in Abbildung 1.2 und 1.3 befindlichen Kanten (Zweige, Bögen) und Knoten, die auch als Graphen (hier: gerichtete Graphen) bezeichnet werden.

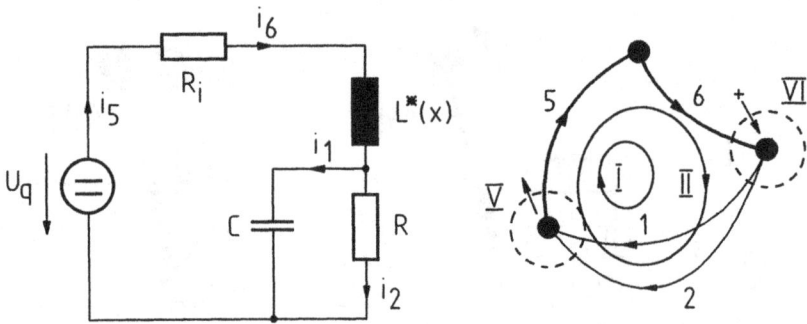

R_i	Innenwiderstand der Spannungsquelle
$L^*(x)$	Induktivität des Elektromagneten
$R(x)$	Übergangswiderstand am Kontakt
C	Löschkondensator

Abbildung 1.2: Schaltbild und gerichteter Graph des elektrischen Teils der Gleichstromklingel

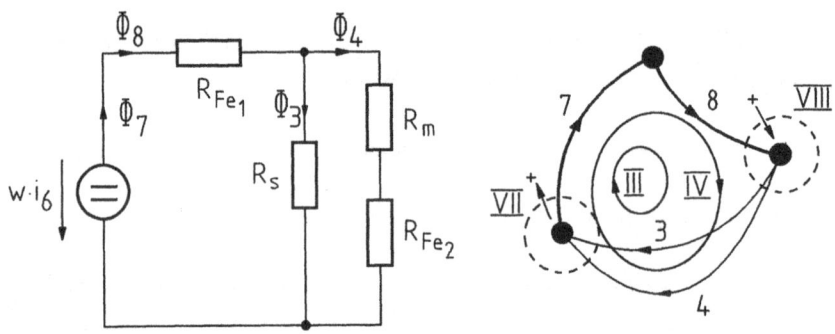

R_{Fe_1}	magnetischer Widerstand des Eisenkreises im Elektromagneten
R_s	magnetischer Widerstand des Streuanteil in der Luft
R_m	magnetischer Widerstand des Luftspaltes
R_{Fe_1}	magnetischer Widerstand des Eisenkreises im Klöppel

Abbildung 1.3: Schaltbild und gerichteter Graph des magnetischen Teils der Gleichstromklingel

Die Kanten beider Graphen werden durchgehend numeriert und in das Gerüst $G :=$ $\{5, 6, 7, 8\}$ sowie in das Co-Gerüst $H(G) := \{1, 2, 3, 4\}$ aufgeteilt. Die Gerüstzweige verbinden alle Knoten des jeweiligen Graphen (Teilgraphen [3]), ohne eine Masche zu bilden. Sie sind verstärkt gezeichnet. Die so nicht erfaßten Kanten gehören dem Co-Gerüst an.

Vereinbarung: Die Co-Gerüstkanten erhalten die niederwertigen Indizes.

1.2.1.1 Aufstellung der Fundamentalkreismatrix und der Fundamentalschnittmengenmatrix

Für beide Teilgraphen zusammen lassen sich eine Fundamentalkreismatrix $\mathbf{M} = \left(M_m^l \right)$ sowie eine Fundamentalschnittmengenmatrix $\mathbf{S} = (S_m^n)$ finden. In den Graphen von Abbildung 1.2 und 1.3 sind die Umläufe I, II, III und IV in Richtung der Co-Gerüstzweige 1, 2, 3, 4 sowie die Schnitte V, VI, VII, VIII mit positiver Zählrichtung der Gerüstzweige 5, 6, 7, 8 eingezeichnet. Die Anzahl der Zweige ist $z = 8$. Es gelten für die Fundamentalkreismatrix M_m^l:

$$\text{Zeilenindex}\, l \ \in \ \{\text{I, II, III, IV}\} = \{1, 2, 3, 4\} \tag{1.20}$$

$$\text{Spaltenindex}\, m \ \in \ \{1, 2, \ldots, 8\} \quad .$$

Es wird $+1$ geschrieben, wenn Umlaufrichtung und Zweigrichtung übereinstimmen, und -1 wird eingesetzt, wenn die Richtungen entgegengesetzt sind. Es gilt der Wert Null, der Umlauf den Zweig nicht enthält. So folgt:

$$\mathbf{M} = \left(M_m^l \right) = \begin{array}{c} l \downarrow m \to \\ I \\ II \\ III \\ IV \end{array} \left(\begin{array}{cccc|cccc} 1 & 2 & 3 & 4 & 5 & 6 & 7 & 8 \\ 1 & 0 & 0 & 0 & 1 & 1 & 0 & 0 \\ 0 & 1 & 0 & 0 & 1 & 1 & 0 & 0 \\ 0 & 0 & 1 & 0 & 0 & 0 & 1 & 1 \\ 0 & 0 & 0 & 1 & 0 & 0 & 1 & 1 \end{array} \right) = (E_l | F) \tag{1.21}$$

Die Fundamentalschnittmengenmatrix S_m^n bestimmt sich über

$$\text{Zeilenindex}\, n \ \in \ \{\text{V, VI, VII, VIII}\} = \{5, 6, 7, 8\} \tag{1.22}$$

$$\text{Spaltenindex}\, m \ \in \ \{1, 2, \ldots, 8\} \quad .$$

Man schreibt $+1$, wenn die Zweigrichtung mit der Schnittrichtung übereinstimmt, und im entgegengesetzten Falle -1. Null gilt, wenn der Zweig nicht zum Schnitt gehört. Man

---

[3]vollständiger Baum pro Teilgraph (Subgraph)

erhält:

$$\mathbf{S} = (S_m^n) = \begin{matrix} n \downarrow m \rightarrow \\ V \\ VI \\ VII \\ VIII \end{matrix} \begin{pmatrix} 1 & 2 & 3 & 4 & | & 5 & 6 & 7 & 8 \\ -1 & -1 & 0 & 0 & | & 1 & 0 & 0 & 0 \\ -1 & -1 & 0 & 0 & | & 0 & 1 & 0 & 0 \\ 0 & 0 & -1 & -1 & | & 0 & 0 & 1 & 0 \\ 0 & 0 & -1 & -1 & | & 0 & 0 & 0 & 1 \end{pmatrix} = \left(-F^T | E_{z-l} \right) \quad (1.23)$$

Aus der Matrix (M_m^l) kann - ohne die Schnitte einzeichnen zu müssen - sofort (S_m^n) berechnet werden, weil der Zusammenhang auf der rechten Seite von (1.21) bzw. (1.23) gilt.

Aufgabe: Der Leser möge die Gültigkeit von $\mathbf{M} \mathbf{S}^T = 0$ und $\mathbf{S} \mathbf{M}^T = 0$ zeigen!

Dieses elektromechanische System kann ebenfalls durch eine Matrix (die andere berechnet sich aus dieser) hinsichtlich seiner Topologie beschrieben werden.

Definiert man nun die Spaltenmatrix für die verallgemeinerten Geschwindigkeiten (Ladungsformulierung $\dot{q}_k = i_k (k = 1, 2, 5, 6)$, $\dot{q}_k = \phi_k (k = 3, 4, 7, 8)$)

$$\dot{\mathbf{q}} = (\dot{q}_1 \, \dot{q}_2 \, \Phi_3 \, \Phi_4 \, \dot{q}_5 \, \dot{q}_6 \, \Phi_7 \, \Phi_8)^T \quad (1.24)$$

so berechnen sich aus

$$\mathbf{S}\dot{q} = \begin{pmatrix} -1 & -1 & 0 & 0 & | & 1 & 0 & 0 & 0 \\ -1 & -1 & 0 & 0 & | & 0 & 1 & 0 & 0 \\ 0 & 0 & -1 & -1 & | & 0 & 0 & 1 & 0 \\ 0 & 0 & -1 & -1 & | & 0 & 0 & 0 & 1 \end{pmatrix} \begin{pmatrix} \dot{q}_1 \\ \dot{q}_2 \\ \Phi_3 \\ \Phi_4 \\ \dot{q}_5 \\ \dot{q}_6 \\ \Phi_8 \\ \Phi_9 \end{pmatrix} = 0 \quad (1.25)$$

die verallgemeinerten Knotengleichungen. Sie bestehen aus zwei Knotengleichungen für die elektrischen Ströme und zwei für die magnetischen Flüsse. Es sind insgesamt $z - l$ Gleichungen, weil l Gerüstzweige existieren.

$$\dot{q}_5 = \dot{q}_1 + \dot{q}_2 \quad , \quad \dot{q}_6 = \dot{q}_1 + \dot{q}_2 \quad , \quad \Phi_7 = \Phi_3 + \Phi_4 \quad , \quad \Phi_8 = \Phi_3 + \Phi_4 \quad . \quad (1.26)$$

Über die Spaltenmatrix für die verallgemeinerten Flüsse (Flußformulierung: $\dot{\psi}_k = u_k (k = 1, 2, 5, 6)$, $\dot{\psi}_k = v_k (k = 3, 4, 7, 8)$)

$$\dot{\psi}_k = U_k (k = 1, 2, 5, 6)$$
$$\dot{\psi}_k = V_k (k = 3, 4, 7, 8)$$
$$\dot{\psi} = (U_1, U_2, V_3, V_4, U_5, U_6, V_7, V_8)^T \quad (1.27)$$

verifizieren sich die verallgemeinerten Maschengleichungen. Zu ihnen gehören zwei Maschengleichungen der elektrischen Spannungen und zwei für die magnetischen Spannungen. Es gelten

$$\mathbf{M}\,\dot{\psi} = 0 \qquad (1.28)$$

oder ausführlich geschrieben:

$$
\begin{aligned}
U_1 + U_5 + U_6 &= 0 \\
U_2 + U_5 + U_6 &= 0 \\
V_3 + V_7 + V_8 &= 0 \\
V_4 + V_7 + V_8 &= 0
\end{aligned}
\qquad (1.29)
$$

Hier gewinnt man l Gleichungen, weil l Co-Gerüstzweige vorliegen.
Die Gleichungen (1.25) und (1.28) haben Gültigkeit, ohne die Zusammenhänge zwischen den Größen an den jeweiligen Bauelementen zu berücksichtigen. Sie Liefern $(z-l)+l = z$ Gleichungen.

1.2.1.2   Beschreibung des mechanischen Teils

Zur Aufstellung der Bewegungsgleichungen über den Lagrange-Formalismus werden die Kraft-Weg-Beziehungen benötigt. Mit den dazu getroffenen Vereinfachungen ergeben sich die mechanischen Bauelementebeziehungen. Für die Feder gilt unter Beachtung der Richtung des Koordinatensystems

$$F = -k\,(x - x_0) \quad , \qquad (1.30)$$

wobei diese Beziehung für die verschwindende Kraftwirkung in der Ruhelage ($x_0 = 0$) in

$$F = -k\,x \qquad (1.31)$$

übergeht. Für die Masse m gilt die Momentenbeziehung

$$M = J\,\ddot{\varphi} = \left|\vec{r} \times \vec{F}\right| = a\,F\sin\varphi \qquad (1.32)$$

oder

$$F = \frac{M}{a\sin\varphi} = \frac{J\,\ddot{\varphi}}{a\sin\varphi} = \frac{l^2\,m}{a\sin\varphi}\ddot{\varphi} \quad . \qquad (1.33)$$

Unter der Voraussetzung, daß sich der Klöppel in der Senkrechten um die Ruhelage bewegt und nur kleine Winkeländerungen auftreten, ist $\sin\varphi \approx 1$ und

$$\varphi \approx \frac{x}{a} \quad , \qquad (1.34)$$

so daß aus (1.33)

$$F = \frac{m\,l^2}{a^2}\ddot{x} \tag{1.35}$$

folgt.

1.2.1.3 Aufstellung des $\{L,\,D\}$-Modells

Auf Grund der vorkommenden Bauelemente sind für den elektrischen bzw. mechanischen Teil der Anordnung folgende allgemeine Energie- bzw. Leistungsbeziehungen anwendbar:

$$W_{el} = \int u\,dq \quad , \quad D_{el} = \int u\,d\dot{q} \quad , \tag{1.36}$$

bzw.

$$W_{magn.} = \int V\,d\Phi \quad , \quad D_{magn.} = V\,d\dot{\Phi} \quad . \tag{1.37}$$

Mit diesen Beziehungen lassen sich für jedes Bauelement unter Beachtung seiner Elementarfunktion der L-term bzw. der D-Term bestimmen. Es ist unschwer zu verifizieren, daß für die Kapazität im Zweig 1

$$W_{el_1} = \int u_1\,dq_1 = \int \frac{q_1}{C}\,dq_1 = \frac{q_1^2}{2C} \tag{1.38}$$

gilt. Für den L-Term dieses Bauelementes ergibt sich unter Beachtung des Minuszeichens in der erweiterten Euler-Lagrange-Gleichung (1.6) der Ausdruck in Zeile 1 der Tabelle 1.1. Alle anderen L- bzw. D-terme berechnet man auf analoge Art und Weise. Die Spannungsquelle U_q des Zweiges 5 wurde mit $+q_5$ multipliziert dem L-Term desselben Zweiges zugeordnet, was eine Möglichkeit zur Berücksichtigung von Quellen (äußeren Kräften) darstellt.

Die magnetische Urspannung des Zweiges 6 wird mit Φ_7 multipliziert zum D-Term in Zeile 7 zugeordnet. Durch diese Vorgehensweise treten in den Gleichungen (1.6) auf der rechten Seite keine Quellen (äußere Kräfte) mehr auf.

Durch die Addition der L-Terme zur Gesamt-Lagrange-Funktion bzw. der D-Terme zur Gesamt-Dissipations-Funktion (beide Funktionen weisen als Haupteigenschafte die Additivität auf) folgen bei Beachtung der Gleichungen (1.23):

$$\begin{aligned}
L\left(q_1, q_2, \Phi_3, \Phi_4, x\right) \;=\; & \frac{1}{2}\left[-\frac{1}{C}q_1^2 - R_s\Phi_3^2 - \left(R_{Fe_2} + R_m\right)\Phi_4^2 + L^*\left(\dot{q}_1 + \dot{q}_2\right)^2 \right. \\
& \left. -R_{Fe_1}\left(\Phi_3 + \Phi_4\right)^2 - kx^2 + m\frac{l^2}{a^2}\dot{x}^2\right] \quad ,
\end{aligned} \tag{1.39}$$

$$\begin{aligned}
D\left(\dot{q}_1, \dot{q}_2, \dot{\Phi}_3, \dot{\Phi}_4, \dot{x}\right) \;=\; & \frac{1}{2}\left[R\dot{q}_2^2 - 2U_q\left(\dot{q}_1 + \dot{q}_2\right) + R_i\left(\dot{q}_1 + \dot{q}_2\right)^2 + \frac{dL^*}{dx}\dot{x}\left(\dot{q}_1 + \dot{q}_2\right)^2 \right. \\
& \left. -2w\left(\dot{q}_1 + \dot{q}_2\right)\left(\dot{\Phi}_3 + \dot{\Phi}_4\right)\right] \quad .
\end{aligned} \tag{1.40}$$

Zweigindex	Zweipolrelation	L-Term	D-Term
1	$u_1 = \dfrac{q_1}{C}$	$-\dfrac{q_1^2}{2C}$	
2	$u_2 = R\dot{q}_2$		$\dfrac{R}{2}\dot{q}_2^2$
3	$V_3 = R_s\Phi_3$	$-\dfrac{R_s}{2}\Phi_3^2$	
4	$V_4 = (R_{Fe} + R_m)\Phi_4$	$-\dfrac{(R_{Fe_2} + R_m)}{2}\Phi_4^2$	
5	$u_5 = -U_q + R_i\dot{q}_5$		$-U_q\dot{q}_5 + \dfrac{R_i}{2}\dot{q}_5^2$
6	$u_6 = \dfrac{dL^*}{dx}\dot{x}\dot{q}_6 + L^*\ddot{q}_6$	$\dfrac{L^*}{2}\dot{q}_6^2$	$\dfrac{1}{2}\dfrac{dL^*}{dx}\dot{x}\dot{q}_6^2$
7	$V_7 = -w\dot{q}_6$		$-w\dot{q}_6\dot{\Phi}_7$
8	$V_8 = R_{Fe_1}\Phi_8$	$-\dfrac{R_{Fe_1}}{2}\Phi_8^2$	
9	$F = kx + \dfrac{ml^2}{a^2}\ddot{x}$	$-\dfrac{k}{2}x^2 + \dfrac{ml^2}{2a^2}\dot{x}^2$	

Tabelle 1.1: L- und D-Modelle der Bauelemente

1.2.1.4 Aufstellung der Bewegungsgleichungen

Die Bewegungsgleichungen erzeugt man nun durch die Bildung der Variationsableitung. Im Sinn der Technik stellen die physikalischen Größen $\dot{q}_1$, $\dot{q}_2$, Φ_3, Φ_4 wegen (1.23) und der Ort x die unabhängigen Variablen dar. Die Variationsableitung bildet man über (1.6) in der Form

$$\frac{d}{dt}\frac{\partial L}{\partial \dot{q}_\alpha} - \frac{\partial L}{\partial q_\alpha} + \frac{\partial D}{\partial \dot{q}_\alpha} = 0 \quad , \quad \alpha = 1, 2, 3, 4, 5 \tag{1.41}$$

nach den Variablen q_1, q_2, Φ_3, Φ_4, $x_5 = x$. Nach Ausführung der Differentiationen folgen die Bewegungsgleichungen des elektromechanischen Systems:

$$\alpha = 1 \ : \ \frac{1}{C}q_1 + L^*(\ddot{q}_1 + \ddot{q}_2) - U_q + R_i(\dot{q}_1 + \dot{q}_2) + \frac{dL^*}{dx}\dot{x}(\dot{q}_1 + \dot{q}_2) - w(\dot{\Phi}_3 + \dot{\Phi}_4) = 0$$

$$\alpha = 2 \ : \ L^*(\ddot{q}_1 + \ddot{q}_2) + R\dot{q}_2 - U_q + R_i(\dot{q}_1 + \dot{q}_2) + \frac{dL^*}{dx}\dot{x}(\dot{q}_1 + \dot{q}_2) - w(\dot{\Phi}_3 + \dot{\Phi}_4) = 0$$

$$\alpha = 3 \ : \ R_s\Phi_3 + R_{Fe_1}(\Phi_3 + \Phi_4) - w(\dot{q}_1 + \dot{q}_2) = 0$$

$$\alpha = 4 \ : \ (R_{Fe_2} + R_m)\Phi_4 + R_{Fe_1}(\Phi_3 + \Phi_4) - w(\dot{q}_1 + \dot{q}_2) = 0$$

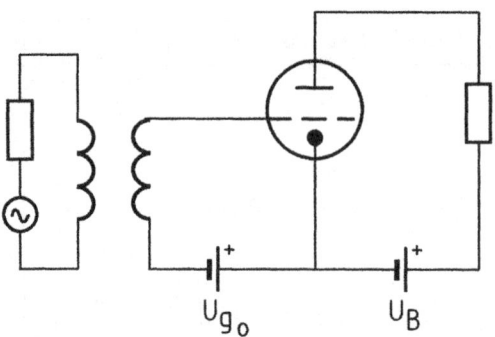

Abbildung 1.4: Grundschaltung des Triodenverstärkers

$$\alpha = 5 \quad : \quad kx + \frac{ml^2}{a^2}\ddot{x} + \frac{dL^*}{2dx}\left(\dot{q}_1 + \dot{q}_2\right)^2 = 0 \tag{1.42}$$

Weil den Bewegungsgleichungen die Energierelationen zugrunde liegen, muß eine "Transformation" der mechanischen in elektrische Elemente nicht vorgenommen werden. Darin besteht aus technischer Sicht einer der Vorteile des Lagrange- bzw. Hamilton-Formalismus.

1.2.2   Linearer Triodenverstärker im A-Betrieb

Betrachtet wird ein Triodenverstärker in der Grundschaltung nach Abbildung 1.4.
Die $I_a - U_g$-Kennlinie der Triode wird im Arbeitsbereich als linear (Gerade) angenommen. Sie soll nicht vom Betrag der Anodenspannung abhängen. Es gelten für die Steilheit S, den Durchgriff D und den Innenwiderstand R_i die Formeln

$$S = \frac{\Delta I_a}{\Delta U_g} \quad , \quad D = \frac{\Delta U_g}{\Delta U_a} \quad , \quad R_i = \frac{\Delta U_a}{\Delta I_a} \tag{1.43}$$

und die Barkhausenformel

$$S\,D\,R_i = 1 \quad . \tag{1.44}$$

Der Gitterstrom ist Null ($i_g = 0$). Es werden kleine Aussteuerungen um den Arbeitspunkt untersucht, so daß dafür als Wechselstromersatzschaltbild die Schaltung in Abbildung 1.5 gilt.
Die Stromquelle wird in eine Spannungsquelle umgerechnet, so daß die Schaltung in Abbildung 1.6 mit $U_g(t) = U_s$ folgt. Diese Schaltung kann topologisch auf die Graphen der Abbildung 1.7 abgebildet werden.

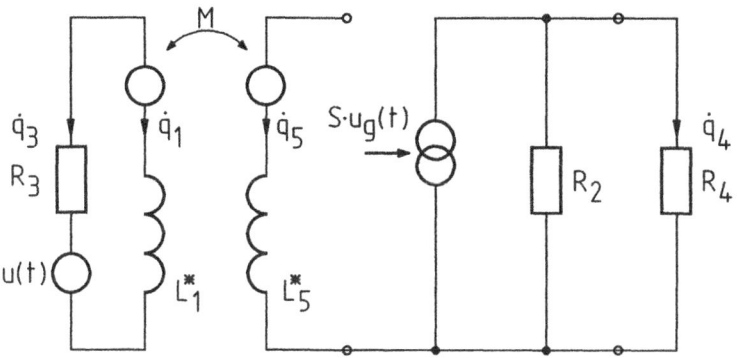

Abbildung 1.5: Wechselstromersatzschaltbild für kleine Aussteuerungen

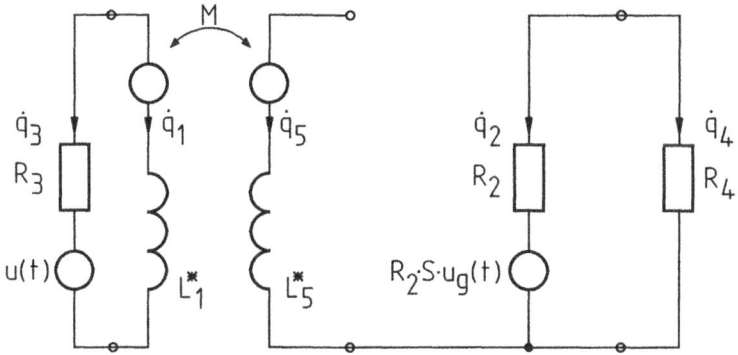

Abbildung 1.6: Wechselstromersatzschaltbild nach Umwandlung der Stromquelle in eine Spannungsquelle

Abbildung 1.7: Graphen zum Wechselstromersatzschaltbild

Wie im vorangestellten Beispiel können nun die Fundamentalmatrizen hergeleitet werden. Das Gerüst bilden die Zweige $G := \{3, 4, 5\}$, und das Co-Gerüst die Zweige $H(G) := \{1, 2\}$. Für die Aufstellung der Fundamentalkreismatrix $\mathbf{M}$ gilt $z = 5$, $l \in 0\{I, II\} = \{1, 2\}$ und $m \in \{1, 2, 3, 4, 5\}$. Hiermit folgen aus Abbildung 1.7 sofort die Elemente der Matrix $\mathbf{M}$:

$$
\mathbf{M} = \left(M_m^l \right) = \begin{array}{c} l \downarrow m \to \\ I \\ II \end{array} \begin{pmatrix} 1 & 2 & 3 & 4 & 5 \\ 1 & 0 & -1 & 0 & 0 \\ 0 & 1 & 0 & -1 & 0 \end{pmatrix} \tag{1.45}
$$

so daß sich daraus die Fundamentalschnittmengenmatrix $\mathbf{S}$ als

$$
\mathbf{S} = (S_m^n) = \begin{array}{c} n \downarrow m \to \\ III \\ IV \\ V \end{array} \begin{pmatrix} 1 & 2 & 3 & 4 & 5 \\ 1 & 0 & 1 & 0 & 0 \\ 0 & 1 & 0 & 1 & 0 \\ 0 & 0 & 0 & 0 & 1 \end{pmatrix} \tag{1.46}
$$

bestimmen läßt. Mit der Spaltenmatrix der Ströme (verallgemeinerte Geschwindigkeiten in Ladungsformulierung) $\dot{\mathbf{q}} := (\dot{q}_1 \, \dot{q}_2 \, \dot{q}_3 \, \dot{q}_4 \, \dot{q}_5)^T$ gewinnt man aus

$$
\mathbf{S}\, \mathbf{q} = (S_m^n)\, (q_m) = \begin{pmatrix} 1 & 0 & 1 & 0 & 0 \\ 0 & 1 & 0 & 1 & 0 \\ 0 & 0 & 0 & 0 & 1 \end{pmatrix} \cdot \begin{pmatrix} \dot{q}_1 \\ \dot{q}_2 \\ \dot{q}_3 \\ \dot{q}_4 \\ \dot{q}_5 \end{pmatrix} = 0 \tag{1.47}
$$

die Knotengleichungen der Schaltung. Es gelten:

$$
\dot{q}_3 = -\dot{q}_1 \quad , \quad \dot{q}_4 = -\dot{q}_2 \quad , \quad \dot{q}_5 = 0 \quad , \quad (\ddot{q}_5 = 0) \quad . \tag{1.48}
$$

Die Strom-Spannungs-Beziehungen (Zweipolrelationen) für die Zweige 1 bis 5 sind dem Schaltbild in Abbildung 1.6 bei Beachtung der Gegeninduktivität M zu entnehmen. Dazu bildet man die Lagrange- und/oder die Dissipationsterme (siehe auch Band 1). Die Zusammenstellung befindet sich in der Tabelle 1.2. Die Spannungsquelle wird mit $\dot{q}_3$ multipliziert als L-Term erklärt. Wegen der Gültigkeit von (1.6) gilt das Minuszeichen. Durch die Summation aller L-Terme bzw. aller D-Terme folgen die Gesamtfunktionen in der Form

$$
L = \frac{1}{2} \left[L_1^* \dot{q}_1^2 + 2M\dot{q}_1\dot{q}_5 - R_2 S \left(L_5^* \ddot{q}_5 + M\ddot{q}_1 \right) q_2 - 2u(t)\, q_3 + L_5^* \dot{q}_5^2 \right] \quad , \tag{1.49}
$$

$$
D = \frac{1}{2} \left[R_2 S \left(L_5^* \ddot{q}_5 + M\ddot{q}_1 \right) \dot{q}_2 + R_2 \dot{q}_2^2 + R_3 \dot{q}_3^2 + R_4 \dot{q}_4^2 \right] \tag{1.50}
$$

Zweigindex	Zweipolrelation	L-Term	D-Term
1	$u_1 = \dfrac{d}{dt}\left(L_1^* \dot{q}_1\right) + \dfrac{d}{dt}\left(M \dot{q}_5\right)$	$\dfrac{L_1^*}{2}\dot{q}_1^2 + M\,\dot{q}_1\dot{q}_5$	
2	$u_2 = R_2 S u_5 + R_2 \dot{q}_2$	$-\dfrac{1}{2}R_2 S\left(L_5^*\ddot{q}_5 + M\ddot{q}_1\right)q_2$	$\dfrac{1}{2}R_2 S\left(L_5^*\ddot{q}_5 + M\ddot{q}_1\right)\dot{q}_2 + \dfrac{R_2}{2}\dot{q}_2^2$
3	$u_3 = R_3 \dot{q}_3 + u(t)$	$-u(t)q_3$	$\dfrac{R_3}{2}\dot{q}_3^2$
4	$u_4 = R_4 \dot{q}_4$		$\dfrac{R_4}{2}\dot{q}_4^2$
5	$u_5 = \dfrac{d}{dt}\left(L_5^* \dot{q}_5\right) + \dfrac{d}{dt}\left(M \dot{q}_1\right)$	$\dfrac{L_1^*}{2}\dot{q}_1^2 + M\,\dot{q}_1\dot{q}_5$	

Tabelle 1.2: L- bzw. D-Modelle der Bauelemente

oder unter Beachtung von (1.48) das sich vereinfachende $\{L, D\}$-Modell:

$$L = \frac{1}{2}\left[L_1^*\dot{q}_1^2 - R_2 S M \ddot{q}_1 q_2 + 2u(t)\,q_1\right] \quad , \tag{1.51}$$

$$D = \frac{1}{2}\left[R_2 S M \ddot{q}_1 q_2 + 2u(t)\,\dot{q}_1 + R_2\dot{q}_2^2 + R_3\dot{q}_1^2 + R_4\dot{q}_2^2\right] \quad . \tag{1.52}$$

Anmerkung: Es wird nur einmal der Term der Gegeninduktivität hinzuaddiert.

Hier gilt $q_3 = q_1$, was aus (1.48) nicht ohne weiteres hervorgeht. Die durch den Übergang (Integration) der Ströme zu den Ladungen auftretende Konstante darf Null gesetzt werden, da sie durch die Bildung der Variationsableitung in den Bewegungsgleichungen verschwindet.

Im $\{L, D\}$-Modell kommt die zweite Ableitung einer verallgemeinerten Koordinate (elektrische Beschleunigung von q_1) vor. Deshalb ist zur Bildung der Variationsableitung Gleichung (1.7) für $n = 2$ und $m = 1$ heranzuziehen. Da die Spannungsquelle $u(t)$ zur Lagrange-Funktion hinzugefügt wurde, bleibt die rechte Seite gleich Null. Damit gilt nach (1.7) allgemein der Ausdruck

$$\sum_{l=0}^{2}(-1)^{l+1}\frac{d^l}{dt^l}\left(\frac{\partial L}{\partial \dot{q}_k^{(l)}}\right) + \sum_{s=0}^{1}(-1)^s\frac{d^s}{dt^s}\left(\frac{\partial D}{\partial \dot{q}_k^{(s+1)}}\right) = 0 \; \text{mit} \; k = 1;\,2 \quad , \tag{1.53}$$

woraus durch Einsetzen und Differenzieren die Bewegungsgleichungen des Triodenverstärkers in der Form

$$-\frac{d^2}{dt^2}\left(-\frac{1}{2}R_2 S M q_2\right) + \frac{d}{dt}\left(L_1^*\dot{q}_1\right) - u(t) - \frac{d}{dt}\left(-\frac{1}{2}R_2 S M \dot{q}_2\right) + R_3\dot{q}_1 = 0 \tag{1.54}$$

$$\frac{1}{2}R_2 S M \ddot{q}_2 + L_1^*\ddot{q}_1 - u(t) - \frac{1}{2}R_2 S M \ddot{q}_2 + R_3\dot{q}_1 = 0 \tag{1.55}$$

$$-\left(-\frac{1}{2}R_2 S M \ddot{q}_1\right) + R_2\dot{q}_2 + \frac{1}{2}R_2 S M \ddot{q}_1 + R_4\dot{q}_2 = 0 \tag{1.56}$$

$$\frac{1}{2}R_2 S M \ddot{q}_1 + R_2 \dot{q}_2 + \frac{1}{2}R_2 S M \ddot{q}_1 + R_4 \dot{q}_2 \;=\; 0 \quad (1.57)$$

oder vereinfacht

$$L_1^* \ddot{q}_1 + R_3 \dot{q}_1 - u(t) \;=\; 0 \qquad\qquad (1.58)$$

$$R_2 S M \ddot{q}_1 + (R_2 + R_4)\, \dot{q}_2 \;=\; 0 \qquad\qquad (1.59)$$

folgen. Diese Gleichungen sind auch auf traditionellem Wege herleitbar.

1.2.2.1 Lösung des Differentialgleichungssystems

In Gleichung (1.58) treten nur die Ableitungen der Ladung q_1 auf, so daß sich diese Bewegungsgleichungen nacheinander integrieren lassen. Für sinusförmige Aussteuerung $u(t) = \hat{U} \sin \omega t$ folgen die analytischen Lösungen für $q_1(t)$ und $q_2(t)$ in der Form

$$q_1(t) \;=\; A_1 + A_2 \exp^{-\frac{R_1}{L_1^*} t} - \frac{\hat{U}}{\omega \sqrt{R_3^2 + (\omega L_1^*)^2}} \sin\left(\omega t + \arctan\frac{R_3}{\omega L_1^*}\right) \qquad (1.60)$$

$$q_2(t) \;=\; A_2 \frac{R_1 R_2 S M}{L_1^*(R_2 + R_4)\exp^{-\frac{R_1}{L_1^*} t} + \frac{R_2 S M \hat{U}}{(R_2+R_4)}\sqrt{R_3^2 + (\omega L_1^*)^2}} \cos\left(\omega t + \arctan\frac{R_3}{\omega L_1^*}\right)$$

$$(1.61)$$

Darin treten die Konstanten A_1 und A_2 auf, welche entsprechend den Anfangsbedingungen festzulegen sind. Unter idealen Bedingungen gelten $R_2 \gg R_4$, $R_3 \ll \omega L_1^*$ und $M = L_1^*$. Aus (1.61) folgert sich für die Amplitude der Schwingung im Ausgangskreis $\hat{\dot{q}}_2 = \hat{I}_2 = S \hat{U}$.

1.2.3 Der Ferroresonanzstabilisator

Der einfache Ferroresonanzstabilisator ohne Kompensationswicklung in Abbildung 1.8 soll mittels Ansatz nach (1.13) berechnet werden. In diesem sind $\hat{U}_0$ die zu stabilisierende Spannung und u_a die oberwellenbehaftete Ausgangsspannung. Zur Induktivität L^* gehört ein Eisenkern, so daß die Relation zwischen dem Strom und dem verketteten Fluß ψ einen nichtlinearen Verlauf aufweist. Sie kann in guter Näherung durch die Funktion

$$i = a\psi + b\psi^9 \qquad\qquad (1.62)$$

approximiert werden. Auf Grund dieser Festlegung ist der verkettete magnetische Fluß ψ nicht als Funktion von i analytisch auflösbar und somit die gespeicherte Energie nicht in Abhängigkeit vom Strom analytisch darstellbar. Es muß die Flußformulierung gewählt

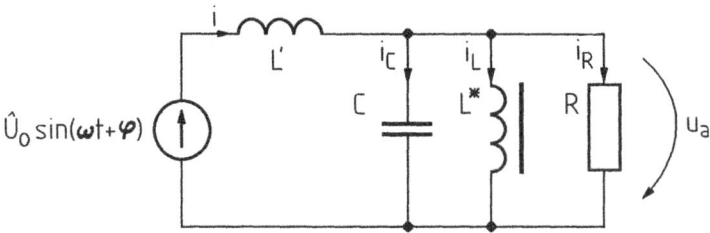

Abbildung 1.8: Ferroresonanzstabilisator ohne Kompensationswicklung und mit vernachlässigtem Innenwiderstand der Spannungsquelle

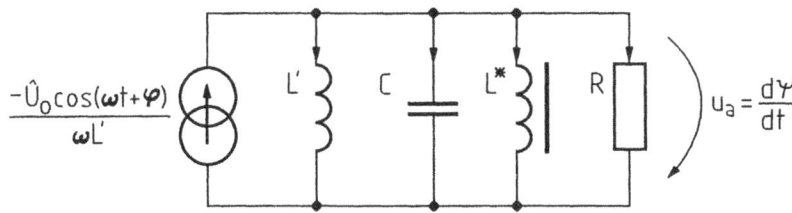

Abbildung 1.9: Ferroresonanzstabilisator mit Stromquelle

werden, das Heißt, der verkettete magnetische Fluß entspricht der verallgemeinerten Ortskoordinate und seine zeitliche Ableitung der verallgemeinerten Geschwindigkeit. Somit ist die gespeicherte elektrische Energie kinetischer Natur und die gespeicherte magnetische Energie potentielle Energie. Die potentielle Energie in L^* berechnet man aus

$$W = \int i\,d\psi = \int \left(a\psi + b\psi^9\right)\,d\psi = \frac{a}{2}\psi^2 + \frac{b}{10}\psi^{10} \quad . \tag{1.63}$$

Die anderen Energien werden auf gleiche Weise errechnet. Ein Problem stellt jedoch die Spannungsquelle dar. Der Ähnlichkeitstheorie zufolge sind die verallgemeinerten Kräfte Ströme, die durch Stromquellen darzustellen sind. Dies wird durch die Umwandlung der Reihenschaltung von Spannungsquelle und L^* in eine Parallelschaltung einer äquivalenten Stromquelle mit L^* gemäß der linearen Zweipoltheorie erreicht (siehe Abbildung 1.9). Das führt zu dem Vorteil, nur eine Flußkoordinate berechnen zu müssen.

Tabelle 1.3 gibt die einzelnen Beiträge der Elemente zur Lagrange- bzw. Dissipations-Funktion wider, wobei die einzige Quelle aufgrund ihrer negativen Dissipation auch in die D-Funktion übernommen werden kann und gemäß (1.16) berechnet wird.

Bauelement	L-Term	D-Term
L	$-\dfrac{1}{2d}\psi^2$	
C	$\dfrac{C}{2}\dot{\psi}^2$	
L^*	$-\dfrac{a}{2}\psi^2 - \dfrac{b}{10}\psi^{10}$	
R		$\dfrac{1}{2R}\dot{\psi}^2$
i_0		$\dfrac{\dot{\psi}\hat{U}_0\cos(\omega t + \varphi)}{\omega L^*}$

Tabelle 1.3: L- und D-Terme des modifizierten Ferroresonanzstabilisators

1.2.3.1   Aufstellung der Bewegungsgleichungen

Die erste Methode zur Aufstellung der Bewegungsgleichung für diesen Ferroresonanzstabilisator geht von der klassischen Hamilton-Funktion für den konservativen Teil und die getrennt dazu bestimmte Dissipations-Funktion aus. Man entnimmt Tabelle 1.3 durch die Addition der Spalten mit den L- bzw. D-Termen

$$L = -\frac{1}{2L'}\psi^2 + \frac{C}{2}\dot{\psi}^2 - \frac{a}{2}\psi^2 - \frac{b}{10}\psi^{10} \quad , \tag{1.64}$$

$$D = \frac{1}{2R}\dot{\psi} + \frac{\dot{\psi}\hat{U}\cos(\omega t + \varphi)}{\omega L'} \quad . \tag{1.65}$$

Daraus bestimmt sich der Impuls p aus dem klassischen Ausdruck

$$p = \frac{\partial L}{\partial \dot{q}} = C\dot{\psi} \quad , \quad \dot{\psi} = \frac{p}{C} \quad , \quad \ddot{\psi} = \frac{\dot{p}}{C} \quad . \tag{1.66}$$

Die klassische Hamilton-Funktion nimmt dabei die Form

$$H = \frac{p^2}{2C} + \frac{\psi^2}{2L'} + \frac{a}{2}\psi^2 + \frac{b}{10}\psi^{10} \tag{1.67}$$

an. Die erste zeitliche Ableitung des elektrischen Impulses folgt aus (1.11) in der Form

$$\dot{p} = -\frac{\partial H}{\partial \psi} - \frac{\partial D}{\partial \dot{\psi}} = -\frac{\psi}{L'} - a\psi - b\psi^9 - \frac{\dot{\psi}}{R} - \frac{\hat{U}_0\cos(\omega t + \varphi)}{\omega L'} \quad . \tag{1.68}$$

Setzt man für $\dot{p}$ das Ergebnis aus (1.66) ein, so ergibt sich nach einigen Umformungen die Bewegungsgleichung des Ferroresonanzstabilisators

$$C\ddot{\psi} + \frac{\dot{\psi}}{R} + \frac{\psi}{L'} + a\psi + b\psi^9 + \frac{\hat{U}_0\cos(\omega t + \varphi)}{\omega L'} = 0 \quad . \tag{1.69}$$

Diese nichtlineare inhomogene Differentialgleichung in ψ kann numerisch gelöst werden. Der Verlauf der Ausgangsspannung des Ferroresonanzstabilisators folgt aus der Festlegung $u_a = \psi$.

Zum Abschluß dieser Anwendung bleibt noch festzustellen, welche Dimensionen der Impuls p besitzt. Aus (1.66) entnimmt man

$$[p] = [C\dot{\psi}] = \text{As} \quad . \tag{1.70}$$

Der elektrische Impuls p hat die Dimension einer Ladung, seine zweite Ableitung die eines Stromes.

$$[\dot{p}] = [C\ddot{\psi}] = \text{A} \quad . \tag{1.71}$$

Die zweite kanonische Gleichung aus dem Hamilton-Formalismus führt nach (1.10) zum Ergebnis

$$\dot{q} = \frac{\partial H}{\partial p} = \frac{p}{C} = \dot{\psi} \quad . \tag{1.72}$$

Sie sagt aus, daß die erste zeitliche Ableitung der verallgemeinerten Lagekoordinate $q = \psi$ bis auf einen konstanten Faktor gleich dem magnetischen Impuls p ist.

Die zweite Methode basiert auf der Funktion H^* in (1.13). Zu diesem Zweck addiert man auch hier die L- bzw. D-Terme aus Tabelle 1.3 zur Lagrange- bzw. Dissipations-Funktion und setzt diese in (1.13) ein. Es liegt nun eine Knotenspannung vor, das heißt, es ist auch nur ein magnetisch verketteter Fluß zu berechnen. Seine Ursache besteht im elektrischen Impuls p. Die Funktion H^* lautet nach der Ausführung der Differentiationen sowie nach wenigen Umstellungen

$$H^* = \frac{C}{2}\dot{\psi}^2 + \frac{1}{2L'}\psi^2 + \frac{a}{2}\psi^2 + \frac{b}{10}\psi^{10} + \psi\left(\frac{\dot{\psi}}{R} + \frac{\hat{U}_0\cos(\omega t + \varphi)}{\omega L'}\right) \quad . \tag{1.73}$$

Die Bewegungsgleichung erhält man durch Differentiation von H^* nach dem Impuls bzw. nach ψ. Es entsteht der Ausdruck

$$\dot{p} = -\frac{\partial H^*}{\partial \psi} = -\left(\frac{\psi}{L'} + a\psi + b\psi^9 + \frac{\dot{\psi}}{R} + \frac{\hat{U}_0\cos(\omega t + \varphi)}{\omega L'}\right) \quad . \tag{1.74}$$

Es gilt aber auch nach (1.8)

$$p = \frac{\partial L}{\partial \dot{\psi}} = C\dot{\psi} \tag{1.75}$$

und somit

$$\dot{p} = C\ddot{\psi} \quad . \tag{1.76}$$

Setzt man nun (1.74) und (1.73) gleich, so folgt die Bewegungsgleichung des Ferroresonanzstabilisators

$$\frac{\psi}{L'} + a\psi + b\psi^9 + \frac{\dot{\psi}}{R}C\ddot{\psi} + \frac{\hat{U}_0\cos(\omega t + \varphi)}{\omega L'} = 0 \quad . \tag{1.77}$$

Man kann in (1.73) nicht von einer nichtkonservativen Hamilton-Funktion sprechen, weil auf der linken Seite die $\dot{\psi}$ vorkommen. Durch das Auftreten dieser $\dot{\psi}$ liegt keine Legendresche Transformation vor, die gerade das Wesen beim Übergang von der Lagrange- zur Hamilton-Funktion ausmacht.

Die Ableitung von H^* nach p kann hier nicht gebildet werden, weil p in (1.73) nicht vorkommt. Würde man (1.75) in (1.73) einsetzen und nach p differenzieren, so träte ein Zusatzterm auf.

Derselbe Ferroresonanzstabilisator soll nun nach einer dritten Methode über den Ansatz in (1.17) mit (1.18) und (1.19) untersucht werden. Der Übergang zu den Funktionen L, H genügt der Legendre-Transformation.

Im Ansatz (1.17) wurden die Lagrange- und die Dissipations-Funktion nach (1.65) benötigt. Es sind

$$L = -\frac{1}{2L'}\psi^2 + \frac{C}{2}\dot{\psi}^2 - \frac{a}{2}\psi^2 - \frac{b}{10}\psi^{10} \tag{1.78}$$

$$D = \frac{\dot{\psi}^2}{2R} + \dot{\psi}\frac{\hat{U}_0\cos(\omega t + \varphi)}{\omega L'} = \frac{\dot{\psi}^2}{2R} + \dot{\psi}i_0 \tag{1.79}$$

und damit

$$\frac{\partial D}{\partial \dot{\psi}} = \frac{\dot{\psi}}{R} + i_0 \quad , \quad \frac{\partial^2 D}{\partial \dot{\psi}^2} = \frac{1}{R} \quad . \tag{1.80}$$

Zur Aufstellung der erweiterten Lagrange-Funktion ist das q als verallgemeinerte Geschwindigkeit mit $\dot{\psi}$ einzusetzen und das Integral mit (1.80) zu berechnen. Damit folgt für $\mathcal{L}$ der Ausdruck

$$\mathcal{L} = L + \psi\dot{\psi}\int\frac{\frac{\partial D}{\partial \dot{\psi}}}{\dot{\psi}^2}\,d\dot{\psi} = -\frac{\psi^2}{2L'} + \frac{C}{2}\dot{\psi}^2 - \frac{a}{2}\psi^2 - \frac{b}{10}\psi^{10} + \frac{1}{R}\psi\dot{\psi}\ln|\dot{\psi}| - i_0\psi \quad . \tag{1.81}$$

Nun gilt in Analogie zum klassischen Hamilton-Formalismus der Zusammenhang zwischen dem Impuls p^* und der erweiterten Lagrange-Funktion in der Form (siehe (1.18))

$$p^* = \frac{\partial \mathcal{L}}{\partial \dot{\psi}} = C\dot{\psi} + \frac{\psi\ln|\dot{\psi}|}{R} + \frac{\psi}{R} \quad , \tag{1.82}$$

so daß aus (1.18) für die erweiterte Hamilton-Funktion der Ausdruck

$$\mathcal{H} = p^*\dot{\psi} + \frac{1}{2L'}\psi^2 - \frac{C}{2}\dot{\psi}^2 + \frac{a}{2}\psi^2 + \frac{b}{10}\psi^{10} - \frac{1}{R}\psi\dot{\psi}\ln|\dot{\psi}| + i_0\psi \tag{1.83}$$

folgt. Auf Grund der Nichtlinearität von (1.82) läßt sich diese Gleichung nicht nach $\dot{\psi}$ auflösen, so daß $\mathcal{H}$ eine Funktion dieser verallgemeinerten Geschwindigkeit bleibt.

Im nächsten Schritt wird die erste zeitliche Ableitung von p^* aus (1.82) bestimmt und auf der linken Seite von (1.19) eingesetzt:

$$C\ddot{\psi} + \frac{\dot{\psi}}{R}\ln|\dot{\psi}| + \frac{\psi\ddot{\psi}}{R\dot{\psi}} + \frac{\dot{\psi}}{R} = -\frac{\partial \mathcal{H}}{\partial \psi} + \frac{\psi}{\dot{\psi}}\frac{\partial^2 D}{\partial \dot{\psi}^2}\ddot{\psi} \tag{1.84}$$

Nun differenziert man $\mathcal{H}$ nach ψ und setzt das Ergenis unter Beachtung von (1.80) für D ein. Nach Subtraktion und einigen Umformungen ergibt sich aus (1.84) die Bewegungsgleichung des Ferroresonanzstabilisators in der Form

$$C\ddot{\psi} + \frac{\dot{\psi}}{R} + \frac{\psi}{L'} + a\psi + b\psi^9 + \frac{\hat{U}_0 \cos(\omega t + \varphi)}{\omega L'} = 0 \quad . \qquad (1.85)$$

1.2.3.2 Resümee

Der Ferroresonanzstabilisator muß mindestens ein nichtlineares Bauelement enthalten, um die gestellte stabilisierende Eigenschaft aufzuweisen. Mit einer linearen Induktivität L^* geht die Schaltung in Abbildung 1.8 in einen linearen passiven Filter über, der die Spannungsquelle mit dem Verbraucher R verbindet.

Alle drei vorgestellten Methoden bauen auf den Energiebilanzen auf. Eine Einschränkung hinsichtlich linearer Schaltungen (Systeme) besteht nicht.

Alle Methoden gelangen mit unterschiedlichem Aufwand zu den Bewegungsgleichungen. Im ersten Fall führt der Weg über die klassische Hamilton-Funktion. Die Verlustanteile werden in der ersten zeitlichen Ableitung des elektrischen Impulses berücksichtigt. Der elektrische Impuls p hat einen magnetischen (verketteten) Fluß ψ zur Folge, der wiederum mit der stabilisierten Spannung $\dot{\psi} = u_a$ in Verbindung steht.

Die zweite Methode geht von einer erweiterten, die Verluste enthaltenden Funktion H^* aus. Der Übergang zum elektrischen Impuls bzw. dessen erster zeitlichen Ableitung stellt keine Legendre-Transformation dar, weil die $\dot{\psi}$ nicht eliminiert werden.

Der dritte Weg gründet sich auf einen Ansatz mit erweiterter Lagrange-Funktion und folgerichtig auf eine erweiterte Hamilton-Funktion.

1.2.4 Oszillatorschaltung mit OPV in Ladungsformulierung

Zur Analyse der Oszillatorschaltung in Abbildung 1.10 soll die anschaulichere Ladungsformulierung herangezogen werden. Hierbei sind die Ladungen die verallgemeinerten Orte, die Ströme die verallgemeinerten Geschwindigkeiten und die elektrischen Spannungen die verallgemeinerten Kräfte. Die Schaltung kann als Parallelschaltung zweier Zweipole angesehen werden, wobei die Parallelschaltung aus Induktivität und Kapazität den einen und die OPV-Schaltung den anderen Zweipol bildet.

Die OPV-Schaltung soll zunächst näher untersucht werden. Dazu wird der OPV als ideal angesehen, das heißt, er stellt eine spannungsgesteuerte Spannungsquelle mit unendlicher Verstärkung v dar. Dies ist zumindest bei kleinen Aussteuerungen in guter Näherung erfüllt.

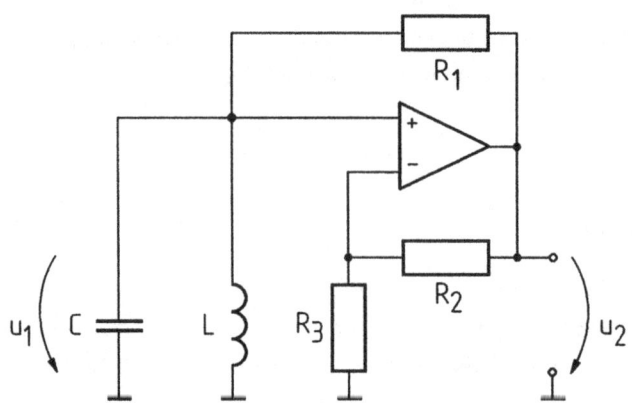

Abbildung 1.10: Oszillatorschaltung mit Operationsverstärker

Nach Abbildung 1.10 ist also

$$u_2 = vu_1 - vu_2\frac{R_3}{R_3 + R_2} \quad , \tag{1.86}$$

oder anders geschrieben

$$u_2\left(1 + v\frac{R_3}{R_3 + R_2}\right) = vu_1 \quad . \tag{1.87}$$

Für den idealen OPV erhält man bei sehr großer Verstärkung

$$\lim_{v \to \infty} u_2\left(1 + v\frac{R_3}{R_3 + R_2}\right) = vu_2\frac{R_3}{R_3 + R_2} \quad . \tag{1.88}$$

Somit kürzt sich v aus (1.87) heraus und man erhält das Ergebnis

$$u_2 = \frac{R_3 + R_2}{R_3}u_1 = Ku_1 \quad . \tag{1.89}$$

Das vereinfachte Schaltbild hierzu ist in Abbildung 1.11 angegeben. Der Zweipol aus R_1 und Ku_1 ist dissipativ, trägt also in Form eines D-Terms zur Hamilton-Funktion bei. Hierzu muß der Zusammenhang zwischen Kraft (Spannung) und Leistungsänderung gesucht werden, um mit Hilfe von (1.90) den D-Term aufstellen zu können. Für diesen Zweipol gilt

$$\frac{\partial D}{\partial \dot{q}_3} = u_1 \quad , \tag{1.90}$$

$$u_1 = i_3R_1 + Ku_1 \tag{1.91}$$

oder mit $i_3 = \dot{q}_3$

$$u_1 = \frac{\dot{q}_3R_1}{1 - K} \quad . \tag{1.92}$$

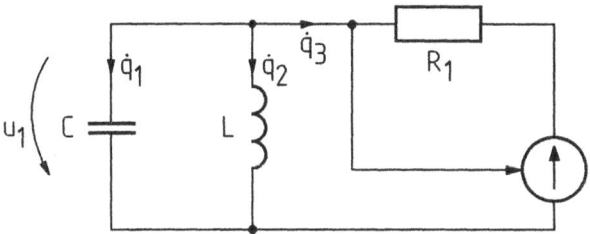

Abbildung 1.11: Vereinfachte Schaltung

Bauelement	L-Term	D-Term
L	$\dfrac{L\dot{q}_2^2}{2}$	
C	$-\dfrac{q_1^2}{2C}$	
OPV		$\dfrac{\dot{q}_3^2 R_1}{2(1-k)}$

Tabelle 1.4: Bauelemente, L- bzw. D-Terme

Somit ergibt sich unter Verwendung von (1.89) der D-Term zu

$$D_{OPV} = \frac{\dot{q}_3^2 R_1}{2(1-K)} \quad . \tag{1.93}$$

Die L-Terme errechnen sich wie gezeigt aus der kinetischen und der potentiellen Energie, wobei diesmal bei Ladungsformulierung (anders als bei der Flußformulierung) die magnetische Energie kinetischer und die elektrische Energie potentieller Natur ist. Die einzelnen Terme sind in Tabelle 1.4 zusammengefaßt.

Somit ergibt sich für H^* nach (1.13) der Ausdruck

$$H^* = +\frac{L'\dot{q}_2^2}{2} + \frac{q_1^2}{2C} + q_3 \frac{\dot{q}_3 R_1}{1-K} \quad , \tag{1.94}$$

oder mit $q_3 = -q_1 - q_2$

$$H^* = +\frac{L'\dot{q}_2^2}{2} + \frac{q_1^2}{2C} + (q_1 + q_2)\frac{(\dot{q}_1 + \dot{q}_2) R_1}{1-K} \quad . \tag{1.95}$$

Die Bewegungsgleichungen werden zunächst für q_1 und q_2 getrennt aufgestellt. Es gilt nach (1.14)

$$-\dot{p}_2 = \frac{\partial H^*}{\partial q_2} = -\left(\frac{(\dot{q}_1 + \dot{q}_2) R_1}{1-K} \right) \quad . \tag{1.96}$$

Der Impuls p_2 wiederum wird aus der Lagrange-Funktion L (Addition der Terme in Spalte 2 von Tabelle 1.4) gewonnen:

$$p_2 = \frac{\partial L}{\partial \dot{q}_2} = L' \dot{q}_2 \quad . \tag{1.97}$$

Die Dimension des magnetischen Impulses von p_2 ist $[p_2] = Vs$. Wird (1.97) noch einmal nach der Zeit abgeleitet und mit (1.96) gleichgesetzt, so folgt das Teilergebnis

$$\frac{(\dot{q}_1 + \dot{q}_2)\, R_1}{1 - K} = -L' \ddot{q}_2 \quad . \tag{1.98}$$

In analoger Weise gewinnt man

$$0 = \dot{p}_1 = -\frac{\partial H^*}{\partial q_1} = -\frac{q_1}{C} - \left(\frac{(\dot{q}_1 + \dot{q}_2)\, R_1}{1 - K} \right) \quad . \tag{1.99}$$

Addiert man nun (1.98) und (1.99), so erhält man

$$\frac{q_1}{C} = L' \ddot{q}_2 \quad . \tag{1.100}$$

Nun kann $\dot{q}_2$ aus (1.99) zu

$$\dot{q}_2 = -\dot{q}_1 \frac{q_1(1 - K)}{C R_1} - \dot{q}_1 - \frac{q_1(1 - K)}{C R_1} \tag{1.101}$$

gewonnen werden, so daß durch einmalige Differentiation nach der Zeit t Gleichung (1.101) in

$$\ddot{q}_2 = -\ddot{q}_1 \frac{\dot{q}_1(1 - k)}{C R_1} - \ddot{q}_1 - \frac{\dot{q}_1(1 - K)}{C R_1} \tag{1.102}$$

übergeht. Wird (1.101) in (1.100) eingesetzt, erhält man schließlich die Bewegungsgleichung für q_1

$$\ddot{q}_1 + \frac{\dot{q}_1(1 - k)}{C R_1} + \frac{q_1}{L'C} = 0 \quad . \tag{1.103}$$

Für die Vergleichsrechnung (1.89) kann aufgrund von (1.92) der OPV-Zweipol als negativer Widerstand angesehen werden, da K wegen (1.89) größer als Eins sein muß. es muß also nur die Gleichung für den einzigen unabhängigen Knoten in der Form

$$i_C + i_{L'} + i_{OPV} = 0 = C \dot{u}_1 + \frac{1}{L} \int u_1\, dt + u_1 \frac{1 - K}{R_1} \tag{1.104}$$

aufgestellt werden. Die Differentiation nach der Zeit liefert

$$C \ddot{u}_1 + \frac{1}{L} u_1 + \frac{1 - K}{R_1} \dot{u}_1 \quad . \tag{1.105}$$

Die Substitution $u_1 = q_1/C$ liefert dann wieder (1.103).

Anmerkung: Es sei an dieser Stelle gesagt, daß diese Gleichungen nur für einen idealen Operationsverstärker gelten. Sie sind analytisch lösbar und liefern eine entdämpfte Sinusschwingung, deren Anwachsen bei einem realen Operationsverstärker allerdings gestoppt würde, wenn die Amplitude der Schwingung die Grenze der Betriebsspannung erreicht.

Aufgabe: Es ist zu überprüfen, auf welche Weise mit den beiden anderen Methoden (siehe (1.2.3)) dieselbe Bewegungsgleichung entsteht.

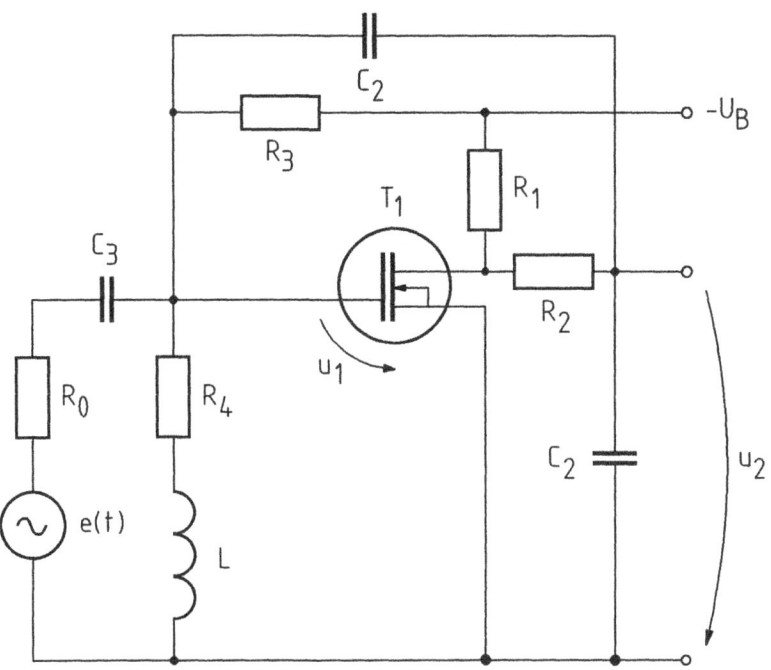

Abbildung 1.12: MOSFET-Schaltung

1.2.5 Bewegungsgleichung einer MOSFET-Schaltung in Fluß-formulierung

Für die MOSFET-Schaltung in Abbildung 1.12 soll über die Energiebilanz die Bewegungsgleichung für die Spannung u_2 hergeleitet werden. Zweckmäßigerweise wird die Flußformulierung gewählt, weil die erste zeitliche Ableitung des verketteten Flusses die Dimension einer Spannung aufweist.

Der MOS-Feldeffekttransistor wird als nichtlineare spannungsgesteuerte Stromquelle angesehen, deren Kennlinie die Gleichungen

$$i_d = K_2 u_{gs}^2 \quad , \quad u_{gs} = u_1 \tag{1.106}$$

wiedergeben. Ist $e(t)$ eine Sinusquelle hoher Frequenz, so folgt mit den erlaubten Näherungen

$$\frac{1}{\omega C_3} \to 0 \quad , \quad \frac{1}{\omega C_2} \to 0 \quad \text{und} \quad \omega L^* \to \infty \tag{1.107}$$

das Wechselstromersatzschaltbild nach Abbildung 1.13.

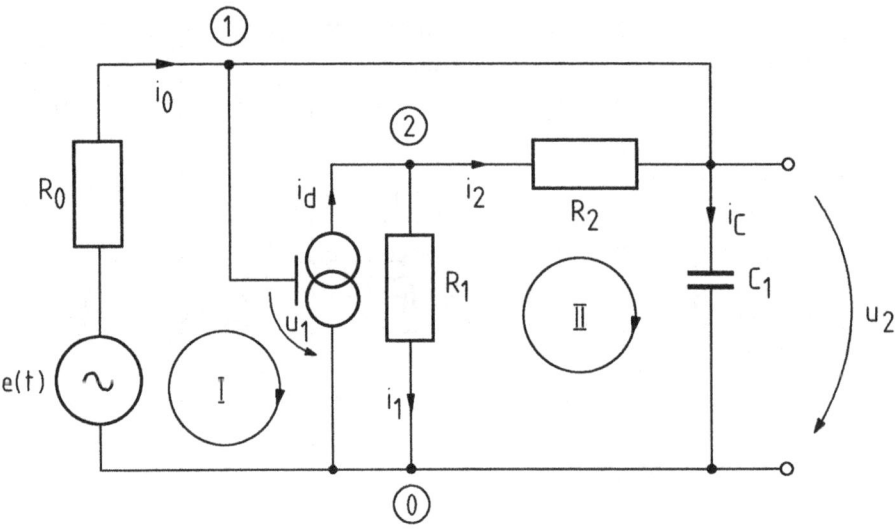

Abbildung 1.13: Wechselstromersatzschaltbild mit eingetragenen Zweigrichtungen, Knoten und Maschenumläufen

Aus diesem Wechselstromersatzschaltbild entnimmt man die Gültigkeit von $u_1 = u_2 = u$, woraus nach wenigen Umzeichnungen die übersichtliche Schaltung in Abbildung 1.14 hervorgeht.

Da bei der Flußformulierung die verketteten Flüsse die verallgemeinerten Orte und die Spannungen die verallgemeinerten Geschwindigkeiten darstellen, müssen eingeprägte Kräfte als Stromquellen erscheinen. Deshalb, und um die Behandlung dieser Schaltung einfach zu gestalten, werden noch einige Umformungen entsprechend der linearen Zweipoltheorie vorgenommen. Dazu wird die Spannungsquelle $e(t)$ mit dem Reihenwiderstand R_0 in eine äquivalente Stromquelle mit Parallelleitwert und die Stromquelle i_d mit R_1 in eine Spannungsquelle mit entsprechendem Serienwiderstand umgewandelt (Abbildung 1.15). Danach wird $i_d \cdot R_1$ mit dem Serienwiderstand $R_1 + R_2$ noch in eine äquivalente Stromquelle transformiert (Abbildung 1.16).

Das Netzwerk besteht nun nur noch aus einer Parallelschaltung von Elementen. Nur ein verketteter Fluß ist zu berechnen.

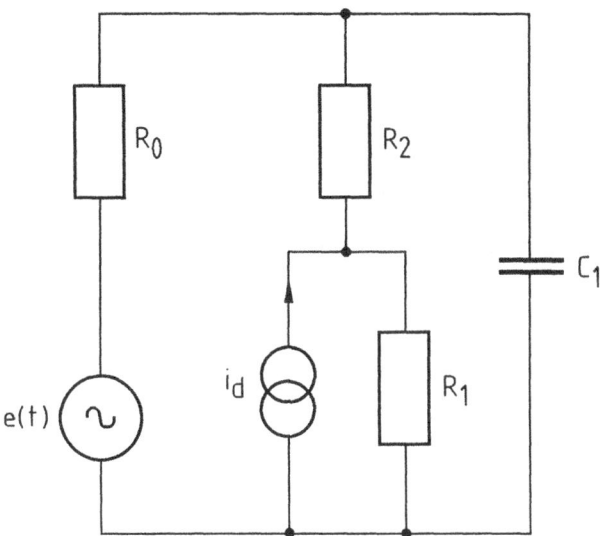

Abbildung 1.14: Vereinfachtes Wechselstromersatzschaltbild

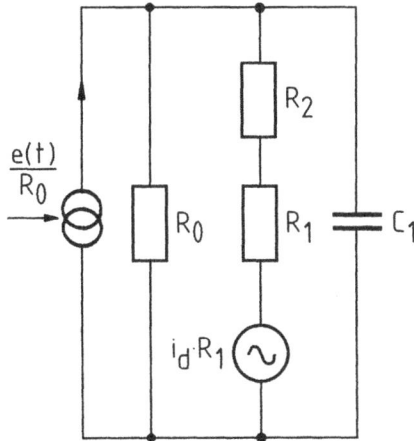

Abbildung 1.15: Umformung nach Anwendung der Zweipoltheorie

1.2.5.1 Aufstellung der Bewegungsgleichung

Wir gehen nach Gleichung (1.11) vor. Die Beiträge der Einzelelemente zur Gesamt-Lagrange- bzw. Gesamt-Dissipations-Funktion ergeben sich in gewohnter Weise aus den

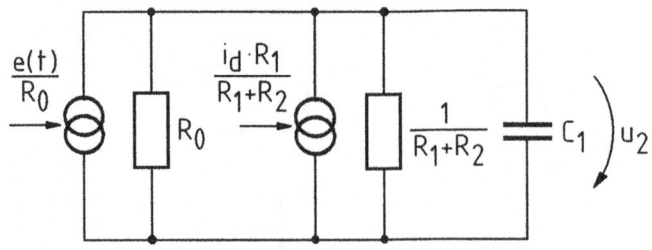

Abbildung 1.16: Endgültige Schaltung

Zweipolrelation	L-Term	D-Term
$\dfrac{e(t)}{R_0}$		$-\dfrac{e(t)}{R_0}\dot{\psi}$
R_0		$\dfrac{1}{2R_0}\dot{\psi}^2$
$-i_d\dfrac{R_1}{R_1+R_2}$		$-\dfrac{R_1K_2}{R_1+R_2}\dfrac{\dot{\psi}^3}{3}$
$\dfrac{1}{R_1+R_2}$		$\dfrac{1}{2(R_1+R_2)}\dot{\psi}^2$
C_1	$\dfrac{C_1}{2}\dot{\psi}^2$	

Tabelle 1.5: Lagrange- und Dissipations-Funktion der Bauelemente

Energiebeziehungen. Die nichtlineare gesteuerte Stromquelle bedarf keiner gesonderten Behandlung. Ihr Anteil kann als negativer dissipativer Term aus

$$D_d = -\frac{R_1}{R_1+R_2}\int i_d\,du = -\frac{R_1}{R_1+R_2}\int K_2 u^2\,du = -\frac{R_1}{R_1+R_2}\frac{K_2}{3}u^3 \qquad (1.108)$$

berechnet werden. Die Beiträge der einzelnen Elemente zur Energie- bzw. Leistungsbilanz gibt Tabelle 1.5 wieder. Mit den Ergebnissen in Tabelle 1.5 gelten:

$$L = \frac{C_1}{2}\dot{\psi}^2 \quad , \qquad (1.109)$$

$$D = -\frac{e(t)}{R_0}\dot{\psi} - \frac{R_1K_2}{R_1+R_2}\frac{\dot{\psi}^3}{3} + \frac{1}{2R_0}\dot{\psi}^2 + \frac{1}{2(R_1+R_2)}\dot{\psi}^2 \quad . \qquad (1.110)$$

Zur Aufstellung der Hamilton-Funktion nach (1.9) differenziert man zuerst (1.109) gemäß (1.8) nach $\dot{\psi}$ und erhält für den elektrischen Impuls (Dimension: $[p] = As$)

$$p = \frac{\partial L}{\partial \dot{\psi}} = C_1 \dot{\psi} \quad , \quad \dot{\psi} = \frac{p}{C_1} \quad , \quad \dot{p} = C_1 \ddot{\psi} \tag{1.111}$$

woraus sofort der Ausdruck

$$H = p\dot{\psi} - L = \frac{C_1}{2}\dot{\psi}^2 = \frac{p}{2C_1} \tag{1.112}$$

hervorgeht. Nun berechnet sich aus (1.9) die erste zeitliche Ableitung des magnetischen Impulses zu

$$\dot{p} = -\frac{\partial H}{\partial \psi} - \frac{\partial D}{\partial \dot{\psi}} = \frac{e(t)}{R_0} - \frac{\dot{\psi}}{R_0} + \frac{R_1 K_2}{R_1 + R_2}\dot{\psi}^2 - \frac{1}{R_1 + R_2}\dot{\psi} \tag{1.113}$$

woraus mit (1.111) nach wenigen Umformungen die Bewegungsgleichung (Knotenglei-chung) der MOS-Feldeffekttransistorschaltung

$$C_1\ddot{\psi} + \frac{\dot{\psi}}{R_0} - \frac{R_1 K_2}{R_1 + R_2}\dot{\psi}^2 + \frac{1}{R_1 + R_2}\dot{\psi} = \frac{e(t)}{R_0} \tag{1.114}$$

folgt. In der Aufgabenstellung war eine Bewegungsgleichung für die Spannung u_2 gefor-dert. Es gilt $\dot{\psi} = u_2$, so daß (1.114) in die Form

$$C_1\dot{u}_2 + \frac{u_2}{R_0} - \frac{R_1 K_2}{R_1 + R_2}u_2^2 - \frac{u_2}{R_1 + R_2} = \frac{e(t)}{R_0} \tag{1.115}$$

übergeht. Zu demselben Ergebnis gelangt man auch ausgehend von Abbildung 1.13 und unter Beachtung der nichtlinearen Kennlinie des Feldeffekttransistors über die Kirchhoff-schen Sätze.

Für die zweite Variante nach (1.13) errechnet sich mit den Resultaten nach (1.109) und (1.110) aus (1.8) für den elektrischen Impuls

$$p = \frac{\partial L}{\partial \dot{\psi}} = C_1 \dot{\psi} \quad , \quad \dot{p} = C_1 \ddot{\psi} \tag{1.116}$$

und für die Funktion H^* der Ausdruck

$$H^* = \frac{C_1}{2}\dot{\psi}^2 + \psi\left(-\frac{e(t)}{R_0} + \frac{\dot{\psi}}{R_0} - \frac{R_1 K_1}{R_1 + R_2}\dot{\psi}^2 + \frac{\dot{\psi}}{R_1 + R_2}\right) \quad . \tag{1.117}$$

Mit (1.14) findet man für $\dot{p}$ die Form

$$\dot{p} = \frac{\partial H^*}{\partial \psi} = \frac{e(t)}{R_0} - \frac{\dot{\psi}}{R_0} + \frac{R_1 K_1}{R_1 + R_2}\dot{\psi}^2 - \frac{\dot{\psi}}{R_1 + R_2} \tag{1.118}$$

und letztlich mit (1.116) dieselbe Bewegungsgleichung. Der dritte mögliche Weg führt über den Ansatz nach (1.19).

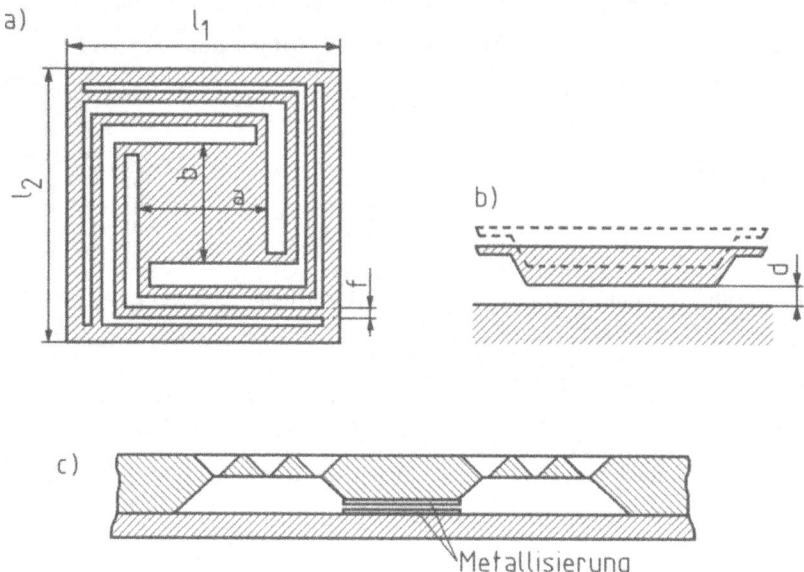

Abbildung 1.17: a) Draufsicht eines strukturierten Elementes mit Rahmen, mäanderförmigen Federelementen und einem Massestück b) Spalt am Sensor c) Querschnitt eines montierten Beschleunigungssensors

1.2.6 Berechnung eines mikromechanischen Beschleunigungssensors

Sensoren gehören in zunehmendem Maße zu modernen technischen Geräten oder Systemen, z.B. Beschleunigungssensoren für die Antiverwackeleinrichtung von Videokameras oder zur Airbagauslösung im Kraftfahrzeug.

Die Abbildungen 1.17a-c zeigen vergrößert die Struktur eines kapazitiven Beschleunigungssensors, für den über den Lagrange-Formalismus sowie mit Hilfe der Methode nach (1.13) die Bewegungsgleichungen aufgestellt und gelöst werden sollen.

Der Beschleunigungssensor stellt ein elektromechanisches System dar, in dem die Kopplung beider Teilsysteme ein Kondensator übernimmt. Die technische Realisierung des Sensors erlaubt die Beschreibung des Kondensators als Plattenkondensator. Das elektromechanische Ersatzschaltbild des kapazitiven Beschleunigungssensors ist Abbildung 1.18 zu entnehmen.

Durch eine auf den Sensor wirkende Kraft $F(t)$ verändert sich der Abstand der Kondensatorelektroden und somit auch die Ladungen auf ihnen. Dadurch verändern sich ebenfalls

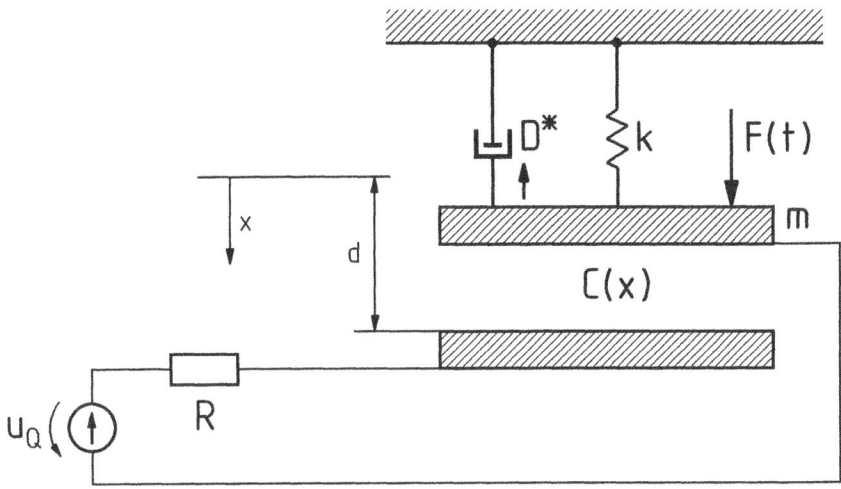

Abbildung 1.18: Elektromechanisches Ersatzschaltbild eines kapazitiven Beschleunigungssensors

die Spannungsabfälle über den Elementen des elektrischen Kreises, die der Auswertung dienen. Solange die einwirkende mechanische Kraft $F(t)$ auf den Sensor gleich Null ist, soll sich die bewegliche Elektrode bezüglich der x-Achse in der Null-Lage befinden.

Die verallgemeinerten Koordinaten sind die elektrische Ladung q und der Weg x. Die Elementebezeichnung und die dazugehörigen L- bzw. D-Terme dieses Sensors gibt Tabelle 1.6 wieder.

Durch die Addition der L-Terme bzw. der D-Terme ergeben sich die Gesamt-Lagrange-Funktion und die Gesamt-Dissipations-Funktion, oder zusammengefaßt das sogenannte $\{L, D\}$-Modell.

$$L = u_Q q - \frac{d-x}{2\epsilon A}q^2 - \frac{k}{2}x^2 + \frac{m}{2}\dot{x}^2 + F(t)x \tag{1.119}$$

$$D = \frac{R}{2}\dot{q}^2 + \frac{D^*}{2}\dot{x}^2 \tag{1.120}$$

Beide Funktionen werden nun in die erweiterte Euler-Lagrange-Gleichung (1.6) eingesetzt. Nach der Bildung der Variationsableitung folgen für $k = 1, 2$ (der Freiheitsgrad des Systems ist $f = 2$) und $q_1 = q$, $q_2 = x$ die beiden Bewegungsgleichungen in der Form

$$-u_Q + \frac{d-x}{\epsilon A}q + R\dot{q} = 0 \quad , \tag{1.121}$$

$$m\ddot{x} + kx - \frac{q^2}{2\epsilon A} + D^*\dot{x} - F(t) = 0 \quad , \tag{1.122}$$

Zweigindex	Zweipolrelation	L-Term	D-Term
1	Spannungsquelle u_Q	$u_Q q$	
2	Widerstand R		$\dfrac{R}{2}\dot{q}^2$
3	Kondensator C	$-\dfrac{1}{2C}q^2 = -\dfrac{(d-x)}{2\epsilon A}q^2$	
4	einwirkende Kraft $F(t)$	$F(t)x$	
5	Masse m	$\dfrac{m}{2}\dot{x}^2$	
6	Dämpfung D^*		$\dfrac{D^*}{2}\dot{x}^2$
7	Federkraft k	$-\dfrac{k}{2}x^2$	

Tabelle 1.6: L- und D-Terme der Bauelemente des Beschleunigungssensors

die es unter den Vorgaben vollständig beschreiben.

1.2.6.1 Aufstellung der Bewegungsgleichungen

Mit der Lagrange-Funktion (1.120) folgen nach Gleichung (1.8) die Impulse und deren zeitliche Ableitungen in der Form:

$$p_1 = 0 \tag{1.123}$$

$$p_2 = m\dot{x} \tag{1.124}$$

$$\dot{p}_2 = m\ddot{x} \tag{1.125}$$

und somit für die Funktion H^* nach (1.13) der Ausdruck

$$H^* = \frac{m}{2}\dot{x}^2 - u_Q q - F(t)x + \frac{(d-x)}{2\epsilon A}q^2 + \frac{k}{2}x^2 + x\dot{x}D^* + q\dot{q}R \quad . \tag{1.126}$$

Die zeitlichen Ableitungen der Impulse haben nach Gleichung (1.14) die Form

$$0 = \dot{p}_1 = u_Q - \frac{(d-x)}{\epsilon A}q - \dot{q}R \quad , \tag{1.127}$$

$$\dot{p}_2 = F(t) + \frac{q^2}{2\epsilon A} - kx - \dot{x}D^* \quad . \tag{1.128}$$

Aus dem Vergleich der Gleichungen (1.125), (1.127) und (1.128) resultieren die Bewegungsgleichungen des Systems nach (1.122).

1.2.6.2 Lösung des Differentialgleichungssystems

Zur Berechnung werden die Bewegungsgleichungen des elektromechanischen Systems (1.122) in drei Differentialgleichungen erster Ordnung umgeformt, welche eine Nicht-linearität hinsichtlich der elektrischen Ladung q enthalten:

$$\dot{q} = \frac{u_Q}{R} - \frac{(d - x_1)}{\epsilon A m} q \qquad (1.129)$$

$$\dot{x}_1 = x_2 \qquad (1.130)$$

$$\dot{x}_2 = \frac{F(t)}{m} + \frac{q^2}{2\epsilon A R} - \frac{k}{m} x_1 - \frac{D^*}{m} x_2 \qquad (1.131)$$

Für die Werte der Bauelemente

$u_Q = 10$ V	$R = 1,5$ MΩ
$\epsilon_0 = 8,86 \cdot 10^{12}$ AS/Vm	$A = 1,44$ mm^2
$\epsilon_r = 2,5$	$d = 20$ μm
$k = 50$ Nm	$D^* = 0,3177$ kg/s
$m = 1$ mg	$F(t) = 0,01$ N $\cdot \sin(2\pi \cdot 1000$ Hz $t)$

wird das Gleichungssystem wegen der auftretenden Nichtlinearität numerisch gelöst. In den Abbildungen 1.19 und 1.20 sind die Funktionen für die Ladungsverteilung q und den Schwingungsverlauf x des kapazitiven Beschleunigungssensors dargestellt.

Durch das Aufbauen des elektrischen Feldes im Plattenkondensator, der Wirkung der mechanisch eingeprägten Kraft $F(t)$ und den Parametern D^*, m und k kommt es zu einem Einschwingvorgang. Nach einer gewissen Zeit t (ca. 40 ms) stellt sich eine konstante Schwingung der beweglichen Kondensatorplatte ein. Die elektrische Ladung q auf den Platten ändert sich analog zur eingeprägten Kraft $F(t)$. Somit ist eine Auswertung der einwirkenden Kraft $F(t)$ über die Spannungs- bzw. Stromänderung im elektrischen Kreis möglich.

1.2.7 Wärmemengenformulierung der Grundschaltung mit Thermoelement

Thermoelemente finden in der Meßtechnik zur Bestimmung von Temperaturen Anwendung, weil sich mit ihnen Wärmeenergie in elektrische Energie umwandeln läßt. Bei der Berührung von zwei verschiedenen metallischen Leitern unterschiedlicher Temperatur entsteht an der Kontaktstelle eine Spannungsdifferenz (Seebeck-Effekt [4]) Schließt man

---

[4]Thomas Johann Seebeck (*1770, †1831). Physiker. Entdecker der Thermospannung.

q in pAs

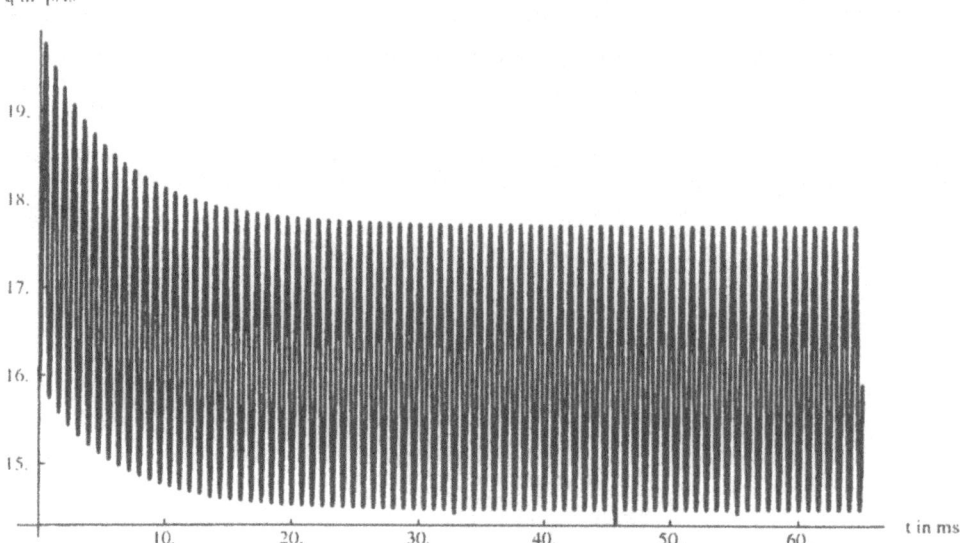

Abbildung 1.19: Ladungsverteilung auf dem mikromechanischen Beschleunigungssensor

die beiden Leiter zu einem Kreis zusammen und bringt die Kontaktstellen auf verschie-
dene Temperaturen (Thermoelement), so fließt im Leiterkreis ein (thermo)-elektrischer
Strom. Für eine solche thermoelektrische Grundanordnung sollen mit dem Lagrange-
Formalismus die Bewegungsgleichungen aufgestellt werden. Demzufolge ist das $\{L, D\}$-
Modell zu finden und die Variationsableitung zu bilden.

Die Grundschaltung in Abbildung 1.21 setzt sich aus einem thermischen Kreis und einem
Gleichstromkreis zusammen. Der Wärmekreis besteht aus einer Wärmaquelle - charak-
terisiert durch die Temperatur θ_4 (analog zum elektrischen Spannungsabfall, nicht im
Sinne einer thermomotorischen Kraft), den Wärmewiderstand R_4 (Wärmeinnenwider-
stand der Wärmequelle und Wärmeleitungswiderstand zum Thermoelement) sowie dem
Wärmewiderstand R_1 (Wärmeleitungswiderstand) zwischen den beiden Anschlüssen des
Thermoelementes). Diese thermischen Größen haben die Dimensionen

$$[\theta_4] = ° \, C \quad \text{und} \quad [R_1] = [R_4] = \frac{°C}{VA} \quad .$$

Es gelten

$$\Delta \vartheta = \vartheta_a - \vartheta_b = \theta_{ab} \quad \text{und} \quad \Delta \varphi = \varphi_a - \varphi_b = u_{ab} \quad . \tag{1.132}$$

Die Wärmemenge q_{th} (verallgemeinerte Koordinate) wird in Ws und der Wärmestrom

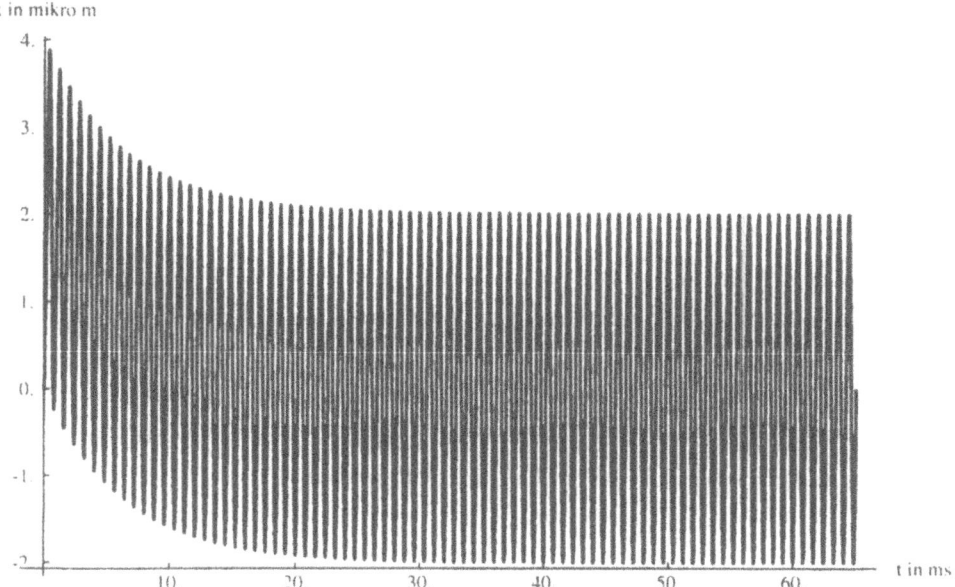

Abbildung 1.20: Schwingungsverlauf des mikromechanischen Beschleunigungssensors

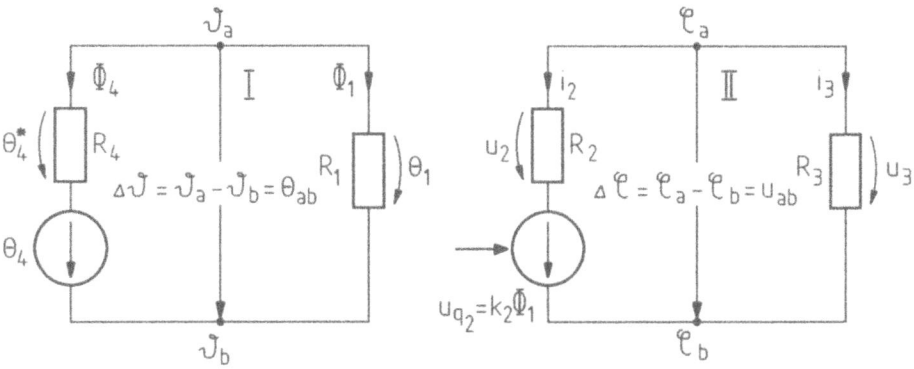

Abbildung 1.21: Thermische und elektrische Schaltung

$\dot{q}_{th} = \phi$ (verallgemeinerte Geschwindigkeit) in W gemessen. Der Wärmestrom besitzt somit die Dimension einer Leistung.

Der elektrische Stromkreis enthält eine Spannungsquelle (Thermoelement), den elektrischen Widerstand R_2 (Innen- und Leitungswiderstand) sowie den Arbeitswiderstand R_3.

Bezeichnung Formulierung	verallgemeinerte Koordinate	verallgemeinerte Geschwindigkeit	verallgemeinerte Kraft	Art der Bewegungsgleichung
Ladungs- formulierung	elektrische Ladung q_{el}	elektrischer Strom $\dot{q}_{el} = i$	elektrische Spannung/ Potentialdifferenz $\Delta\varphi = \varphi_a - \varphi_b$	Maschen- gleichung
Wärmemengen- formulierung	Wärmemenge q_{th}	Wärmestrom $\dot{q}_{th} = \phi$	Temperatur- differenz $\Delta\vartheta = \vartheta_a - \vartheta_b$	Maschen- gleichung

Tabelle 1.7: Übersicht zur Wärmemengenformulierung der technischen Größen

Unter der Annahme, daß der thermische Widerstand R_1 keine Funktion der Temperatur (also $R_1 \neq f(\Delta\vartheta)$ ist, kann das Thermoelement als wärmestromgesteuerte Spannungsquelle angesehen werden. Es sei der lineare Zusammenhang

$$u_{q2} = k_2\,\phi_1 = k_2\,\dot{q}_1 \qquad (1.133)$$

mit $[k_2] = 1/\mathrm{A}$ angenommen. Der erforderliche thermoelektrische Wandler tritt hier in Form einer wärmegesteuerten elektrischen Spannungsquelle auf.

Die verallgemeinerten Koordinaten sowie die verallgemeinerten Geschwindigkeiten sind wie folgt bezeichnet:

verallgemeinerte Koordinaten

elektrische Ladung: q_{el}

Wärmemenge: q_{th}

verallgemeinerte Geschwindigkeiten

elektrischer Strom: $\dot{q}_{el} = i$

Wärmestrom $\dot{q}_{th} = \phi$

Der Freiheitsgrad dieses thermoelektrischen Systems ist $f = 2$. Mit diesen technischen Größen gelangen wir zur Wärmemengenformulierung. Die Tabelle 1.7 enthält die verwendeten Formulierungen, die verallgemeinerten Koordinaten, die verallgemeinerten Geschwindigkeiten, die verallgemeinerten Kräfte und die entstehende Art der Bewegungsgleichungen.

Die Teilgraphen vom thermischen Schaltungskreis und vom elektrischen Gleichstromkreis gibt Abbildung 1.22 wieder.

Die Gerüstzweige sind in $G := \{3, 4\}$ und die Co-Gerüstzweige in $H(G) := \{1, 2\}$ zusammengefaßt. Wegen der Einfachheit der Teilgraphen braucht die Fundamentalschnittmengenmatrix $\mathbf{S}$ nicht aufgestellt zu werden.

In beiden Graphen sind keine Stromquellen enthalten, so daß $H_0 = \emptyset$ ($\emptyset$: leere Menge)

Abbildung 1.22: Teilgraphen der Schaltungskreise

Zweigindex	Zweipolrelation	L-Term	D-Term
1	$\vartheta_{n_1} = \dfrac{R_1 \phi_1}{\theta_4}$	$\dfrac{R_1 \dot{q}_1^2}{2\theta_4}$	
2	$u_2 = k_2 \phi_1 + R_2 i_2$	$-\dfrac{\dot{q}_1 q_2 k_2}{2}$	$\dfrac{k_2 \dot{q}_1 \dot{q}_2}{2} + \dfrac{R_2 \dot{q}_2^2}{2}$
3	$u_3 = R_3 i_3$		$\dfrac{R_3 \dot{q}_3^2}{2}$
4	$\vartheta_{n_4} = \dfrac{R_4 \phi_4}{\theta_4} + 1$		$\dfrac{R_4 \dot{q}_4^2}{2\theta_4} + \dot{q}_4$

Tabelle 1.8: Zweipolrelationen, L- bzw. D-Terme zur Wärmemengenformulierung einer Schaltung mit Thermoelement

gilt. Die Wärmequelle mit der Temperatur θ_4 besitzt den Charakter einer Spannungsquelle. Die elektrische Energiequelle ist eine wärmestromgesteuerte Spannungsquelle. Gegenüber den vorangestellten Anwendungen wird hier eine Normierung der Zweipolrelationen in den Zweigen 1 und 4 auf die Temperatur θ_4 vollzogen. Für die Wärmeströme ϕ_1 und ϕ_4 werden die verallgemeinerten Geschwindigkeiten (keine Geschwindigkeit der Wärmeleitung oder Geschwindigkeit der Wärmemengen q_{th_1}, q_{th_2}) eingeführt:

$$\phi_1 = \dot{q}_{th_1} = \dot{q}_1 \quad , \quad \phi_4 = \dot{q}_{th_4} = \dot{q}_4 \quad . \tag{1.134}$$

Die Tabelle 1.8 enthält die Zweipolrelationen aller Zweige, sowie die L- und die D-Terme. Die Lagrange-Funktion bzw. die Dissipationsfunktion des wärmetechnischen Systems resultieren aus der getrennten Addition der L-Terme bzw. der D-Terme. Beide Additionen führen zu den Ausdrücken

$$L = -\frac{\dot{q}_1 q_2 k_2}{2} \tag{1.135}$$

$$D = \frac{1}{2} \left[\frac{R_1 \dot{q}_1^2}{\theta_4} + k_2 \dot{q}_1 \dot{q}_2 + R_2 \dot{q}_2^2 + R_3 \dot{q}_3^2 + \frac{R_4 \dot{q}_4^2}{\theta_4} \right] + \dot{q}_4 \qquad (1.136)$$

Mit den Graphen aus der Abbildung 1.22 sind die Gerüstströme durch die Co-Gerüstströme zu ersetzen. Es gilt

$$q_{th_4} = q_4 = -q_1 \quad , \quad q_{el_3} = q_3 = -q_2 \quad , \qquad (1.137)$$

$$\dot{q}_{th_4} = \dot{q}_4 = -\dot{q}_1 \quad , \quad \dot{q}_{el_3} = \dot{q}_3 = -\dot{q}_2 \quad , \qquad (1.138)$$

so daß Gleichung (1.135) unverändert übernommen werden kann und (1.136 in die Form

$$D = \frac{1}{2} \left[\frac{R_1 \dot{q}_1^2}{\theta_4} + k_2 \dot{q}_1 \dot{q}_2 + R_2 \dot{q}_2^2 + R_3 \dot{q}_2^2 + \frac{R_4 \dot{q}_1^2}{\theta_4} \right] - \dot{q}_1 \qquad (1.139)$$

übergeht. Wegen der in beiden Schaltungen vorkommenden Verluste sind die Lagrange-Funktion und die Dissipationsfunktion (thermische Verlustleistung in den thermischen Widerständen, elektrische Verlustleistung durch Umwandlung elektrischer Energie in Wärmeenergie innerhalb der ohmschen Widerstände) ist die Variationsableitung nach (1.7) zu bilden. Weitere, im $\{L, D\}$-Modell nicht erfaßte äußere Kräfte (thermomotorische Kräfte), sind nicht vorhanden, so daß die rechte Seite von (1.7) Null zu setzen ist. Es gilt für diese Anwendung

$$\frac{d}{dt} \frac{\partial L}{\partial \dot{q}_\beta} - \frac{\partial L}{\partial q_\beta} + \frac{\partial D}{\partial \dot{q}_\beta} = 0 \quad , \quad \beta \in H(G) \,|\, H_0 \quad ; \quad \beta = 1, 2 \quad . \qquad (1.140)$$

Für $\beta = 1$, als q_1, $\dot{q}_1$ folgt mit den Gleichungen (1.135) und (1.139) der Ausdruck

$$\frac{k_2 \dot{q}_2}{2} + \frac{R_1 \dot{q}_1}{\theta_4} + \frac{k_2 \dot{q}_2}{2} + \frac{R_4 \dot{q}_1}{\theta_4} - 1 = 0 \qquad (1.141)$$

oder umgekehrt die Maschengleichung des thermischen Kreises

$$R_1 \dot{q}_1 + R_4 \dot{q}_1 - \theta_4 = 0 \quad . \qquad (1.142)$$

Für $\beta = 2$ liefert die Variationsableitung mit (1.135) und (1.139) die Form

$$\frac{k_2 \dot{q}_1}{2} + \frac{k_2 \dot{q}_1}{2} + R_2 \dot{q}_2 + R_3 \dot{q}_2 = 0 \qquad (1.143)$$

oder umgestellt die Maschengleichung des elektrischen Kreises

$$k_2 \dot{q}_1 + R_2 \dot{q}_2 + R_3 \dot{q}_2 = 0 \quad . \qquad (1.144)$$

Unter noch festzulegenden Anfangsbedingungen sind diese linearen Bewegungsgleichungen mit bekannten Verfahren zur Berechnung der unbekannten Funktionen $q_1(t) = q_{th_2}(t)$ und $q_2(t) = q_{th_2}(t)$ zu lösen.

Die Vorteile des Lagrange-Formalismus ($\{L,\ D\}$-Modell, Variationsableitung) sind evident. Die Wärmemengenformulierung wurde mit der Ladungsformulierung auf ein tech-
nisches System angewandt, in dem zwei verschiedene Energieformen (Leistungsarten)
auftreten. Eine zusätzliche Transformation von thermischen in elektrische Größen und
umgekehrt entfällt. Aus dem $\{L,\ D\}$-Modell gewinnt man über die Variationsableitungen die Bewegungsgleichungen. Beide Bewegungsgleichungen stellen Maschengleichungen
dar.

1.2.8   Dimension des elektrischen und magnetischen Impulses

Die vorangestellten Anwendungen zeigen auf, wie über das $\{L,\ D\}$-Modell und die
Hamilton-Funktion die verallgemeinerten Bewegungsgleichungen durch die Vorschriften
(1.5) bis (1.19) herzuleiten sind. Die den Zustand des Systems beschreibenden Differentialgleichungen können für noch zu formulierende Anfangsbedingungen gelöst werden.
Die in den Vorschriften enthaltenen Funktionen hängen in bestimmter Art und Weise von den verallgemeinerten Koordinaten (Zustandskoordinaten) $q_1, \ldots, q_f$ und den
verallgemeinerten Geschwindigkeiten $\dot{q}_1, \ldots, \dot{q}_f$ ab.
Wie aus den Herleitungen hervorgeht, führen diese Methoden auch über die verallgemeinerten Impulse $p_1, \ldots, p_f$ und deren zeitliche Ableitungen $\dot{p}_1, \ldots, \dot{p}_f$ zum Ziel. Es
gelten für konservative Systeme

$$p_k = \frac{\partial L}{\partial \dot{q}_k} \quad , \quad q_k = \frac{\partial L}{\partial \dot{p}_k} \quad , \quad k = 1, 2, \ldots, f \quad , \tag{1.145}$$

und

$$\dot{p}_k = -\frac{\partial H}{\partial q_k} \quad , \quad \dot{q}_k = \frac{\partial H}{\partial p_k} \quad , \quad k = 1, 2, \ldots, f \quad . \tag{1.146}$$

Beim Ferroresonanzstabilisator kam die Flußformulierung mit dem magnetischen verketteten Fluß ψ als verallgemeinerte Lagekoordinate zur Anwendung. Seine zeitliche
Ableitung als verallgemeinerte Geschwindigkeit lieferte die elektrische Spannung. Die
Dimensionen von verallgemeinerter Lagekoordinate, verallgemeinerter Geschwindigkeit
und elektrischem Impuls p nebst seiner zeitlichen Ableitung lauten

$$[q] = [\psi] = \text{Vs} \quad , \quad [\dot{q}] = [\dot{\psi}] = \text{V} \quad , \quad [p] = \text{As} \quad , \quad [\dot{p}] = \text{A} \quad . \tag{1.147}$$

Ursache für die verallgemeinerte Bewegung ist die Impulsänderung $\dot{p}$. Wie schon gezeigt,
gelten die Beziehungen

$$p = C\dot{\psi} \quad , \quad \dot{p} = \frac{d}{dt}\left(C\dot{\psi}\right) = C\ddot{\psi} \quad . \tag{1.148}$$

Die Analogie zu den mechanischen Größen Ort, Impuls, Kraft, Geschwindigkeit und Beschleunigung erscheint evident. Die elektrische Beschleunigung verkörpert die zweite zeitliche Ableitung der verallgemeinerten Lagekoordinate ψ.

Die Aufstellung der Bewegungsgleichung für den elektrischen Oszillator mit einem Operationsverstärker führte über die elektrische Ladung q als verallgemeinerte Lagekoordinate. Die Dimensionen sind

$$[q] = \text{As} \quad , \quad [\dot{q}] = [i] = \text{A} \quad , \quad [p] = \text{Vs} \quad , \quad [\dot{p}] = \text{V} \quad . \tag{1.149}$$

Hier liegt die Ursache für die verallgemeinerte Bewegung im verketteten magnetischen Fluß. Bei diesem Beispiel haben die Relationen

$$p = L^* \dot{q} \quad \text{und} \quad \dot{p} = \frac{d}{dt}(L^* \dot{q}) = L^* \ddot{q} \tag{1.150}$$

Gültigkeit. Auch hier erkennt man unschwer die Analogiebeziehungen zu den mechanischen Größen. Die magnetische Beschleunigung bezeichnet die zweite zeitliche Ableitung der verallgemeinerten Lagekoordinate q.

In der Elektrotechnik werden keine gesonderten Symbole für die verallgemeinerten Beschleunigungen (hier $\ddot{\psi} = \dot{u}$, $\ddot{q} = di/dt$) eingeführt. Die Bezeichnung - elektrische Beschleunigung bzw. magnetische Beschleunigung - erfolgt nach dem physikalischen Inhalt des jeweiligen Impulses.

Kapitel 2

Prinzipien in der Technik

In diesem Kapitel werden zwei bedeutungsvolle Prinzpien der Technik, das Superpositionsprinzip (Überlagerungsprinzip) und das Kompensationsprinzip (Ausgleichsprinzip) vorgestellt.

In Wissenschaft und Technik versteht man unter einem Prinzip (lat. principum, grch. arché; Ursprung, Anfang, grundlegende Voraussetzung, Grundsatz als Richtschnur des Handelns, feste Regel) einerseits grundlegende Inhalte von großer Allgemeinheit, die sich als erste Sätze für den Aufbau eines Wissensgebietes eignen, und andererseits methodische Aspekte im Sinne von Regeln.

In der Physik kennt man das Energieerhaltungsprinzip, das Prinzip von d' Alembert, das Hamiltonsche Prinzip u.a. Diese Prinzipien bilden die Grundlage eines Wissensgebietes oder einer Theorie innerhalb einer Wissenschaft.

Methodische Prinzipien im Sinne von Regeln (Handlungsvorschriften) enthalten neben einem Inhalt das Vorgehen, wenn die notwendigen Voraussetzungen zur Anwendung desselben erfüllt sind. Diese Handlungsvorschriften (in Theorie und Praxis) sind aus der Verallgemeinerung von Erscheinungen, wesentlichen Eigenschaften und experimentellen wie theoretischen Ergebnissen abgeleitet worden.

In jedem Prinzip steckt sowohl eine inhaltliche als auch eine methodische Seite, von denen im theoretischen wie praktischen Gebrauch jeweils eine überwiegt.

Die Anwendung des **Superpositionsprinzips** setzt die Gültigkeit der Superponierung voraus. Darunter versteht man die Überlagerung physikalischer Größen derart, daß in jedem Augenblick die Gesamtwirkung der Summe der Einzelwirkungen ist.

Die Anwendung des **Kompensationsprinzips** beruht auf der Kompensation, welche physikalisch beziehungsweise technisch den Ausgleich einer Wirkung durch eine Gegenwirkung beinhaltet.

Die Superponierung ist untrennbar mit der Linearität des technischen Systems verbunden. Sie gilt nicht bei nichtlinearen Vorgängen. Die Kompensation unterliegt nicht der starken Einschränkung der Linearität; sie gilt auch bei nichtlinearen Vorgängen. Die Definitionen beider Prinzipien findet man in den nachfolgenden Abschnitten dieses Kapitels.

2.1   Das Superpositionsprinzip

2.1.1   Zur Geschichte, Definition des Prinzips und Erscheinungsformen der Superposition

Die Superposition (der Kraftwirkungen) stammt aus der Mechanik. Sie verkörpert eine in Worte gefaßte Erfahrung. Der dem Superpositionsprinzip zugrunde liegende Satz geht unter der Bezeichnung 'Parallelogramm der Kräfte' auf S. Stevin [1] zurück, nach dem sich die auf den Massenpunkt wirkenden Kräfte vektoriell addieren. Zu dieser geometrischen Addition gehört die Annahme, daß jede Kraft ihre eigene Wirkung auch in Anwesenheit anderer Kräfte ausübt. Das heißt, die Kräfte sind voneinander unabhängig, sie beeinflussen sich nicht.

Am Ende des 17. Jahrhunderts war die Mechanik theoretisch begründet. Sir Isaak Newton begründete in seinem Werk 'Philosophiae naturalis prinzipa mathematik' (London 1687) seine Axiome und stellte diese an die Spitze der Mechanik. Diese Mechanik war in den nachfolgenden zwei Jahrhunderten Vorbild für entstehende Wissenschaften.

Magnetische und elektrische Phänomene begann man erst in den Anfängen zu untersuchen. Im Jahre 1600, in dem Giordano Bruno verbrannt worden ist, erschien von W. Gilbert [2] das Buch 'De magnete, magneticisque corporibus et de magno magnete tellure'. Die Haupterkenntnis dieses Buches steht bereits in seinem Titel: 'Die Erde ist ein großer Magnet'. Gilbert erkannte die Kraftwirkungen zwischen den Polen eines Magneten. Aus diesen beiden wesentlichen Beobachtungen entwickelte er eine Theorie des Kompasses.

Gilbert experimentierte auch ausgiebig zum Phänomen der Elektrisierung durch Reibung (Bernstein, Glas, Wachs, Schwefel, Edelsteine) und beobachtete wesentliche Unterschiede zwischen magnetischen und elektrischen Erscheinungen. Erst im 18. Jahrhundert bis etwa 1785 wurde die Elektrostatik intensiv erforscht. Eine Theorie der Elektrotechnik konnte in den Anfängen nicht vorliegen, weil die heute bekanntesten Phänomene mangels

---

[1]Stevin, Simon (1548-1620). Niederländischer Physiker, Mathematiker und Ingenieur.

[2]Gilbert, Wiliam (1544-1603). Englischer Naturforscher und Arzt.

ausreichend starker elektrischer Energiequellen noch nicht entdeckt werden konnten. Zu
Beginn des 19. Jahrhunderts gelang es den Experimentatoren, Anlagen aufzubauen, die
beständig Ströme in ausreichenden Stärken erzeugten, um mit diesen elektrische Leiter
zum Glühen zu bringen und elektrochemische Versuche vorzunehmen. Erst im Jahr 1820
entdeckte Oerstedt [3] die magnetische Wirkung des elektrischen Stromes qualitativ.
Nach dieser kurzen geschichtlichen Einordnung der Erscheinung 'Superposition' kommen
wir zur Definition des Prinzips.

Superpositionsprinzip: In jedem linearen System kann die Wirkung jeder einzelnen
Quelle getrennt bestimmt werden. Die Gesamtwirkung ergibt sich durch die Addition der Einzelwirkungen.

Anmerkung:

Addition bedeutet hier entweder jene im gewöhnlichen Sinne oder die geometrische (vektorielle) Addition.

Das Superpositionsprinzip [4] gründet sich auf den unterschiedlichen Erscheinungsformen
der Superposition. Aus der Elektrotechnik (elektrische Netzwerke und elektromagneti-
sche Felder) seien die vier wichtigsten zusammengestellt.

1. Superposition in linearen elektrischen Netzwerken
   In jedem Zweig wird der Strom, herrührend von nur einer Spannungs- bzw. Stromquelle, berechnet. Der Gesamtzweigstrom ergibt sich durch die Addition der Ein-
   zelströme.

2. Superponierung der elektrischen Feldstärken mehrerer Punktladungen
   In einem Punkt des Raumes in der Umgebung mehrerer Punktladungen addieren
   sich die elektrischen Feldstärken der einzelnen Punktladungen vektoriell (geome-
   trisch). Bei n Punktladungen gilt für die Feldstärke $\vec{E}$ im Punkt $P(\vec{r})$:

$$\vec{E}(\vec{r}) = \sum_{l=1}^{n} \vec{E}_l = \frac{1}{4\pi\epsilon_0} \sum \frac{Q_l}{|\vec{r} - \vec{r}_l|^3} (\vec{r} - \vec{r}_l) \tag{2.1}$$

3. Überlagerung der Potentiale mehrerer Punktladungen
   Man berechnet die Potentialfunktion jeder einzelnen Punktladung (die Punktladung Q_l befindet sich im Punkt $P_l(x_l, y_l, z_l)$ des dreidimensionalen Raumes) durch

---

[3]Oerstedt, Hans Christian (1777-1851). Dänischer Physiker und Chemiker.
[4]Süße, R,; Marx, B.: Theoretische Elektrotechnik, Band 1, S. 168

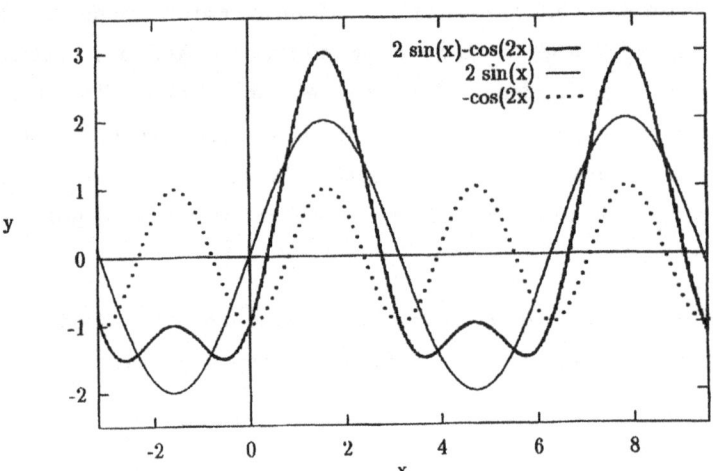

Abbildung 2.1: Überlagerung zweier Schwingungen

die Gleichung

$$\varphi_l(x, y, z) = \frac{Q_l}{4\pi\epsilon_0\sqrt{(x - x_l)^2 + (y - y_l)^2 + (z - z_l)^2}} \tag{2.2}$$

und addiert diese zur Gesamtpotentialfunktion

$$\varphi(x, y, z) = \sum_{l=1}^{n} \varphi_l(x, y, z) \quad . \tag{2.3}$$

4. Superposition von Schwingungen

Treten mehrere Schwingungszustände gleichzeitig auf, so addieren sich ihre Wirkungen. Wird zum Beispiel der eine Schwingungszustand durch die Funktion
$y_1(x) = 2\sin x$ und die andere durch $y_2(x) = -\cos 2x$ dargestellt, dann gilt für
die resultierende (verallgemeinerte) Bewegung

$$y(x) = y_1(x) + y_2(x) = 2\sin x - \cos 2x \tag{2.4}$$

Die entstehende Schwingung ist in Abbildung 2.1 grafisch wiedergegeben.

Bei allen Anwendungen des Superpositionsprinzips gilt die Voraussetzung, daß alle Quellen (verallgemeinerte Kräfte, Spannungsquellen, Stromquellen, elektrische Ladungen,
elektrische Ströme oder andere Kräfte) voneinander unabhängig sind, sich also nicht
beeinflussen.

2.1.2 Linearität und Superpositionssatz

Die Superposition (Überlagerung) der Wirkungen kann überall dort angewendet werden, wo lineare Systeme vorliegen. Lineare Systeme liegen genau dann vor, wenn sich die verallgemeinerten Bewegungsgleichungen durch zwei Eigenschaften charakterisieren lassen:

1. Mit je zwei Lösungen y_1, y_2 ist auch deren Summe $y_1 + y_2$ eine Lösung

2. Mit jeder Lösung ist auch deren Mehrfaches ay (a reelle Zahl) eine Lösung (Proportionalität).

Beide Eigenschaften werden im Begriff der Linearität zusammengefaßt. In technischen Systemen liegen bei nichtdynamischen Systemen algebraische Gleichungen und bei dynamischen Systemen meist Differentialgleichungen zugrunde. Beispielgebend wird der Superpositionssatz (jener mathematische Satz, der bei seiner Gültigkeit die Anwendung des Superpositionsprinzips erlaubt, jedoch selbiges nicht zwingend nach sich zieht. Die Lösung der Bewegungsgleichungen kann auch auf einem anderen Weg gefunden werden.) für eine lineare gewöhnliche Differentialgleichung n-ter Ordnung aufgeführt.

Unter einer linearen Differentialgleichung n-ter Ordnung versteht man eine Gleichung der Form

$$y^{(n)} + a_1 y^{(n-1)} + a_2 y^{(n-2)} + \ldots + a_{n-1} y' + a_n y = F \quad , \tag{2.5}$$

wobei die a_i und F Funktionen von x sind, die wir in einem gewissen Intervall als stetig voraussetzen wollen. Sind die a_1, a_2, ..., a_n konstant, so spricht man von einer *Differentialgleichung mit konstanten Koeffizienten*. Eine lineare Differentialgleichung heißt *homogen*, wenn $F = 0$ ist, und *inhomogen* im entgegengesetzten Falle.

Ein System von n Lösungen y_1, y_2, ..., y_n einer homogenen linearen Differentialgleichung nennt man ein *Fundamentalsystem*, wenn diese Funktionen in dem betrachteten Intervall *linear unabhängig* sind, das heißt, wenn ihre Linearkombination $C_1 y_1 + C_2 y_2 + \ldots + C_n y_n$ für kein Wertsystem der C_1, C_2, ..., C_n außer für $C_1 = C_2 = \ldots = C_n = 0$ identisch verschwindet (d.h. für alle x-Werte in dem betreffenden Intervall). Die Lösungen y_1, y_2, ..., y_n einer linearen homogenen Differentialgleichung bilden dann und nur dann ein Fundamentalsystem, wenn ihre *Wronskische Determinante*

$$W = \begin{vmatrix} y_1 & y_2 & \cdots & y_n \\ y_1' & y_2' & \cdots & y_n' \\ & & \cdots & \\ y_1^{(n-1)} & y_2^{(n-1)} & \cdots & y_n^{(n-1)} \end{vmatrix} \tag{2.6}$$

von Null verschieden ist. Für ein beliebiges System von Lösungen einer homogenen linearen Differentialgleichung gilt die *Formel von Liouville*

$$W(x) = W(x_0)e^{-\int_{x_0}^{x} a_1(x)\,dx} \quad , \tag{2.7}$$

weshalb die Determinante W nur identisch verschwinden kann (d.h. nur, wenn $W(x_0 = 0$ ist). Bilden die $y_1, y_2, \ldots, y_n$ ein Fundamentalsystem von Lösungen, so ist

$$y = C_1 y_1 + C_2 y_2 + \ldots + C_n y_n \tag{2.8}$$

die allgemeine Lösung der linearen homogenen Differentialgleichung.

Anmerkung:

Kenn man eine partikuläre Lösung y_1 einer homogenen Differentialgleichung, so läßt sich deren Ordnung unter Beibehaltung der Linearität durch Einführung der neuen unbekannten Funktion $u = d/dx(y/y1)$ erniedrigen.

Es gilt der Superpositionssatz:

Sind y_1 und y_2 Lösungen der Differentialgleichung (2.5) für verschiedene rechte Seiten F_1 und F_2, so ist ihre Summe $y = y_1 + y_2$ eine Lösung einer ebensolchen Differentialgleichung mit der rechten Seite $F = F_1 + F_2$. Für die Gewinnung der allgemeinen Lösung einer inhomogenen Gleichung genügt es, zu irgendeiner ihrer partikulären Lösungen die allgemeine Lösung der zugehörigen homogenen Differentialgleichung zu addieren.

Folgerung aus dem Superpositionssatz:

Die *Lösung der inhomogenen Gleichung* (2.5) läßt sich durch Quadraturen finden, wenn das Fundamentalsystem von Lösungen der zugehörigen homogenen Gleichung bekannt ist. Man verwendet hierbei eine der folgenden Methoden:

1. *Methode der Variation der Konstanten:* Man schreibt die gesuchte Lösung in der Gestalt $C_1 y_1 + C_2 y_2 + \ldots + C_n y_n$ und faßt die $C_1, C_2, \ldots, C_n$ nicht als Konstanten, sondern als Funktionen von x auf. Nun fordert man, daß die Beziehungen

$$\begin{aligned}
C_1' y_1 &+ C_2' y_2 + \ldots + C_n' y_n = 0 \\
C_1' y_1' &+ C_2' y_2' + \ldots + C_n' y_n' = 0 \\
&\cdots \\
C_1' y_1^{(n-2)} &+ C_2' y_2^{(n-2)} + \ldots + C_n' y_n^{(n-2)} = 0
\end{aligned} \tag{2.9}$$

erfüllt sind, und erhält nach Einsetzen von y in (2.5)

$$C_1' y_1^{(n-1)} + C_2' y_2^{(n-1)} + \ldots + C_n' y_n^{(n-1)} = F \quad . \tag{2.10}$$

Nun löst man das lineare Gleichungssystem, bestimmt die C_1', C_2', ..., C_n', und anschließend durch Quadraturen die C_1, C_2, ..., C_n.

2. *Methode von Cauchy:* In der allgemeinen Lösung der homogenen Gleichung

$$y = C_1 y_1 + C_2 y_2 + \ldots + C_n y_n \qquad (2.11)$$

bestimmen wir die Konstanten so, daß für $x = \alpha$ die Beziehungen $y = 0$, $y' = 0$, $y^{(n-2)} = 0$, $y^{(n-1)} = F(\alpha)$ gelten; dabei ist α ein beliebiger Parameter. Bezeichnet man nun die so gewonnene Lösung der homogenen Gleichungen mit $\varphi(x, \alpha)$, so ist $y = \int_{x_0}^{x} \varphi(x, \alpha)\, d\alpha$ eine partikuläre Lösung von (2.5), die an der Stelle $x = x_0$ zusammen mit ihren Ableitungen bis zur $(n-1)$-ten Ordnung verschwindet.

2.1.3   Vorteile der Anwendung des Superpositionsprinzips

Bei linearen Systemen kann das Superpositionsprinzip zur Methode erklärt werden, führt jedoch nur im Zusammenhang mit anderen Berechnungsmethoden (Berechnungsverfahren) zur Lösung der Bewegungsgleichungen. Die Entscheidung über seine Anwendung resultiert allein aus den angestrebten Vorteilen.

Solche Vorteile bei der Untersuchung linearer technischer Systeme sind:

1. Getrennte Untersuchung der Wirkungen von jeder einzelnen Quelle mit nachfolgender Addition der Einzelwirkungen zur Gesamtwirkung.

2. Aufteilung des Übergangsprozesses von einem Zustand in einen anderen bei flüchtigen und eingeschwungenen Vorgängen und ihre getrennte Berechnung (Lösung der homogenen Gleichungen; Lösung der inhomogenen Gleichungen).

3. Anwendung von Transformationsmethoden (Symbolische Methode, Laplacetransformation, Carsontransformation u.a.) zur vereinfachten Lösung der Bewegungsgleichungen. Die Anfangs- bzw. Randbedingungen müssen mit transformiert werden.

Anmerkung:

Begrifflich ist zwischen dem Superpositionsprinzip, den Erscheinungsformen der Superponierung und dem Superpositionssatz zu unterscheiden. Das Prinzip stellt einen Grundsatz, der Handlungsvorschrift sein kann (aber nicht muß), dar. Die Superponierung ist die Ausführung des im Prinzip enthaltenen Grundsatzes und Anwendung desselben in Theorie und Praxis. Der Superpositionssatz (Superpositionstheorem) erfaßt die Superponierung rein mathematisch, d.h. unabhängig vom physikalischen oder technischen Inhalt.

2.2 Das Kompensationsprinzip

2.2.1 Erscheinungsformen der Kompensation und Definition des Prinzips

In der Physik und Technik versteht man unter dem Begriff 'Kompensation' den Ausgleich einer Wirkung durch eine andere, ohne den Zustand im betreffenden System (Gerät, Maschine, elektrisches oder magnetisches Netzwerk, Meßaufbau, elektromagnetisches Feld o.a.) zu verändern. Sie ist seit langem in verschiedenen Anwendungen unverzichtbar. Dazu sollen einige Beispiele aufgeführt werden:

- In rotierenden elektrischen Maschinen befindet sich eine Kompensationswicklung. Die Leiter der Kompensationswicklung gleichen das Ankerfeld unter den Hauptpolen bei allen Belastungen der Maschine aus.

- Im Maschinenbau versteht man darunter einen Ausgleich der Wärmeausdehnung durch entsprechende konstruktive Maßnahmen oder durch den Aufbau einer Reihe von Bauteilen aus verschiedenen Metallen.

- In genau gehenden mechanischen Uhren ist ein Kompensatorpendel vorhanden, welches die temperaturbedingte Längenänderung des Pendelarms ausgleicht. So wird der durch die Temperaturschwankungen bedingten Gangungenauigkeit entgegengewirkt.

- Die elektrische Meßtechnik kennt die Spannungskompensation als eine Methode zur Widerstandsmessung. Der Vorteil der Kompensationsmethode gegenüber der Brückenmethode ist evident. Die Widerstände der elektrischen Leiter zum Meßobjekt verfälschen das Meßergebnis nicht. So läßt sich eine höhere Meßgenauigkeit erreichen.

- Aus der Schaltungstechnik sind die Frequenzgang-, Phasen-, Offset- bzw. Driftkompensation nicht mehr wegzudenken. Dort werden auch Kompensationshalbleiter verwendet, die mit Akzeptoren und mit Donatoren dotiert sind. Auf den Leitungstyp hat dann nur noch der Ladungsträgerüberschuß Einfluß. Der so aufbaubare Kompensationsheißleiter gleicht die Temperatureinflüsse in Halbleitermaterialien aus.

- Eine weitere technische Anwendung findet man in Kompensationsschreibern. Bei diesem Meßgerät werden sein Zeiger und das Schreiborgan nicht direkt durch das eigentliche Meßwerk, sondern über einen Seilzug mittels eines Stellmotors bewegt. Der Stellmotor steuert eine Brückenschaltung, in der die Meßspannung mit einer Hilfsspannung, der Kompensationsspannung, verglichen wird.

Nach diesen technischen Anwendungsbeispielen soll das Kompensationsprinzip definiert werden. Begrifflich ist zwischen der Kompensation, dem Kompensationsprinzip sowie dem Kompensationssatz zu unterscheiden. Die Kompensation umfaßt alle Erscheinungs-formen, das Kompensationsprinzip die daraus abgeleitete Handlungsvorschrift, und der Kompensationssatz gibt eine theoretische Aussage wieder.

Kompensationsprinzip: Ausgleich einer Wirkung durch eine Gegenwirkung, ohne den ursprünglichen Zustand im übrigen Teil des Systems zu verändern [5].

Anmerkung:

Im Band 1 der Buchreihe 'Theoretische Elektrotechnik' wird unter einer Wirkung das Produkt aus Energie und der Zeit ihrer Einwirkung ([Dimension der Wirkung] = VAs·s) verstanden. In der Elektrotechnik gibt es für die elektrische Wirkung kein besonderes Symbol (wie auch nicht für die elektrische Beschleunigung - erste zeitliche Ableitung der des elektrischen Stromes bzw. die zweite Ableitung der elektrischen Ladung). Da die Kompensation in allen möglichen technischen Systemen bzw. Teilen davon vorgenommen werden kann, bleibt es einer gesonderten Betrachtung zur Erklärung überlassen, was man unter einer Wirkung versteht.

2.2.2 Nichtlinearität und Kompensationssätze

Die Kompensation kann in allen nichtlinearen physikalischen bzw. technischen Systemen vorgenommen werden. Die strenge, äußerst einschränkende Forderung der Linearität ist keine Voraussetzung. Demzufolge sind auch die Anwendungsbereiche der Kompensation umfassender, und ihre Erscheinungsformen vielgestaltiger. Es gibt demzufolge mehrere Kompensationssätze, aber nur einen Superpositionssatz.
Der wohl bekannteste (nicht allgemeinste) Kompensationssatz [6] der Elektrotechnik lautet:

In einem beliebigen nichtlinearen elektrischen Netzwerk kann man, ohne den Zustand in diesem zu verändern, in einem bestimmten Zweig einen nicht-

---

[5]Süße, R.: Das Kompensationsprinzip. Zeitschrift für elektrische Informations- und Energietechnik, Leipzig 10(1980)5, S. 461-468

[6]Philippow, E.: Nichtlineare Elektrotechnik. 2. bearbeitete und erweiterte Auflage. Akademische Verlagsgesellschaft Geest & Portig KG. Leipzig 1971, S. 143

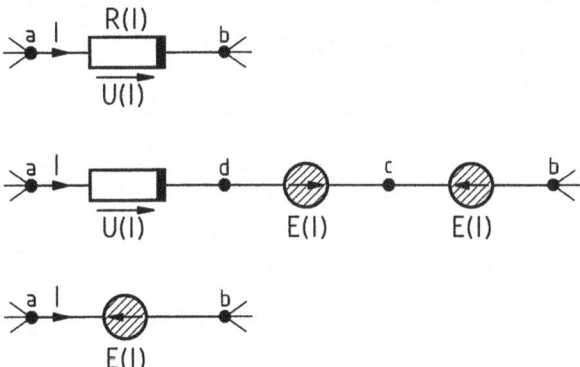

Abbildung 2.2: Darstellung zum Satz der Kompensation

linearen stromdurchflossenen Widerstand durch eine stromabhängige Spannungsquelle ersetzen. Ihr Betrag ist jeweils gleich dem Spannungsabfall am
nichtlinearen Widerstand, ihre Richtung zeigt entgegengesetzt zu diesem.

Aus einem beliebigen nichtlinearen elektrischen Netzwerk sei ein nichtlineares Element
(Abbildung 2.2) mit einem stromabhängigen Widerstand herausgegriffen.
In diesem Zweig kann man zwei gleich große entgegengesetzte elektromotorische Kräfte
$E(I)$ mit

$$E(I) = R(I)\,I = U(I)$$

einführen, ohne den Zustand im Netzwerk zu verändern.
Das Potential wird von a nach c zuerst von $U(I)$ gesenkt, und danach um $E(I)$ ange-
hoben. Zwischen den Punkten a und c besteht kein Potentialunterschied, so daß diese
Punkte kurzgeschlossen werden können. Im Zweig verbleibt zwischen a und b die zum
Strom I entgegengesetzt gerichtete Spannungsquelle.
Im Sinne des Kompensationsprinzips versteht man hier unter einer 'Wirkung' den Spannungsabfall am Widerstand infolge des Stromflusses. Die umgesetzte Leistung führt über
die Zeitdauer zur umgewandelten Energie. Eine nochmalige Multiplikation mit derselben
Zeitdauer wäre hier wenig sinnvoll, weil die umgewandelte Energie selbst nicht punktuell
bzw. in einem eng begrenzten Gebiet auftritt, um eine Wirkung (Energie mal Zeitdauer
ihrer Einwirkung) zu erzielen. Die 'Wirkung' - Spannungsabfall infolge eines Stromflusses - wird durch die 'Gegenwirkung' - stromabhängige Spannungsquelle - ausgeglichen,

ohne den Zustand in den anderen Zweigen des elektrischen Netzwerkes zu verändern. Im betreffenden Zweig verbleibt anstelle des Widerstandes eine Spannungsquelle, deren 'Wirkung' entgegen dem fließenden Strom gerichtet ist.

Weitere Kompensationssätze sind:

<u>Théveninscher Satz:</u>

> Ein aktiver Zweipol kann durch einen Spannungsgenerator mit einem in Reihe geschalteten inneren Widerstand ersetzt werden. Die Spannung des Generators ist mit der Leerlaufspannung des aktiven Zweipols, der innere Widerstand mit der Impedanz des Zweipols (bezogen auf die Ausgangsklemmen nach dem Kurzschließen aller Spannungsquellen und Abtrennen aller Stromquellen) identisch.

<u>Nortonscher Satz:</u>

> Jeder aktive Zweipol kann durch einen Stromgenerator mit parallel geschaltetem Widerstand ersetzt werden. Der Generatorstrom ist mit dem Kurzschlußstrom des aktiven Zweipols, die Parallelimpedanz mit der Impedanz des Zweipols identisch.

Diese Kompensationssätze beziehen sich auf Veränderungen in einem Zweig eines beliebigen elektrischen Netzwerkes. Durch geeignetes Vorgehen nach dem Kompensationsprinzip können aber auch Teile eines Netzwerkes oder dieses selbst kompensiert werden. Das ist durch folgende Kompensationssätze abgesichert:

> Jeder beliebige Mehrpol kann äquivalent durch abstrakte Zweipole ersetzt werden, die maschenlos alle Anschlußklemmen des Mehrpols berühren [7].

Anmerkung:

Unter dem Begriff 'abstrakter Zweipole' sind Zweipole (linear oder nichtlinear) im Sinne des Wortes mit zwei Anschlußklemmen sowie gesteuerte Zweipole (gesteuerte Strom- bzw. Spannungsquellen) zusammengefaßt.

Legt man einen beliebigen Mehrpol (nichtlinear, linear, passiv oder aktiv) mit N Polen zugrunde, so ergibt sich die Fassung:

---

[7]Maißer, P.; Steigenberger, J.: Zugang zur Theorie elektromechanischer Systeme mittels der klassischen Mechanik, Teil 1. Wissenschaftliche Zeitschrift der TH Ilmenau, 20(1974), H.2

Jeder beliebige N-Pol ist äquivalent durch $N-1$ abstrakt Zweipole ersetzbar, die maschenlos alle N Anschlußklemmen des Mehrpols verbinden [8].

Der Kompensationssatz, der Théveninsche sowie der Nortonsche Satz sind Anwendungen (oder anders ausgedrückt, Erscheinungsformen) des Prinzips der Kompensation in nur einem Zweig (Teil) des Systems. Die Mehrpolsätze sichern die Kompensation in beliebig vielen Zweigen, in Teilen bzw. in ganzen Netzwerken.

2.2.3 Kompensationsprinzip und Feldberechnung

Das Kompensationsprinzip findet auch innerhalb der Theorie elektromagnetischer Felder Anwendung. Dazu seien an dieser Stelle mehrere Anwendungsbeispiele vorgestellt.

Ein lineares elektrostatisches Feldproblem kann mit Hilfe der Methode der Spiegelung gelöst werden. Gesucht ist der Feldverlauf im Gebiet mit der Dielektrizitätskonstanten (Permittivität) ϵ_1. Unter der Erfüllung der Randbedingungen (Gleichheit der Normalkomponenten der dielektrischen Verschiebung: $D_{n_1} = D_{n_2}$; Gleichheit der Tangentialkomponenten der elektrischen Feldstärke: $E_{t_1} = E_{t_2}$) wird an den Grenzflächen zwischen zwei Medien mit verschiedenen Dielektrizitätskonstanten eine Spiegelung von Ladungen vorgenommen. Gespiegelt wird immer an der Kugel. Sollte die Grenzfläche oder ein Stück davon geraden Verlauf aufweisen, so ist der Kugelradius als unendlich anzunehmen.

Abbildung 2.3 zeigt im linken Teil die gegebene Anordnung. Nach der Ausführung von drei Spiegelungen entsteht die rechts dargestellte Ersatzanordnung. Im gesamten Raum wird nun das Medium mit ϵ_1 angenommen, und die Grenzfläche entfällt. Im Punkt P (mit Ausnahme desjenigen, wo sich die Ladung $+Q$ befindet) des Gebietes I kann die elektrische Feldstärke durch Superponierung der Feldstärken, herrührend von den vier Ladungen nach (2.1) berechnet werden.

Mit dem Kompensationsprinzip ist eine tiefere, allgemeinere Erklärung des Vorganges gegeben. Unter dem Gesichtspunkt der Kompensation bewirken die Spiegelladungen den Ausgleich durch Gegenwirkung (unterschiedliches Vorzeichen von Ladung und Spiegelladung bei Einhaltung der Spiegelabstände). Elektrotechnisch (technisch, physikalisch) zieht die so vorgenommene Kompensation den Wegfall der Grenzfläche nach sich. Das Feldbild läßt sich im Gebiet I berechnen, als ob die Grenzfläche nicht vorhanden wäre.

Anmerkung:

Weil hier ein lineares Feldproblem vorliegt, kann die Anwendung des Superpositionsprinzips erfolgen.

---

[8]Stockmayer, E.; Süße, R.: Über Extremalprinzipien nichtlinearer Gleichstromnetzwerke. Wissenschaftliche Zeitschrift der TH Ilmenau, 21(1975), H.2

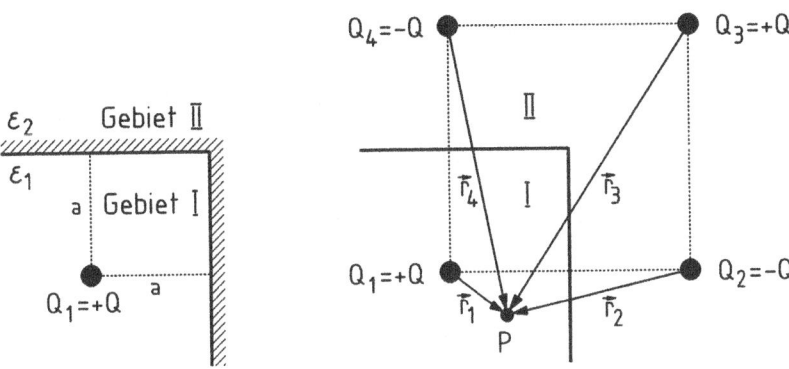

Abbildung 2.3: Spiegelung von Ladungen an der Grenzfläche zweier Dielektrika

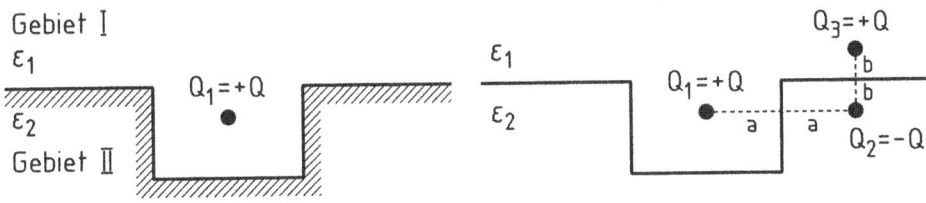

Abbildung 2.4: Spiegelung von Ladungen ohne Lösung des Feldproblems

Superponierung und Kompensation werden zur Lösung ein und desselben Problems herangezogen, sind jedoch inhaltlich immer zu trennen.

Die Rolle des Kompensationsprinzips hebt sich noch deutlicher heraus, wenn das folgende elektrostatische Feldproblem durch die Methode der Spiegelung gelöst werden soll.

Abbildung 2.4 gibt im linken Teil die Ausgangssituation wieder. Die elektrische Feldstärke soll im Gebiet I mittels der Spiegelungsmethode berechnet werden.

Bereits nach zwei Spiegelungen der Ladung Q_1 nach Q_3 (die Teilstücke der Grenzflächen werden bei jedem Spiegelvorgang als unendlich umlaufend angenommen) befindet sich (mindestens) eine Spiegelladung in jenem Gebiet, in dem der Feldverlauf gesucht ist. Diese und weitere Spiegelladungen im Gebiet I würden dort einen anderen Feldaufbau bewirken, als den gesuchten. Die Methode der Spiegelung eignet sich hier nicht zur Lösung.

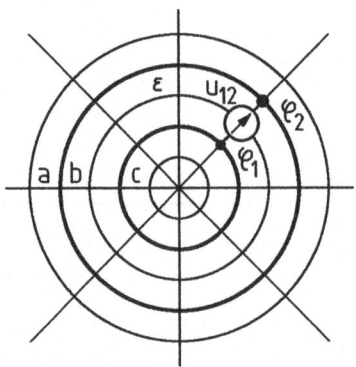

Abbildung 2.5: Elektrisches Feld einer sehr langen Linienladung bzw. eines Zylinderkondensators

Das Kompensationsprinzip liefert die Aussage: Die Spiegelladungen bewirken keinen Ausgleich durch Gegenwirkung, ohne den Zustand im ursprünglichen Feld (also dort, wo es berechnet werden soll, das heißt im Gebiet I) zu verändern. Die nicht erfolgte Kompensation kann auch keinen Wegfall der Grenzfläche nach sich ziehen. Die Methode der Spiegelung eignet sich nicht zur Lösung dieses elektrostatischen Feldproblems.

Anmerkung:

Das Kompensationsprinzip verifiziert bei der ersten Problemstellung eine hinreichende Aussage: Wenn die Kompensation den Wegfall der Grenzfläche nach sich zieht, dann führt die Methode der Spiegelung zur Lösung.

Bei der zweiten Problemstellung hebt sich eine notwendige Bedingung heraus: Wenn die Kompensation keinen Ausgleich durch Gegenwirkung bewirkt, dann kann die Methode der Spiegelung auch nicht zur Lösung des Feldproblems führen.

Mit dem Verfahren der Belegung von Äquipotentialflächen durch Metallfolien können für weitere Elektrodenanordnungen die Feldbilder gefunden werden. So gewinnt man aus dem Feldbild einer geraden, sehr langen Linienladung das Feldbild eines Zylinderkondensators (Abbildung 2.5).

Das elektrische Feld in den Gebieten a und c wird durch eine Spannungsquelle mit der Potentialdifferenz $u_{12} = \varphi_1 - \varphi_2$ kompensiert. Im Bereich b bleibt das Feld erhalten. Die Linienladung entfällt; sie ist nicht mehr erforderlich.

Auch in nichtlinearen Feldern ($\kappa = f(E)$, Abbildung 2.6) kann die Kompensation des elektrischen Feldes in den Gebieten a und c durch eine Spannungsquelle mit der Spannung $u_{12} = \varphi_1 - \varphi_2$ an den Elektroden 1 und 2 erfolgen. Trotz der Nichtlinearität der

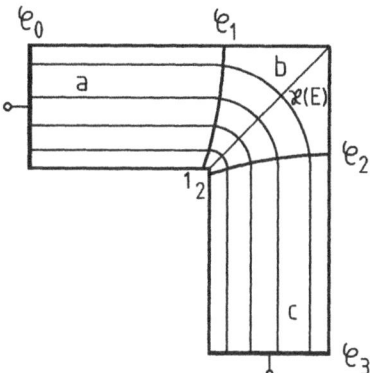

Abbildung 2.6: Feldbild eines rechtwinklig verlaufenden flächenhaften Leiters

Anordnung, das heißt wegen der Abhängigkeit der elektrischen Leitfähigkeit von der elektrischen Feldstärke, müssen die Potentiale dieselben sein.

Das Kompensationsprinzip findet auch innerhalb der Theorie elektromagnetischer Felder Anwendung. Dazu seien mehrere Beispiele vorgestellt.

Ein lineares elektrostatisches Feldproblem kann mit Hilfe der Methode der Spiegelung von Ladungen an Grenzflächen zwischen zwei Materialien mit verschiedenen Dielektrizitätskonstanten nicht gelöst werden, wenn Spiegelladungen in dem zu untersuchenden Feldbereich auftreten. Diese Ladungen würden ein qualitativ und somit auch quantitativ verändertes Feldbild ergeben.

Mit dem Kompensationsprinzip kann eine andere Erklärung dieses Sachverhaltes gegeben werden. Unter dem Gesichtspunkt der Kompensation stellen die Spiegelladungen den Ausgleich durch eine Gegenwirkung (bewirkt unterschiedliches Vorzeichen von Ladung und Spiegelladung bei Beachtung der Spiegelabstände) dar, was den Wegfall der Grenzflächen zum Zwecke der Feldberechnung nach sich zieht.

In unserem Beispiel kann durch die Spiegelladungen im zu untersuchenden Gebiet der Einfluß der Grenzflächen nicht kompensiert werden, ohne den Zustand im ursprünglichen Feld (also dort, wo es berechnet werden soll) zu verändern.

2.3 Übersicht der Prinzipien

Tabelle 2.1 gibt die wichtigsten Merkmale zum Superpositionsprinzip sowie zum Kompensationsprinzip wieder. Beide Prinzipien stellen Handlungsvorschriften, aber keine Ge-

Vorgehen	Superposition (Superponierung, Überlagerung)	Kompensation (Ausgleich durch Gegenwirkung)
Prinzip	Superpositionsprinzip	Kompensationsprinzip
Voraussetzung	Superpositionssatz	Kompensationssätze
Gültigkeitsbereich	im Linearen	im Nichtlinearen, damit auch im Linearen
Anwendungsgebiete	Analyse	Analyse, Synthese (Äquivalenzuntersuchungen)

Tabelle 2.1: Übersicht der Prinzipien

setze dar.

Das heißt, sie können, müssen jedoch nicht angewandt werden. Beide Prinzipien reduzieren den Lösungsaufwand bei der Berechnung erheblich. Beim Superpositionsprinzip ist das evident. Mehrere Berechnungsmethoden der Mathematik, der Physik und der Technik beruhen auf ihm. Insbesondere existieren in der Elektrotechnik mehrere Methoden zur Berechnung linearer Netzwerke, wie die Knotenspannungsanalyse, die Methode der Ersatzspannungsquelle, die Untersuchung von Einschaltvorgängen und mehrere Feldberechnungsmethoden, wie die Überlagerung von Feldern bzw. Potentialen innerhalb der Methode der Spiegelung.

Das Kompensationsprinzip wird sowohl zur Analyse als auch zur Synthese angewandt. Mit den Kompensationssätzen können nichtlineare elektrische Netzwerke vereinfacht werden, so daß die anschließende Analyse schneller zur Lösung führt. Verstärkt wird das Kompensationsprinzip zur Synthese verwendet. Die Synthese nichtlinearer elektrischer Netzwerke ist in vier Etappen unterteilt:

1. Mathematische Synthese,

2. Schaltungssynthese,

3. Äquivalenzuntersuchungen,

4. Realisierung.

Alle Etappen schließen eine Optimierung ein. Die Kompensationssätze erlauben den äquivalenten Ersatz von einzelnen Bauelementen, aber auch den von Bauelementegruppen bzw. ganzen Netzwerken. Demzufolge können aus mehreren Schaltungen jene favorisiert werden, die mit erhöhtem Aufwand realisierbare Bauelemente nicht enthalten. Da so im Ergebnis stets mehrere funktionell gleiche Schaltungen vorliegen, bietet sich das Kompensationsprinzip innerhalb vorzunehmender Äquivalenzuntersuchungen an.

Kapitel 3

Grundlagen

3.1   Herleitung des Hamiltonschen Prinzips

Das älteste Differentialprinzip der Mechanik ist das Prinzip der virtuellen Arbeit. Es findet in der Statik seine Anwendung und beschreibt das Kräftegleichgewicht über die virtuellen Verrückungen $\delta\vec{q}$. In Analogie zur Elektrotechnik sollen nun Massepunkte betrachtet werden, die sich in einer Lagekoordinate bewegen können, da sich Zweipole in der Elektrotechnik ebenfalls in einem Zweig befinden.

Die Massepunkte sind über Zwangsbedingungen miteinander verkoppelt, die zu jedem Zeitpunkt erfüllt sein müssen. In der Elektrotechnik werden diese Zwangsbedingungen durch die Maschen- und Knotengleichungen des Netzwerks verkörpert. Die virtuellen Verrückungen sind nun gedachte Verrückungen der Lagekoordinaten, die bei festgehaltener Zeit durchgeführt werden und die ebenfalls den Zwangsbedingungen gehorchen müssen. Damit kann das Kräftegleichgewicht in der Form

$$\vec{F} \cdot \delta\vec{q} = \sum_{k=1}^{f} F_k \delta q_k = 0 \tag{3.1}$$

dargestellt werden. Hierbei ist f die Anzahl der Freiheitsgrade. Dies stellt gleichzeitig ein Energiegleichgewicht dar, denn die einzelnen Terme sind die bei der virtuellen Verrückung umgesetzten Energien. Bei Zugrundelegung eines kartesischen Koordinatensystems wird bei der Ausführung dieses Skalarprodukts jede Kraft mit der Verrückung der ihr zugehörigen Koordinate multipliziert.

Die Kraft $\vec{F}$, die von außen auf das System wirkt, entsteht durch die Gradientenbildung eines Potentialfeldes, so daß man

$$\vec{F} = -\nabla V \tag{3.2}$$

schreiben kann. Hierbei soll der Nablaoperator[1] in Analogie zum Gradienten für

$$\nabla(*) := \mathbf{g}^k \frac{\delta(*)}{\delta q_k} \tag{3.3}$$

stehen. Die Darstellbarkeit dieser Kraft durch ein Potentialfeld der potentiellen Energie ist eine notwendige Bedingung für die Anwendbarkeit der hier beschriebenen Algorithmen. Ihre überprüfung wird in Abschnitt 6.4 näher erläutert.

In einem dämpfungsfreien dynamischen Punktsystem muß diese Kraft, wenn das System sich nicht im statischen Gleichgewicht befindet, mit den Beschleunigungskräften an den Massepunkten im Gleichgewicht stehen, es gilt

$$\sum_{k=1}^{f} (m_k \ddot{q}_k - F_k)\delta q_k = 0 \quad . \tag{3.4}$$

Dies ist das d'Alembertsche Prinzip. Es ist das zweite Differentialprinzip der Mechanik und findet in der technischen Dynamik seine Anwendung.

Beim Hamiltonschen Prinzip handelt es sich um ein Integralprinzip, das unter Zugrundelegung der Variationsrechnung aus dem d'Alembertschen Prinzip abgeleitet werden kann und das eine allgemeine Bedeutung in der Natur und insbesondere auch in der Theorie der elektromagnetischen Felder[2] hat. Zu dessen Herleitung wird zunächst Gleichung (3.4) über die Zeit von t_0 bis t_1 integriert:

$$\sum_{k=1}^{f} \int_{t_0}^{t_1} (m_k \ddot{q}_k \delta q_k - F_k \delta q_k)dt = 0 \tag{3.5}$$

Die Erfüllung dieser Gleichung ist immernoch hinreichend, weil sie für *beliebige* Zeitintervalle gilt. Nun wird der erste Term in folgender Weise umgeschrieben:

$$\ddot{q}_k \delta q_k = \frac{d}{dt}(\dot{q}_k \delta q_k) - \dot{q}_k \delta \dot{q}_k = \frac{d}{dt}(\dot{q}_k \delta q_k) - \frac{1}{2}\delta \dot{q}^2. \tag{3.6}$$

Wenn man die Variation der kinetischen Energie

$$\delta T = \sum_{k=1}^{f} \frac{m_k}{2} \delta \dot{q}_k^2 \tag{3.7}$$

mit der Umformung (3.6) in (3.5) einsetzt, so führt das auf das Ergebnis

$$\int_{t_0}^{t_1} (\delta T + \sum_{k=1}^{f} F_k \delta q_k)\, dt - \sum_{k=1}^{f} m_k(\dot{q}_k \delta q_k) \Big|_{t_0}^{t_1} = 0 \tag{3.8}$$

---

[1]siehe Band 1, S. 96

[2]Die Maxwellschen Gleichungen lassen sich daraus ableiten.

In der Variationsrechnung[3] wird festgelegt, daß die Variation (virtuelle Verrückung) in den Integrationsgrenzen verschwindet. Das bereits aufgelöste bestimmte Integral verschwindet also und man erhält

$$\int_{t_0}^{t_1} \left(\delta T + \sum_{k=1}^{f} F_k \delta q_k \right) dt = 0 \tag{3.9}$$

Wird jetzt die Darstellung (3.2) für die Kraft in (3.9) eingesetzt, so erhält man

$$\int_{t_0}^{t_1} (\delta T - \delta V)\, dt = 0. \tag{3.10}$$

Also kann mit

$$L = T - V \tag{3.11}$$

in der Schreibweise der Variationsrechnung

$$\delta \int_{t_0}^{t_1} (T - V)\, dt = \delta \int_{t_0}^{t_1} L\, dt = 0 \tag{3.12}$$

geschrieben werden. L heißt hierbei Lagrange-Funktion und (3.12) ist die mathematische Formulierung des Hamiltonschen Prinzips. In Worten ausgedrückt heißt das, daß das Wirkungsfunktional

$$I = \int_{t_0}^{t_1} L\, dt \tag{3.13}$$

einen Extremwert annehmen muß. Dies wird erreicht, indem seine erste Variation δI gemäß (3.12) zu Null gesetzt wird. Der Variationsrechnung folgend, muß L nun den Euler-Lagrangeschen Gleichungen

$$\frac{d}{dt}\left(\frac{\partial L}{\partial \dot{q}_k} \right) - \frac{\partial L}{\partial q_k} = 0 \qquad , k = 1, 2 \ldots, f \tag{3.14}$$

genügen. Sie stellen die Bewegungsgleichungen für konservative Systeme dar.

3.2 Die Legendre-Transformation

Die Aufstellung der Lagrange-Funktion und Lösung der Euler-Lagrange-Gleichung wird als Lagrange-Formalismus bezeichnet. Hier sind die verallgemeinerten Lagekoordinaten q und die verallgemeinerten Geschwindigkeiten $\dot{q}$ die zentralen Größen, die bei der Behandlung eines Systems in Betracht gezogen werden.

Besonders dann, wenn die im System wirkenden verallgemeinerten Kräfte von Interesse sind, ist es jedoch zweckmäßig, statt der verallgemeinerten Geschwindigkeit den verallgemeinerten Impuls als Rechengröße zu verwenden. Dies geschieht in Analogie zur

---

[3]siehe hierzu Band 1, S. 35 ff.

Newtonschen Mechanik, wo die Ableitung des mechanischen Impulses nach der Zeit die am Massepunkt wirkende Beschleunigungskraft ergibt. Aufgrund der Ähnlichkeitstheorie ergibt sich bei der Ableitung des verallgemeinerten Impulses die verallgemeinerte Kraft. Zudem besteht der gravierende Vorteil, daß die mit Hilfe des Impulses aufgestellten Bewegungsgleichungen zuzüglich der Beziehung zwischen Impuls und Geschwindigkeit ein Differentialgleichungssystem erster Ordnung ergeben, welches sich mit den bekannten analytischen oder numerischen Standardverfahren lösen läßt.

Es ist nun die Aufgabe, eine Transformation zu finden, die den Übergang

$$\{q(t), \dot{q}(t), L(q, \dot{q})\} \mapsto \{q(t), p(t), H(q, p)\} \tag{3.15}$$

gewährleistet. Die Funktion H wird später als Hamilton-Funktion bezeichnet. Die Transformation, die diesen Übergang realisiert, heißt Legendre-Transformation und soll im Folgenden erläutert werden.

Die Legendre-Transformation gehört zur Klasse der Berührungstransformationen, die zunächst für den Fall der Ebene beschrieben werden soll, um später zum f-dimensionalen Fall überzugehen. Es werden im ersten Schritt eine x-y-Ebene und eine X-Y-Ebene eingeführt. Die Gleichung

$$F(x, y, X, Y) = 0 \tag{3.16}$$

ordnet einem Punkt in der x-y-Ebene eine Kurve in der X-Y-Ebene zu und heißt Æquatio directrix[4]. Damit wird einer Kurve $\{x(\lambda), y(\lambda)\}$ eine Kurvenschar

$$F(x(\lambda), y(\lambda), X, Y) = F(\lambda, X, Y) = 0 \tag{3.17}$$

zugeordnet. Die Einhüllende dieser Kurvenschar ist nun das Abbild der Kurve $\{x(\lambda), y(\lambda)\}$. Kurven in der x-y-Ebene, die sich berühren, haben mindestens einen gemeinsamen Punkt. Das heißt, das die Bilder in der X-Y-Ebene mindestens eine gemeinsame Kurve haben. Dies wiederum heißt, daß sich die Enveloppen (einhüllenden Kurven) der Abbilder der $\{x(\lambda), y(\lambda)\}$-Kurven ebenfalls berühren müssen. Deshalb heißt diese Klasse von Transformationen Berührungstransformationen.

Die Enveloppen der X-Y-Scharen können nun ermittelt werden, indem

$$\frac{\partial F}{\partial \lambda} = 0 \tag{3.18}$$

gesetzt wird. Das heißt, wenn F sich in einem Punkt nur mit X und Y, nicht aber mit λ ändert, beschreibt die Funktion in diesem Punkt ein infinitesimales Kurvenstück anstatt

---

[4] „die zuordnende Gleichung"

Schmutzer, E.: Theoretische Physik in zwei Teilen. VEB Deutscher Verlag der Wissenschaften, Berlin, 1989, S. 142 ff.

einer Kurvenschar. Hier muß der Rand der Kurvenschar erreicht sein, weil die Kurve durch λ-Änderung nicht mehr weitergeschoben werden kann. Wenn man mittels (3.17) λ aus (3.18) eliminiert, so erhält man die Enveloppengleichung. Wegen $F = 0$ =const. gilt

$$\frac{\partial F}{\partial x}dx + \frac{\partial F}{\partial y}dy + \frac{\partial F}{\partial X}dX + \frac{\partial F}{\partial Y}dY = 0 \quad , \tag{3.19}$$

und für die Enveloppe nach Elimination von λ wegen $F(X,Y) = 0$ =const.

$$\frac{\partial F}{\partial X}dX + \frac{\partial F}{\partial Y}dY = 0 \quad , \tag{3.20}$$

also auch

$$\frac{\partial F}{\partial x}dx + \frac{\partial F}{\partial y}dy = 0 \quad . \tag{3.21}$$

Wenn man

$$p = \frac{dy}{dx} \tag{3.22}$$

$$P = \frac{dY}{dX} \tag{3.23}$$

setzt, so ergeben sich die Gleichungen

$$\begin{aligned}
F(x,y,X,Y) &= 0 \\
\frac{\partial F}{\partial x} + p\frac{\partial F}{\partial y} &= 0 \\
\frac{\partial F}{\partial X} + P\frac{\partial F}{\partial Y} &= 0 \quad .
\end{aligned} \tag{3.24}$$

Diese drei Gleichungen können nun nach den Variablen der Bildebene aufgelöst werden, so daß man schließlich

$$\begin{aligned}
X &= X(x,y,p) \\
Y &= Y(x,y,p) \\
P &= P(x,y,p)
\end{aligned} \tag{3.25}$$

erhält. Dies sind die Transformationsregeln der Berührungstransformation.

Die Legendre-Transformation stellt nun eine spezielle Berührungstransformation mit der Æquatio directrix

$$F(x,y,X,Y) = y + Y - xX = 0 \tag{3.26}$$

dar. Also werden die Gleichungen (3.25) unter Anwendung von (3.24) nun zu

$$\begin{aligned}
X &= p \\
Y &= xp - y \\
P &= x \quad .
\end{aligned} \tag{3.27}$$

Der Übergang zum f-dimensionalen Fall wird vollzogen, indem man

$$x \quad \to \quad x_k \quad , \quad k = 1, 2, \ldots, f \tag{3.28}$$

$$X \quad \to \quad X_k \tag{3.29}$$

$$y \quad \to \quad y(x_1 \ldots x_f, q_1 \ldots q_f) \tag{3.30}$$

$$Y \quad \to \quad Y(X_1 \ldots X_f, q_1 \ldots q_f) \tag{3.31}$$

setzt. Dabei stellen die q_k eine Verallgemeinerung des λ dar, da sich nun statt Kurven höherdimensionale Gebilde ergeben. Die Æquatio directrix lautet nun

$$F = y(x_1 \ldots x_n, q_1 \ldots q_n) + Y(X_1 \ldots X_n, q_1 \ldots q_n) - \sum_{k=1}^{f} x_k X_k = 0 \quad . \tag{3.32}$$

Schließlich erhält man in Analogie zu (3.27)

$$X_k \quad = \quad p_k = \frac{\partial y}{\partial x_k} \tag{3.33}$$

$$P_k \quad = \quad x_k = \frac{\partial Y}{\partial X_k} \tag{3.34}$$

$$Y \quad = \quad \sum_{k=1}^{f} x_k p_k - y \quad , \tag{3.35}$$

und wegen (3.32)

$$\frac{\partial y}{\partial q_k} = -\frac{\partial Y}{\partial q_k} \quad . \tag{3.36}$$

Dies sind die Transformationsformeln der Legendre-Transformation.

3.3   Hamilton-Funktion und kanonische Gleichungen

Der Übergang (3.15) wird jetzt vollzogen, indem die im vorigen Abschnitt gewonnenen Transformationsformeln (3.33) bis (3.36) auf die im Abschnitt 3.1 eingeführte Lagrange-Funktion angewendet werden. Man setzt

$$x_k \quad \to \quad \dot{q}_k \quad , \quad k = 1, 2, \ldots, f \tag{3.37}$$

$$y \quad \to \quad L \tag{3.38}$$

$$Y \quad \to \quad H, \tag{3.39}$$

wobei H als Hamilton-Funktion bezeichnet wird. Gleichung (3.35) wird nun zu

$$H(q_k, p_k) = \sum_{k=1}^{f} (p_k \dot{q}_k) - L(q_k, \dot{q}_k). \tag{3.40}$$

Die Zeit, von der hierbei alle Variablen abhängen, ist ein Parameter, der von der Legendre-Transformation unberücksichtigt bleibt. Mit Gleichung (3.33) kann man sofort schreiben

$$p_k = \frac{\partial L}{\partial \dot{q}_k}. \tag{3.41}$$

Die p_k heißen Impulse (der untere Index k weist hier nicht auf die Kontravarianz von p_k hin, siehe 7.7) und diese Gleichung wird später dazu benutzt, um die $\dot{q}_k$ aus (3.40) zu eliminieren. Wenn man diesen Impuls in Gleichung (3.14) einsetzt, so erhält man

$$\dot{p}_k = \frac{\partial L}{\partial q_k}. \tag{3.42}$$

Wegen (3.36) ergibt sich daraus

$$\dot{p}_k = -\frac{\partial H}{\partial q_k} \tag{3.43}$$

und wegen $X_k = p_k$ und (3.34) erhält man

$$\dot{q}_k = \frac{\partial H}{\partial p_k}. \tag{3.44}$$

Diese $2f$ gewöhnlichen Differentialgleichungen erster Ordnung heißen kanonische Gleichungen. Sie beschreiben die Bewegung eines konservativen Systems.

3.4 Dissipationsfunktion und erweiterte Hamilton-Funktion

Nachdem sich die vorangegangenen Abschnitte dieses Kapitels ausschließlich mit konservativen Systemen beschäftigt haben, sollen nun Verluste mit in Betracht gezogen werden. Dabei werden auch von außen eingeprägte Kräfte mit berücksichtigt, da sie negative Verluste verkörpern.

Die Gleichung (3.14) stellt das Gleichgewicht zwischen den Beschleunigungskräften $\dot{p}_k$ und den äußeren Kräften aufgrund des Potentials V dar. Bei verlustbehafteten Systemen müssen zur Aufstellung des Kräftegleichgewichts noch die Kräfte hinzugenommen werden, die durch Dämpfung entstehen. Man kann also formal schreiben

$$\frac{d}{dt}\frac{\partial L}{\partial \dot{q}_k} - \frac{\partial L}{\partial q_k} + F_{Dk} = 0. \tag{3.45}$$

Die Kraft F_D ist dabei die verallgemeinerte Dämpfungs- oder Reibungkraft, die der verallgemeinerten Geschwindigkeit eine Verlustleistung zuordnet bzw. die eingeprägte

Kraft. Man könnte nun die Dämpfungskraft explizit in die Euler-Lagrange-Gleichung übernehmen, indem man bei bekannter Kraft-Geschwindigkeits-Kennlinie

$$F_{Dk} = F_{Dk}(\dot{q}_k) \tag{3.46}$$

als zusätzlichen Term in die Gleichung übernimmt. Wenn ein System jedoch unter verschiedenen Koordinatensystemen untersucht werden soll, ist es wünschenswert, wenn Gleichung (3.45) dabei ihre Form behält, d.h. forminvariant gegenüber dem Koordinatensystem ist. In der Darstellungsweise (3.45) ist dies jedoch nicht zwingend der Fall. Deshalb wird eine solche Darstellung gewählt, bei der die Forminvarianz erhalten bleibt. Dazu wird die Dämpfungskraft über die Beziehung

$$F_{Dk} = \frac{\partial D}{\partial \dot{q}_k} \tag{3.47}$$

definiert. Die Funktion D heißt Dissipationsfunktion, sie wird in der Physik auch Rayleighsche Funktion genannt. Sie verkörpert den Inhalt (content) der Kraft-Geschwindigkeits-Kennlinie des Dämpfers. Bei einem linearen Dämpfer erhält man wegen $F_D = K_D \dot{q}$ den D-Term

$$D = \int_0^{\dot{q}} K_D \tilde{\dot{q}}\, d\tilde{\dot{q}} = \frac{K_D}{2} \dot{q}^2 \tag{3.48}$$

oder bei einer unabhängigen, zeitlich konstanten Kraftquelle [5]

$$D = \int_0^{\dot{q}} F_0\, d\tilde{\dot{q}} = F_0 \dot{q} \quad . \tag{3.49}$$

Somit kann (3.45) nun als

$$\frac{d}{dt}\frac{\partial L}{\partial \dot{q}_k} - \frac{\partial L}{\partial q_k} + \frac{\partial D}{\partial \dot{q}_k} = 0 \tag{3.50}$$

geschrieben werden. Diese Gleichung heißt erweiterte Euler-Lagrange-Gleichung. Daß diese Gleichung gegenüber dem Wechsel des Koordinatensystems forminvariant ist, wird in Abschnitt 7.8 bewiesen.

Es ist nun möglich, eine erweiterte Hamilton-Funktion $\mathcal{H}$ anzugeben, die mit der kanonischen Gleichung (3.43) genau die erweiterte Euler-Lagrange-Gleichung ergibt:

$$\mathcal{H} = \sum_{k=1}^{f} (p_k \dot{q}_k) - L + \sum_{k=1}^{f} q_k \frac{\partial D}{\partial \dot{q}_k}. \tag{3.51}$$

Dabei berechnet sich p_k nach wie vor aus (3.41), jedoch $\mathcal{H}$ nicht aus (3.40). Deshalb handelt es sich bei dieser Vorgehensweise nicht mehr um eine Legendresche Transformation. Das Kapitel 6 zeigt eine Möglichkeit, die die Anwendung der Legendre-Transformation auch im dissipativen Fall ermöglicht.

---

[5]In der Ladungsformulierung ist das eine Spannungsquelle.

Kapitel 4

Zur Topologie von Netzwerken

4.1 Kirchhoffsche Graphen

Im Kapitel 1 charakterisieren die Fundamentalmaschenmatrix und die Fundamental-schnittmengenmatrix eines Systems den topologischen Aufbau des elektrischen bzw. magnetischen Teils. Das wurde am Beispiel des Aufbaus einer Gleichstromklingel gezeigt, wobei konzentrierte Bauelemente vorausgesetzt wurden. Man erkennt, daß der mathematische Zusammenhang zwischen Zweigspannung und Zweigstrom (magnetischer Spannungsabfall und magnetischer Fluß) an den Bauelementen nicht in den aufgeführten Matrizen vorkommen. Ihre Elemente haben nur die Werte +1, -1 und 0. Quellen, gleich welcher Natur und Art, fehlen ebenfalls.

In diesem Abschnitt sollen systematisch, abstrahiert vom Einzelbeispiel, Ausführungen zur Topologie gegeben werden. Dazu sind Systeme mit konzentrierten Parametern erforderlich. Das ist dann der Fall, wenn zur Beschreibung der Funktionsweise deren räumliche Ausdehnung unwesentlich ist.

Anmerkung 1:

Die Ausbreitungsvorgänge in den Einzelbauelementen oder einer Schaltung müssen immer dann berücksichtigt werden, wenn die Wellenlänge der Signale bei den höchsten praktisch beobachtbaren Frequenzen in der Größenordnung der räumlichen Ausdehnung derselben liegen.

Im Beispiel von 1.2.1 befinden sich ein elektrisches und ein magnetisches Netzwerk, zu denen rechts je ein zusammenhängender Graph gezeichnet ist. Diese Graphen charakterisieren topologisch die Netzwerke. Ein *Graph* setzt sich aus Zweigen und Knoten zusammen, wobei der Graph gerichtet heißt, wenn jedem *Zweig* eine Orientierung (eine Richtung, gekennzeichnet durch einen Pfeil) zugeordnet ist. Ein Zweig ist eine Linie, die

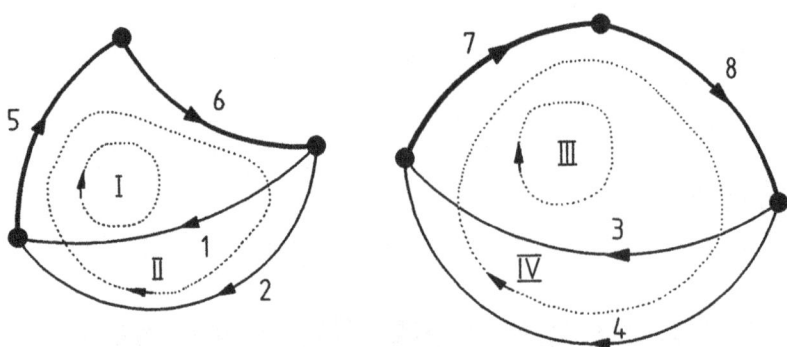

Abbildung 4.1: Orientierte zusammenhängende Graphen eines elektrischen sowie eines magnetischen Netzwerkes. Die stark ausgezogenen Linien bilden das Gerüst

anstelle eines zweipoligen Netzwerkelementes steht (mitunter können auch mehrere in Reihe geschaltete Netzwerkselemente in einem Zweig zusammengefaßt sein. Ein *Knoten* bildet die Verbindungsstelle von zwei oder mehreren Zweigen.

Anmerkung 2:

Ein Zweig (Kante) muß nicht notwendig zwischen zwei verschiedenen Knoten liegen. Er kann auch an ein und demselben Knoten beginnen und enden.

Ein Graph heißt zusammenhängend, wenn zwischen zwei beliebigen Knoten eine Verbindung ausschließlich aus Zweigen desselben besteht.

Als Beispiel für orientierte zusammenhängende Graphen sei auf die Abbildungen 1.2 und 1.3 verwiesen. Jeder Graph (Teilgraph) für sich genommen ist zusammenhängend. Betrachtet man beide Teilgraphen als einen Graphen, so gilt dieser als nicht zusammenhängend.

Man erkennt hier gut, daß nur die Verbindung der Bauelemente (Netzwerkelemente) untereinander den Graphen (Teilgraphen) ergibt und von den physikalischen oder technischen Inhalten dieser abstrahiert wird. Die Zweige werden aus vorn aufgezeigten Gründen fortlaufend durchnumeriert.

Als *Masche* wird die eine geschlossene Linie ergebende Gesamtheit von Zweigen bezeichnet, wobei jeder Zweig nur einmal vorkommt und und keine Doppelpunkte existieren. Zu jeder Masche gehört eine Umlaufrichtung (Bild 4.1).

Ein *Teilgraph* eines zusammenhängenden Graphen wird *Gerüst* (vollständiger Baum) *G* genannt, wenn alle Knoten des Graphen durch aneinander anschließende Zweige (Gerüstzweige, Baumzweige) vorhanden sind, ohne eine Masche zu bilden. Die anderen

Zweige (Co-Gerüstzweige, Brückenzweige) des Graphen gehören zum *Co-Gerüst* $H(G)$.
Die Anzahl aller Zweige eines Graphen sei z. Wenn k die Anzahl der Knoten bedeutet,
so gehören zu einem Gerüst stets $k - 1$ Zweige. Der erste Zweig verbindet zwei Knoten,
und jeder nachfolgende Zweig stellt eine Verbindung zu einem weiteren Knoten her.
In Abbildung 4.1 gilt für beide Teilgraphen $z = 4$, $k = 3$. Es sind

$$G_1 := \{5, 6\} \quad , \quad G_2 = \{7, 8\}$$
$$H_1(G_1) := \{1, 2\} \quad , \quad H_2(G_2) = \{3, 4\} \quad .$$

Man erkennt, daß auch andere Zweige als die angegebenen das Gerüst bilden können
(z.B. $\{1, 6\}$), so daß sich im allgemeinen eine außerordentlich große Anzahl von Gerüsten
(vollständigen Bäumen) finden läßt.

Anmerkung 3:
In Abbildung 4.1 (Beispiel **??**) werden durch je einen Graphen der elektrische Teil und der magnetische
Teil des elektromagnetischen Systems erfaßt. Unabhängig vom unterschiedlichen physikalischen Inhalt
der Teilsysteme können deren Gerüste bzw. Co-Gerüste zusammengefaßt werden. Es gilt

$$G := \{5, 6, 7, 8\} \quad ; \quad H(G) := \{1, 2, 3, 4\} \quad .$$

Insgesamt verfügen beide Teilgraphen über $k = 6$ Knoten. Die Anzahl der Gerüstzweige ist

$$z_G = k - 1 - \nu = 6 - 1 - 1 = 4 \quad .$$

ν heißt Zusammenhangszahl und errechnet sich aus der Anzahl der Teilgraphen, vermindert um eins. Je
zwei Teilgraphen müssen durch einen zusätzlichen Zweig verbunden werden, damit aus dem Teilgraphen
ein zusammenhängender Graph hervorgeht. Bei ν Teilgraphen sind das genau $\nu - 1$ Zweige. Die Anzahl
der im Beispiel so errechneten Gerüstzweige vermindert sich dann ebenfalls um eins.

Nun wollen wir uns dem sogenannten *Schnitt* zuwenden. Die Gesamtheit der Zweige,
durch deren Herausnahme ein zusammenhängender Graph in zwei Teilgraphen zerfällt,
heißt Schnitt. Auch der Schnitt wird wie die Masche mit einer Richtung versehen, die
(beliebig gewählt) von einem Teilgraphen zum anderen Teilgraphen zeigt.
In einem Graphen kann man viele Maschen und Schnitte einzeichnen. Eine hervorgeho-
bene Bedeutung besitzen die Fundamentalmaschengesamtheit sowie die Fundamental-
schnittmengengesamtheit. Aus diesen gehen die schon erwähnte Fundamentalmaschenmatrix bzw. die Fundamentalschnittmengenmatrix hervor. Auch diese beiden Matrizen
sind sind unabhängig vom physikalischen bzw. technischen Inhalt des jeweiligen Systems

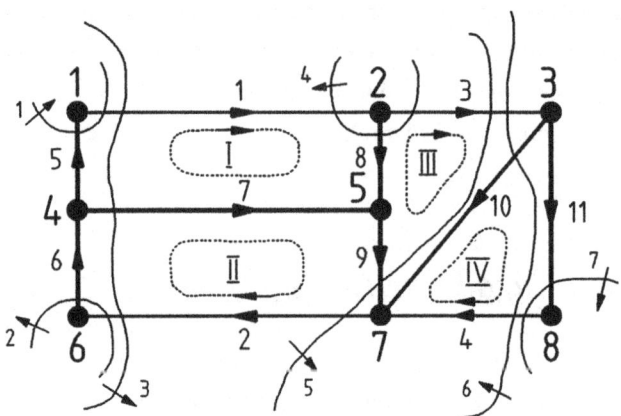

Anzahl der Zweige: $z = 11$

Anzahl der Knoten: $k = 8$

Zusammenhangszahl: $\nu = 1$

$z_G = k - 1 = 7$

$z_{H(G)} = z - z_G = 4$

Abbildung 4.2: Zweige, Knoten, Gerüst, Co-Gerüst, Maschen und Schnittmengen eines gerichteten Graphen

aufstellbar. Es werden dazu auch nicht die Zweigcharakteristiken (Kennlinien bzw. Funktionen) zwischen Intensitäts- und Quantitätsgrößen benötigt.

Zusammenfassend sind die wichtigsten topologischen Begriffe an einem Beispiel in Abbildung 4.2 dargestellt.

Am zweckmäßigsten geht man folgendermaßen vor: Zuerst wird ein Gerüst gewählt und eingezeichnet. Die Zweige numeriert man von $1 \ldots z$, wobei die Co-Gerüstzweige die niederwertigen Indizes von $1 \ldots z_{H(G)}$ erhalten. Danach erfolgt die Festlegung der Maschen mit dem Umlauf in Richtung der Co-Gerüstzweige [1]. Jede Masche enthält nun einen Co-Gerüstzweig. Die Schnitte werden in der Reihenfolge der Gerüstzweige eingezeichnet und von $1 \ldots z_G$ numeriert [2]. Die festzulegende Schnittrichtung ist mit der Richtung des jeweiligen Gerüstzweiges identisch. Jeder Co-Gerüstzweig weist genau soviele Schnitte

---

[1]Die Maschen (Maschenumläufe) sind so zu wählen, daß jede Masche genau einen Co-Gerüstzweig enthält.

[2]Jeder Schnitt enthält genau einen Gerüstzweig.

auf, wie Gerüstzweige in der zu ihm gehörenden Masche sind.

4.2 Fundamentalmaschenmatrix und Fundamental- schnittmengenmatrix

Die Graphen veranschaulichen die geometrischen (topologischen) Verhältnisse im Netzwerk (elektrisches Netzwerk, Schaltung, magnetisches Netzwerk, elektromechanische Anordnung, optoelektronischer Wandler, Gerät u.a.). Die Matrizen beschreiben diese Verhältnisse qualitativ.

Die Elemente M_m^l der Fundamentalmaschenmatrix $\mathbf{M}$ werden auf die folgende Art und Weise bestimmt: Zuerst zeichnet man den Graphen, versieht seine Zweige mit Richtungspfeilen und legt das Gerüst G sowie das Co-Gerüst $H(G)$ fest. Um zur Fundamentalmatrix zu gelangen, werden alle Zweige z, beginnend mit den Co-Gerüstzweigen, von $m = 1, 2, \ldots, z$ numeriert. Danach sind die Maschenumläufe $l = 1, 2, \ldots, b$ einzuzeichnen, wobei deren Orientierung (Richtungssinn) gleich dem dazugehörigen Co-Gerüstzweig ist.

Das wurde für das Beispiel in Abbildung 4.2 bereits vorgenommen. Die Anzahl der Maschen ist gleich der Zeilenanzahl von $\mathbf{M}$ und die Anzahl der Zweige ist gleich der Spaltenanzahl.

Die Matrix $\mathbf{M}$ wird folgendermaßen definiert:

Der Wert des Matrixelementes $M_m^l (l = 1, 2, \ldots, b; m = 1, 2, \ldots, z)$ wird $+1$, -1 oder Null, je nachdem, ob die l-te Masche den m-ten Zweig mit gleicher Richtung, mit entgegengesetzter Richtung oder nicht enthält.

Für das Beispiel in Abbildung 4.2 gilt:

$$
\begin{array}{c}
l \downarrow m \rightarrow \quad\quad 1\ 2\ 3\ 4 \quad\ 5\ 6 \quad 7 \quad 8 \quad 9\ 10\ 11 \\[4pt]
\mathbf{M} = \left(M_m^l\right) =
\begin{array}{c} 1 \\ 2 \\ 3 \\ 4 \end{array}
\left(
\begin{array}{cccc|ccccccc}
1 & 0 & 0 & 0 & 1 & 0 & -1 & 1 & 0 & 0 & 0 \\
0 & 1 & 0 & 0 & 0 & 1 & 1 & 0 & 1 & 0 & 0 \\
0 & 0 & 1 & 0 & 0 & 0 & 0 & -1 & -1 & 1 & 0 \\
0 & 0 & 0 & 1 & 0 & 0 & 0 & 0 & 0 & -1 & 1 \\
\end{array}
\right) \\[6pt]
= \left(E_b | F\right) = \left(E_{z_{H(G)}} | F\right) \ .
\end{array}
\tag{4.1}
$$

Anmerkung 1:

Die Matrix $\mathbf{M}$ enthält eine Einheitsmatrix. Ihre Zeilen- und Spaltenanzahl ist gleich der Anzahl der Co-Gerüstzweige. Weil für die Co-Gerüstzweige die niederen Indizes der Maschenumlaufsinn in Richtung dieser Zweige gewählt werden und pro Masche nur ein Co-Gerüstzweig vorhanden ist, entsteht diese Fundamentalform.

Die Elemente S_m^n der Fundamentalschnittmengenmatrix $\mathbf{S}$ ermittelt man wie folgt: Im Graphen erhalten die Zweige einen Richtungspfeil. Das Gerüst G und das Co-Gerüst $H(G)$ werden festgelegt. Es folgt eine Fundamentalmatrix, wenn alle Zweige z, beginnend mit den Co-Gerüstzweigen, von $m = 1, 2, \ldots, z$ fortlaufend numeriert und die eingezeichneten Schnitte so orientiert werden, daß diese Orientierung mit der Richtung des jeweiligen Gerüstzweiges übereinstimmt und ein Schnitt pro Gerüstzweig auftritt.

Für unser Beispiel in Abbildung 4.2 wurden diese Vorgänge schon so ausgeführt. Die Anzahl der Schnitte ergibt die Zeilenanzahl von $\mathbf{S}$. Die Zweiganzahl ist gleich der Anzahl der Spalten von $\mathbf{S}$.

Die Matrix $\mathbf{S}$ ist folgendermaßen definiert:

Der Wert des Matrixelementes $S_m^n (n = 1, 2, \ldots, s; m = 1, 2, \ldots, z)$ wird +1, -1 oder Null, je nachdem, ob der n-te Schnitt den m-ten Zweig in gleicher Richtung, mit entgegengesetzter Richtung oder nicht trifft.

Aus dem Beispiel der Abbildung 4.2 folgt für $\mathbf{S}$:

$$
\begin{array}{c}
\begin{array}{cccccccccccc}
n \downarrow m \rightarrow & & 1 & 2 & 3 & 4 & 5 & 6 & 7 & 8 & 9 & 10 & 11
\end{array}\\[4pt]
\mathbf{S} = (S_m^n) = \begin{array}{c} 1 \\ 2 \\ 3 \\ 4 \\ 5 \\ 6 \\ 7 \end{array}
\left(
\begin{array}{cccc|ccccccc}
-1 & 0 & 0 & 0 & 1 & 0 & 0 & 0 & 0 & 0 & 0 \\
0 & -1 & 0 & 0 & 0 & 1 & 0 & 0 & 0 & 0 & 0 \\
1 & -1 & 0 & 0 & 0 & 0 & 1 & 0 & 0 & 0 & 0 \\
-1 & 0 & 1 & 0 & 0 & 0 & 0 & 1 & 0 & 0 & 0 \\
0 & -1 & 1 & 0 & 0 & 0 & 0 & 0 & 1 & 0 & 0 \\
0 & 0 & -1 & 1 & 0 & 0 & 0 & 0 & 0 & 1 & 0 \\
0 & 0 & 0 & -1 & 0 & 0 & 0 & 0 & 0 & 0 & 1
\end{array}
\right)\\[6pt]
= \left(-F^T \mid E_{z-b} \right) = \left(-F^T \mid E_{z-z_{H(G)}} \right) \quad . \hspace{2cm} (4.2)
\end{array}
$$

Anmerkung 2:

Zu Matrix S gehört immer eine Einheitsmatrix, deren Zeilenanzahl gleich der Differenz Zweiganzahl minus Anzahl der Co-Gerüstzweige ist. Wegen der Wahl der höheren Indizes für die Gerüstzweige und der Gleichorientierung von Gerüstzweig und Schnittrichtung folgt die Fundamentalform.

Wird allgemein vorausgesetzt, daß die Numerierung und die Richtung der Zweige beim Aufstellen beider Fundamentalmatrizen dieselben sind, so gilt für zusammengehörige $\mathbf{M}$, und $\mathbf{S}$:

$$\mathbf{MS}^T = (E_b|F)\left(-F^T|E_{z-b}\right)^T = (E_b|F)\begin{pmatrix} -F \\ -- \\ E_{z-b} \end{pmatrix} = 0 \qquad (4.3)$$

Schreibt man in (4.3) zur Verdeutlichung der vorzunehmenden Operationen mit Matrizen die Zeilen- und Spaltenanzahl hinzu, dann ergibt sich aus (4.3):

$$
\begin{aligned}
\mathbf{MS}^T &= (E_{b,b}|F_{b,z-b})\left(-F^T_{z-b,b}|E_{z-b},\, E_{z-b}\right)^T \\
&= (E_{b,b}|F_{b,z-b})\begin{pmatrix} -F_{b,z-b} \\ ---- \\ E_{(z-b),(z-b)} \end{pmatrix} \\
&= -F_{b,z-b} + F_{b,z-b} = 0
\end{aligned}
\qquad (4.4)
$$

Aufgabe: Der Leser möge für die Topologie in Abbildung 4.2 die Gültigkeit von (4.3) nachweisen.
Lösung: Mit **M** aus (4.1) und $\mathbf{S}^T$ folgt Gleichung (4.5), woraus als Ergebnis die Nullmatrix zu erkennen ist:

$$
\mathbf{MS}^T =
\begin{pmatrix}
1 & 0 & 0 & 0 & | & 1 & 0 & -1 & 1 & 0 & 0 & 0 \\
0 & 1 & 0 & 0 & | & 0 & 1 & 1 & 0 & 1 & 0 & 0 \\
0 & 0 & 1 & 0 & | & 0 & 0 & 0 & -1 & -1 & 1 & 0 \\
0 & 0 & 0 & 1 & | & 0 & 0 & 0 & 0 & 0 & -1 & 1
\end{pmatrix}
\cdot
\begin{pmatrix}
-1 & 0 & 1 & -1 & 0 & 0 & 0 \\
0 & -1 & -1 & 0 & -1 & 0 & 0 \\
0 & 0 & 0 & 1 & 1 & -1 & 0 \\
0 & 0 & 0 & 0 & 0 & 1 & -1 \\
- & - & - & - & - & - & - \\
1 & 0 & 0 & 0 & 0 & 0 & 0 \\
0 & 1 & 0 & 0 & 0 & 0 & 0 \\
0 & 0 & 1 & 0 & 0 & 0 & 0 \\
0 & 0 & 0 & 1 & 0 & 0 & 0 \\
0 & 0 & 0 & 0 & 1 & 0 & 0 \\
0 & 0 & 0 & 0 & 0 & 1 & 0 \\
0 & 0 & 0 & 0 & 0 & 0 & 1
\end{pmatrix}
\qquad (4.5)
$$

4.3 Die Knoten-Zweig-Inzidenzmatrix

Bei späteren Anwendungen wird neben den beiden Fundamentalmatrizen noch die Knoten-Zweig-Matrix [3] oder Knoten-Zweig-Inzidenzmatrix **A** verwendet. Die **A**-Matrix ist definiert als:

Das Matrixelement $A^p_m (p = 1, 2, \ldots, k;\ m = 1, 2, \ldots, z$ hat den Wert $+1$, -1 oder Null, je nachdem, ob der m-te Zweig zum p-ten Knoten hinzeigt, von diesem Knoten wegzeigt oder ihn nicht trifft.

---

[3]Henri Poincaré, (1854-1912): französischer Mathematiker, Physiker und Astronom. Mitbegründer der modernen Topologie. Führte die **A**-Matrix ein.

k ist die Anzahl der Knoten und z gibt die Anzahl der Zweige im Graphen an. Die reduzierte Matrix $\mathbf{A}_r$ geht aus $\mathbf{A}$ durch das Streichen einer ihrer Zeilen hervor. Durch die reduzierte $\mathbf{A}$-Matrix wird die Struktur des Graphen eindeutig bestimmt. In jeder Spalte der $\mathbf{A}$-Matrix muß +1 oder -1 stehen. Die $\mathbf{A}$-Matrix geht aus der Matrix $\mathbf{A}_r$ hervor, wenn deren Graphen durch +1, -1 oder Null entsprechend ergänzt werden.

Beispiel:

Zu dem Graphen in Abbildung 4.2 gehört die $\mathbf{A}$-Matrix

$$
\mathbf{A} = (A_m^p) =
\begin{array}{c}
p \downarrow m \rightarrow \\
1 \\
2 \\
3 \\
4 \\
5 \\
6 \\
7 \\
8
\end{array}
\begin{array}{ccccccccccc}
1 & 2 & 3 & 4 & 5 & 6 & 7 & 8 & 9 & 10 & 11 \\
\left(\begin{array}{ccccccccccc}
-1 & 0 & 0 & 0 & 1 & 0 & 0 & 0 & 0 & 0 & 0 \\
1 & 0 & -1 & 0 & 0 & 0 & 0 & -1 & 0 & 0 & 0 \\
0 & 0 & 1 & 0 & 0 & 0 & 0 & 0 & 0 & -1 & -1 \\
0 & 0 & 0 & 0 & -1 & 1 & -1 & 0 & 0 & 0 & 0 \\
0 & 0 & 0 & 0 & 0 & 0 & -1 & 1 & -1 & 0 & 0 \\
0 & 1 & 0 & 0 & 0 & -1 & 0 & 0 & 0 & 0 & 0 \\
0 & -1 & 0 & 1 & 0 & 0 & 0 & 0 & 1 & 1 & 0 \\
0 & 0 & 0 & -1 & 0 & 0 & 0 & 0 & 0 & 0 & 1
\end{array}\right)
\end{array}
\qquad (4.6)
$$

Die reduzierte Matrix $\mathbf{A}_r$ geht aus (4.6) durch das Streichen einer beliebigen Zeile hervor. Zwischen diesen topologischen Matrizen bestehen die Zusammenhänge:

$$
\mathbf{MS}^T = 0 \quad , \quad \mathbf{SM}^T = 0 \quad , \quad \mathbf{MA}^T = 0 \quad , \quad \mathbf{AM}^T = 0 \quad ,
$$
$$
\mathbf{MA}_r^T = 0 \quad , \quad \mathbf{A}_r\mathbf{M}^T = 0 \quad . \qquad (4.7)
$$

Aufgabe:

Der Leser möge für den Graphen in Abbildung 4.2 mit (4.1), (4.2) und (4.6) die Beziehungen (4.7) nachprüfen [4] [5].

4.4   Grundzusammenhänge zwischen Spannungen und Strömen

Die Fundamentalmaschenmatrix $\mathbf{M}$, die Fundamentalschnittmengenmatrix $\mathbf{S}$ und die Knoten-Zweig-Inzidenzmatrix $\mathbf{A}$ wurden für Kirchhoffsche Graphen hergeleitet. Bei der

---

[4]Simonyi, K.: Theoretische Elektrotechnik. VEB Deutscher Verlag der Wissenschaften, Berlin, 1971.

[5]Chua, L.; Desoer, C.; Kuh, E.: Linear and Nonlinear Circuits. Mc Graw-Hill Book, New York, 1987.

Herleitung ist kein Bezug auf konkrete physikalische, technische und insbesondere elektrotechnische Inhalte genommen worden. Das heißt, diese Matrizen können überall dort Anwendung finden, wo es gelingt, den oder die gerichteten Graphen des Systems aufzustellen.

Im konkreten Fall elektrischer Netzwerke fließen in den Zweigen elektrische Ströme (Zweigströme), und längs dieser Zweige liegen elektrische Spannungen (Zweigspannungen) an. Die Zweigspannungen und die Zweigströme eines solchen elektrischen Netzwerkes, welches z Zweige und k Knoten habe, werden in den Matrizen

$$\mathbf{u} = (u_1, u_2, \ldots, u_z)^T \qquad (4.8)$$
$$\mathbf{i} = (i_1, i_2, \ldots, i_z)^T$$

zusammengefaßt. Dann gelten mit den topologischen Matrizen $\mathbf{M}$, $\mathbf{S}$ und $\mathbf{A}$ die Beziehungen

$$\mathbf{M\,u} = 0 \qquad (4.9)$$
$$\mathbf{S\,i} = 0 \qquad (4.10)$$
$$\mathbf{A\,i} = 0 \qquad (4.11)$$

Die Gleichung (4.9) gibt die bekannte Tatsache wieder, daß die algebraische Summe der Zweigspannungen in jeder Masche gleich Null ist (2. Kirchhoffscher Satz oder Maschensatz).

Gleichung (4.10) gibt folgenden Sachverhalt wieder: Jeder Schnitt teilt das Natzwerk (den Graphen) in zwei Teile. In elektrischen Netzwerken kann sich an den Stellen der Schnitte keine Ladung anhäufen, so daß die algebraische Summe der Ströme eines beliebigen Schnittes Null sein muß.

Die Gleichung (4.11) enthält die Knotengleichungen für alle Knoten. Die unabhängigen Knotengleichungen (Knotensatz) folgen, wenn an die Stelle von $\mathbf{A}$ eine der reduzierten Matrizen $\mathbf{A}_r$ gesetzt wird.

Beispiel:

Für die Abbildung 4.2 ($z = 11$, $k = 8$) gelten mit $\mathbf{u} = (u_1, u_2, \ldots, u_{11})^T$ und $\mathbf{i} = (i_1, i_2, \ldots, i_8)^T$ folgende Beziehungen:

Maschengleichungen:

$$\mathbf{M} \cdot \mathbf{u} = \left(M_m^l\right)(u_m) = 0 \qquad l = 1, 2, 3, 4; \quad m = 1, 2, \ldots, 11 \qquad (4.12)$$

$$u_1 + u_5 - u_7 + u_8 = 0$$

$$u_2 + u_6 + u_7 + u_9 = 0$$

$$u_3 - u_8 - u_7 + u_{10} = 0 \qquad\qquad (4.13)$$

$$u_4 - u_{10} + u_{11} = 0$$

Die Spannungen u_1, u_2, u_3 und u_4 sind die Co-Gerüstspannungen. Jede Co-Gerüstspannung gehört zu einer unabhängigen Masche.

Schnittgleichungen:

$$\mathbf{S} \cdot \mathbf{i} = (S_m^n)(i_m) = 0 \qquad n = 1, 2, \ldots, 7; \quad m = 1, 2, \ldots, 11 \qquad (4.14)$$

$$-i_1 + i_5 = 0$$

$$i_2 + i_6 = 0$$

$$i_1 - i_2 + i_7 = 0$$

$$-i_1 + i_3 - i_8 = 0 \qquad\qquad (4.15)$$

$$-i_2 + i_3 - i_9 = 0$$

$$-i_3 - i_4 + i_{10} = 0$$

$$-i_4 + i_{11} = 0$$

Die Ströme i_5, i_6, $\ldots$, i_{11} sind die Gerüstströme.

Knotengleichungen:

$$\mathbf{A} \cdot \mathbf{i} = (A_m^p)(i_m) = 0 \qquad p = 1, 2, \ldots, 8; \quad m = 1, 2, \ldots, 11 \qquad (4.16)$$

$$-i_1 + i_5 = 0$$

$$i_1 - i_3 - i_8 = 0$$

$$i_3 - i_{10} - i_{11} = 0$$

$$-i_5 + i_6 - i_7 = 0 \qquad\qquad (4.17)$$

$$-i_7 + i_8 - i_9 = 0$$

$$i_2 - i_6 = 0$$

$$-i_2 + i_4 + i_9 + i_{10} = 0$$

$$-i_4 + i_{11} = 0$$

Diese acht Gleichungen enthalten die Knotengleichungen der Knoten 1 bis 8. Die Knotengleichungen sind voneinander anhängig. Sie werden unabhängig, wenn eine beliebige Knotengleichung herausgenommen wird, was gleichbedeutend mit dem Streichen einer Zeile in der Knoten-Zweig-Inzidenzmatrix ist. Es erfolgt der Übergang von der Matrix $\mathbf{A}$ zu $\mathbf{A}_r$.

Die Zweige des elektrischen Netzwerkes setzen sich aus den elektrischen Leitern und den Bauelementen (ohmsche Widerstände, Kondensatoren, Induktivitäten, Spannungs- bzw. Stromquellen u.a.) zusammen.

Die Ergebnisse in (4.13), (4.15) und (4.17) zeigen, daß von den Beziehungen zwischen Zweigspannung und Zweigstrom kein Gebrauch gemacht worden ist. Das heißt, sie gelten unabhängig davon, welche

Beziehungen zwischen u und i bestehen können. Die Gleichungen (4.9), (4.10) und (4.11) gelten also unabhängig davon, welche Bauelemente eingeschaltet sind. Hierin drückt sich einer der großen Vorteile topologischer Betrachtungen aus.

Für spätere Berechnungen werden noch zwei topologische Zusammenhänge zwischen den Spannungen bzw. Strömen in den folgenden Formen benötigt.

Die Zweigspannungen $u_1, u_2, \ldots, u_z$ stehen mit den Gerüstspannungen $\mathbf{u_G}$ über die Formel

$$\mathbf{u} = (\mathbf{S})^T \mathbf{u_G} \tag{4.18}$$

und die Zweigströme $i_1, i_2, \ldots, i_z$ durch den Ausdruck

$$\mathbf{i} = (\mathbf{M})^T \mathbf{i_H(G)} \tag{4.19}$$

in Verbindung. $\mathbf{M}$ bezeichnet die Fundamentalmaschenmatrix und $\mathbf{S}$ die Fundamental-schnittmengenmatrix.

Aufgabe: Der Leser möge die Richtigkeit dieser Relationen an Hand des Beispieles in Abbildung 4.2 nachweisen.

Kapitel 5

Die dissipative Zustandsfunktion $\mathcal{L}$ und die dissipativen Impulse

5.1 Legendre-Transformation und Verluste

Es soll nun eine Funktion $\mathcal{L}$ (dissipative Zustandsfunktion) gefunden werden, die bei Anwendung der Legendreschen Transformation genau die erweiterte Hamilton-Funktion gemäß (3.51) ergibt. Die neue Funktion $\mathcal{L}$ soll demnach der Gleichung

$$\mathcal{H} = \sum_{k=1}^{f} \frac{\partial \mathcal{L}}{\partial \dot{q}_k} \dot{q}_k - \mathcal{L} = \sum_{k=1}^{f} \frac{\partial L}{\partial \dot{q}_k} \dot{q}_k - L + \sum_{k=1}^{f} q_k \frac{\partial D}{\partial \dot{q}_k} \tag{5.1}$$

genügen. Es ist sofort erkennbar, daß ein Term in $\mathcal{L}$ der klassischen Lagrange-Funktion L entsprechen muß. Also hat die gesuchte Funktion die Gestalt

$$\mathcal{L} = L + P \tag{5.2}$$

mit

$$\sum_{k=1}^{f} \frac{\partial P}{\partial \dot{q}_k} \dot{q}_k - P = \sum_{k=1}^{f} q_k \frac{\partial D}{\partial \dot{q}_k}. \tag{5.3}$$

Hierbei ist f die Anzahl der Freiheitsgrade. Gleichung (5.3) ist immer erfüllt, wenn

$$\frac{\partial P}{\partial \dot{q}_k} \dot{q}_k - P_k = q_k \frac{\partial D}{\partial \dot{q}_k} \quad , \quad k = 1, \ldots, f \tag{5.4}$$

gesetzt wird. Die P_k bezeichnen die Terme, die von $\dot{q}_k$ abhängig sind. Hierbei muß der zweite Term auf der linken Seite dieser Gleichung sich mit einem Term wegheben, der bei der Differentiation des ersten Terms entsteht. Deshalb wird für P ein Produktansatz

$$P_k = u(\dot{q}) v(\dot{q}) \tag{5.5}$$

gewählt. Bei Zugrundelegung der Differentiationsvariablen $\dot{q}_k$ ergibt sich (5.4) nun zu

$$(u'v + v'u)\dot{q}_k - uv = q_k \frac{\partial D}{\partial \dot{q}_k}.$$
(5.6)

Da q_k bezüglich der Differentiation nach den $\dot{q}_k$ als Konstante betrachtet wird, kann man zunächst

$$v = q_k w$$
(5.7)

setzen. Damit entsteht

$$(u'w + w'u)\dot{q}_k - uw = \frac{\partial D}{\partial \dot{q}_k}.$$
(5.8)

Um nun eine Differentialgleichung in nur einer Variablen zu erhalten und gleichzeitig den „unerwünschten" Term uw zu eliminieren, kann jetzt $w - \dot{q}_k$ gesetzt werden. Es ergibt sich (5.8) zu

$$u'\dot{q}_k^2 + \dot{q}_k u - u\dot{q}_k = \frac{\partial D}{\partial \dot{q}_k}$$
(5.9)

und somit

$$u' = \frac{\frac{\partial D}{\partial \dot{q}_k}}{\dot{q}_k^2}.$$
(5.10)

Mit

$$u = \int \frac{\frac{\partial D}{\partial \dot{q}_k}}{\dot{q}_k^2} \, d\dot{q}_k \quad \text{und} \quad v = q_k \dot{q}_k$$
(5.11)

folgt für die P_k aus (5.5) der Ausdruck

$$P_k = uv = q_k \dot{q}_k \int \frac{\frac{\partial D}{\partial \dot{q}_k}}{\dot{q}_k^2} \, d\dot{q}_k.$$
(5.12)

Also ergibt sich für die erweiterte Lagrange-Funktion (5.2)

$$\mathcal{L} = L + \sum_{k=1}^{f} q_k \dot{q}_k \int \frac{\frac{\partial D}{\partial \dot{q}_k}}{\dot{q}_k^2} \, d\dot{q}_k \quad .$$
(5.13)

Man beachte jedoch, daß die Funktion $\mathcal{L}$ nicht zur Variation des Wirkungsintegrals verwendet werden kann, weil sie keine Lagrange-Funktion im Sinne der Variationsrechnung ist. Wird $\mathcal{L}$ nun Legendre-transformiert, dann erhält man die erweiterte Hamilton-Funktion $\mathcal{H}$ zu

$$\mathcal{H} = \sum_{k=1}^{f} \frac{\partial \mathcal{L}}{\partial \dot{q}_k} \dot{q}_k - \mathcal{L} = \sum_{k=1}^{f} p_k^* \dot{q}_k - \mathcal{L}$$
(5.14)

$$= \sum_{k=1}^{f} \left(\frac{\partial L}{\partial \dot{q}_k} + q_k \int \frac{\frac{\partial D}{\partial \dot{q}_k}}{\dot{q}_k^2} \, d\dot{q}_k + \frac{q_k}{\dot{q}_k} \frac{\partial D}{\partial \dot{q}_k} \right) \dot{q}_k - L - \sum_{k=1}^{f} q_k \dot{q}_k \int \frac{\frac{\partial D}{\partial \dot{q}_k}}{\dot{q}_k^2} \, d\dot{q}_k$$
(5.15)

$$= \sum_{k=1}^{f} \frac{\partial L}{\partial \dot{q}_k} \dot{q}_k - L + \sum_{k=1}^{f} q_k \frac{\partial D}{\partial \dot{q}_k} \quad .$$
(5.16)

Die $\dot{q}_k$ werden in $\mathcal{H}$ später als Funktion der p_k^* substituiert. Dies geschieht über die Beziehung

$$p_k^* = \frac{\partial \mathcal{L}}{\partial \dot{q}_k} = f(\dot{q}_k) \tag{5.17}$$

unter Verwendung der inversen Funktion

$$\dot{q}_k = f^{-1}(p_k^*) \quad , \tag{5.18}$$

die in linearen Systemen und für die meisten nichtlinearen Fälle aufgestellt werden können.

Gemäß Berührungstransformation[1] gilt nun $\mathcal{H} = \mathcal{H}(p_k^*, q_k, t)$, weil ein Punkt in $\{q_k, \dot{q}_k, \mathcal{L}\}$ auf eine Kurve in $\{q_k, p_k^*, \mathcal{H}\}$ abgebildet wird. Nach der Legendre-Transformation (3.36) muß nun

$$-\frac{\partial \mathcal{H}}{\partial q_k} = \frac{\partial \mathcal{L}}{\partial q_k} = \frac{\partial L}{\partial q_k} + \dot{q}_k \int \frac{\frac{\partial D}{\partial \dot{q}_k}}{\dot{q}_k^2} \, d\dot{q}_k \tag{5.19}$$

sein. Im nächsten Schritt wird eine kanonische Gleichung gefunden, die weitgehend mit der klassischen kanonischen Gleichung in der Form

$$\dot{p}_k = -\frac{\partial H}{\partial q_k} \tag{5.20}$$

übereinstimmt. Um dabei konsequent die Legendre-Transformation anzuwenden, wird dabei der Impuls[2]

$$p_k^* = \frac{\partial \mathcal{L}}{\partial \dot{q}_k} \tag{5.21}$$

verwendet, der aber zunächst nicht wie in (5.16) durch Vereinfachung herausgekürzt wird, um eine allgemeine Darstellung zu ermöglichen und die Bildung spezieller Formen von (5.18) zu vermeiden.

Mit der erweiterten Euler-Lagrange-Gleichung (3.50) und der ausgeschriebenen Gleichung (5.21)

$$p_k^* = \frac{\partial L}{\partial \dot{q}_k} + q_k \int \frac{\frac{\partial D}{\partial \dot{q}_k}}{\dot{q}_k^2} \, d\dot{q}_k + \frac{q_k}{\dot{q}_k} \frac{\partial D}{\partial \dot{q}_k} \tag{5.22}$$

kann nun

$$\frac{\partial L}{\partial \dot{q}_k} = p_k^* - \left(q_k \int \frac{\frac{\partial D}{\partial \dot{q}_k}}{\dot{q}_k^2} \, d\dot{q}_k + \frac{q_k}{\dot{q}_k} \frac{\partial D}{\partial \dot{q}_k} \right) = p_k^* - \alpha_k \tag{5.23}$$

geschrieben und weiter mit Hilfe von (3.50)

$$\frac{\partial L}{\partial q_k} = \frac{d}{dt}(p_k^* - \alpha_k) + \frac{\partial D}{\partial \dot{q}_k} = \dot{p}_k^* - \dot{\alpha}_k + \frac{\partial D}{\partial \dot{q}_k} \tag{5.24}$$

---

[1]siehe Seite 65

[2]In diesem Abschnitt wird keine tensorielle Darstellung verwendet. Es wird später gezeigt, daß die p_k^* kovariante Impulse im Riemannschen Raum sind.

gesetzt werden. Damit geht (5.19) in die Form

$$-\frac{\partial \mathcal{H}}{\partial q_k} = \frac{\partial \mathcal{L}}{\partial q_k} = \dot{p}_k^* - \dot{\alpha}_k + \frac{\partial D}{\partial \dot{q}_k} + \dot{q}_k \int \frac{\frac{\partial D}{\partial \dot{q}_k}}{\dot{q}_k^2} \, d\dot{q}_k \tag{5.25}$$

über. Wenn nun

$$\dot{\alpha}_k = \dot{q}_k \int \frac{\frac{\partial D}{\partial \dot{q}_k}}{\dot{q}_k^2} \, d\dot{q}_k + q_k \frac{\frac{\partial D}{\partial \dot{q}_k}}{\dot{q}_k^2} \ddot{q}_k + \frac{\partial D}{\partial \dot{q}_k} + q_k \left(-\frac{1}{\dot{q}_k^2} \frac{\partial D}{\partial \dot{q}_k} + \frac{1}{\dot{q}_k} \frac{\partial^2 D}{\partial \dot{q}_k^2} \right) \ddot{q}_k \tag{5.26}$$

$$= \dot{q}_k \int \frac{\frac{\partial D}{\partial \dot{q}_k}}{\dot{q}_k^2} \, d\dot{q}_k + \frac{\partial D}{\partial \dot{q}_k} + \frac{q_k}{\dot{q}_k} \frac{\partial^2 D}{\partial \dot{q}_k^2} \ddot{q}_k \tag{5.27}$$

eingesetzt wird, so heben sich einige Terme weg und man erhält

$$-\frac{\partial \mathcal{H}}{\partial q_k} = \frac{\partial \mathcal{L}}{\partial q_k} = \dot{p}_k^* - \frac{q_k}{\dot{q}_k} \frac{\partial^2 D}{\partial \dot{q}_k^2} \ddot{q}_k \quad . \tag{5.28}$$

Dies ist eine „dissipative" kanonische Gleichung, die immernoch der Legendre-Transformation genügt. Die andere kanonische Gleichung behält ihre ursprüngliche Form, da sie ausschließlich auf der Legendre-Transformation beruht:

$$\dot{q}_k = \frac{\partial \mathcal{H}}{\partial p_k^*} \tag{5.29}$$

Auf diese Weise wurde ein Weg gefunden, der unter Beibehaltung der Legendreschen Transformation beschritten werden kann.

Um nun p_k^* in (5.28) zu substituieren, muß zunächst (5.23) nach der Zeit abgeleitet werden. Es entsteht der Ausdruck

$$\dot{p}_k^* = \frac{d}{dt} \frac{\partial L}{\partial \dot{q}_k} + \dot{\alpha} \quad . \tag{5.30}$$

Jetzt kann $\dot{\alpha}$ mit (5.27) substituiert werden und es folgt

$$-\frac{\partial \mathcal{H}}{\partial q_k} = \frac{\partial \mathcal{L}}{\partial q_k} = \frac{\partial L}{\partial q_k} + \dot{q}_k \int \frac{\frac{\partial D}{\partial \dot{q}_k}}{\dot{q}_k^2} \, d\dot{q}_k \tag{5.31}$$

$$= \dot{p}_k^* - \frac{q_k}{\dot{q}_k} \frac{\partial^2 D}{\partial \dot{q}_k^2} \ddot{q}_k \tag{5.32}$$

$$= \frac{d}{dt} \frac{\partial L}{\partial \dot{q}_k} + \dot{\alpha} - \frac{q_k}{\dot{q}_k} \frac{\partial^2 D}{\partial \dot{q}_k^2} \ddot{q}_k \tag{5.33}$$

$$= \frac{d}{dt} \frac{\partial L}{\partial \dot{q}_k} + \dot{q}_k \int \frac{\frac{\partial D}{\partial \dot{q}_k}}{\dot{q}_k^2} \, d\dot{q}_k + \frac{\partial D}{\partial \dot{q}_k} + \frac{q_k}{\dot{q}_k} \frac{\partial^2 D}{\partial \dot{q}_k^2} \ddot{q}_k - \frac{q_k}{\dot{q}_k} \frac{\partial^2 D}{\partial \dot{q}_k^2} \ddot{q}_k \quad . \tag{5.34}$$

Nachdem alle Terme, die sich wegheben gestrichen sind, erhält man wieder die erweiterte Euler-Lagrangegleichung (3.50). Bei konservativen Systemen gilt wegen $H = T + U$ und dem Energieerhaltungssatz

$$\frac{dH}{dt} = 0 \quad . \tag{5.35}$$

Für $d\mathcal{H}/dt$ folgt

$$\frac{d\mathcal{H}}{dt} = \sum_{k=1}^{f}\left(\frac{\partial\mathcal{H}}{\partial q_k}\dot{q}_k + \frac{\partial\mathcal{H}}{\partial p_k^*}\dot{p}_k^*\right) \tag{5.36}$$

$$= \sum_{k=1}^{f}\left(\left[-\dot{p}_k^* + \frac{q_k}{\dot{q}_k}\frac{\partial^2 D}{\partial\dot{q}_k^2}\ddot{q}_k\right]\dot{q}_k + \dot{q}_k\dot{p}_k^*\right) \tag{5.37}$$

$$= \sum_{k=1}^{f} q_k\frac{\partial^2 D}{\partial\dot{q}_k^2}\ddot{q}_k \quad . \tag{5.38}$$

Die Richtigkeit kann überprüft werden, indem die erweiterte Hamilton-Funktion (5.16) total nach der Zeit abgeleitet wird:

$$\frac{d\mathcal{H}}{dt} = \sum_{k=1}^{f}\frac{d}{dt}\left(\frac{\partial L}{\partial\dot{q}_k}\dot{q}_k - L + q_k\frac{\partial D}{\partial\dot{q}_k}\right) \tag{5.39}$$

$$= \sum_{k=1}^{f}\left[\underbrace{\frac{d}{dt}\left(\frac{\partial L}{\partial\dot{q}_k}\right)\dot{q}_k}_{a} + \frac{\partial L}{\partial\dot{q}_k}\ddot{q}_k - \underbrace{\frac{\partial L}{\partial q_k}\dot{q}_k - \frac{\partial L}{\partial\dot{q}_k}\ddot{q}_k}_{b} + \underbrace{\dot{q}_k\frac{\partial D}{\partial\dot{q}_k}}_{c} + q_k\frac{\partial^2 D}{\partial\dot{q}_k^2}\ddot{q}_k\right] \tag{5.40}$$

$$= \sum_{k=1}^{f} q_k\frac{\partial^2 D}{\partial\dot{q}_k^2}\ddot{q}_k \tag{5.41}$$

Die Terme a, b, c heben sich weg, weil sie die mit $\dot{q}_k$ erweiterte Gleichung (3.50) darstellen. Da hier die Funktion $\mathcal{L}$ geschaffen wurde, welche bei vollständiger Auflösung nach den $\dot{q}_k$ und q_k die erweiterte Hamilton-Funktion ergibt, ist es nun möglich, mittels $\mathcal{H}$ und $\mathcal{L}$ gleichzeitig kanonische Gleichungen aufzustellen, die in ihrer Form den herkömmlichen kanonischen Gleichungen (3.43) und (3.44) für konservative Systeme entsprechen. Diese Gleichungen genügen allerdings nicht der Legendre-Transformation, wie in Abschnitt 3.4 erläutert wurde. Zu deren Aufstellung muß aus der erweiterten Hamilton-Funktion der Impuls p_k^* wie in (5.16) eliminiert werden. Ist dies geschehen, so kann man

$$\dot{p}_k = -\frac{\partial\mathcal{H}}{\partial q_k} \tag{5.42}$$

mit dem herkömmlichen Impuls

$$p_k = \frac{\partial L}{\partial\dot{q}_k} \tag{5.43}$$

schreiben. Im dissipativen Fall gilt jedoch

$$p_k \neq p_k^* \quad , \tag{5.44}$$

weil es sich nicht mehr um den Impuls im Sinne der Legendreschen Transformation handelt.

5.2   Der dissipative Impuls

Bei der Substitution der verallgemeinerten Geschwindigkeiten $\dot{q}_k$ durch die Impulse p_k^* gibt es bei den dissipativen Elementen eine Besonderheit, die im folgenden dargestellt werden soll. Durch die neue Funktion $\mathcal{L}$, die auch dissipative Elemente berücksichtigt, entstehen für dissipative Elemente Impulse p_k^*, die andere Eigenschaften haben als die klassischen Impulse p_k, die sich aus der Ableitung der kinetischen Energie nach der Geschwindigkeit ergeben.

Der herkömmliche Impuls

$$p_k = \frac{\partial L}{\partial \dot{q}_k} \tag{5.45}$$

von verallgemeinerten Massen[3] ergibt bei seiner Ableitung nach der Zeit stets die am betreffenden Element wirkende verallgemeinerte Kraft[4]. Die Kraft an resistiven Elementen hängt ebenfalls von der verallgemeinerten Geschwindigkeit (im Regelfall linear) ab. Allerdings kann man hier nicht von einem Impuls im physikalischen Sinne sprechen, da im dissipativen Falle eine Verlustleistung und keine gespeicherte Energie mit der Geschwindigkeit verknüpft ist. Deshalb hat für dissipative Elemente der Begriff „Impuls", der sich über die Gleichung (5.21) ergibt, eine allgemeine mathematische Bedeutung. Er verdeutlicht den Bezug zur Legendreschen Transformation.

Aufgrund der Struktur von $\mathcal{L}$ entspricht bei einem rein reaktiven Element der sich ergebende Impuls p_k^* dem klassischen Impuls p_k. Die Aufstellung des dissipativen Impulses sei am Beispiel eines ohmschen Widerstandes demonstriert.

Beispiel:

Der D-Term für einen solchen Widerstand lautet in Analogie zu (3.48) mit $\dot{q}$ als elektrischem Strom

$$D = \frac{R\dot{q}^2}{2}. \tag{5.46}$$

Damit folgt für die Funktion $\mathcal{L}$

$$\mathcal{L} = q\dot{q} \int \frac{1}{\dot{q}^2} \frac{\partial D}{\partial \dot{q}} \, d\dot{q} = q\dot{q} \int \frac{R}{\dot{q}} \, d\dot{q} = Rq\dot{q} \ln \dot{q}. \tag{5.47}$$

Nun kann mittels (5.21) der Impuls p^* aufgestellt werden. Es ergibt sich

$$p^* = \frac{\partial \mathcal{L}}{\partial \dot{q}} = qR \ln \dot{q} + qR = qR(\ln \dot{q} + 1). \tag{5.48}$$

Um in der erweiterten Hamilton-Funktion $\dot{q}$ durch p^* zu ersetzen, muß diese Funktion invertiert werden. Also ist nun

$$\dot{q} = e^{\left(\frac{p^*}{qR} - 1\right)}. \tag{5.49}$$

---

[3]z.B. Induktivitäten in Ladungsformulierung oder Kapazitäten in Flußformulierung

[4]z.B. Spannungen in Ladungsformulierung oder Strom in Flußformulierung

Die erweiterte Hamilton-Funktion ergibt sich nach der Legendre-Transformation und durch Substitution von (5.49) zu

$$\mathcal{H} \;=\; \frac{\partial \mathcal{L}}{\partial \dot{q}}\dot{q} - \mathcal{L} = p^*\dot{q} - Rq\dot{q}\ln\dot{q} = p^*e^{\left(\frac{p^*}{qR}-1\right)} - Rqe^{\left(\frac{p^*}{qR}-1\right)}\left(\frac{p^*}{qR}-1\right) \tag{5.50}$$

$$=\; Rqe^{\left(\frac{p^*}{qR}-1\right)}. \tag{5.51}$$

Die Richtigkeit der dissipativen kanonischen Gleichungen (5.28) und (5.29) kann nun überprüft werden. Dabei ist Gleichung (5.29) wieder identisch erfüllt, da sie sich allein aus der Legendreschen Transformation ergibt:

$$\frac{\partial \mathcal{H}}{\partial p^*} = \frac{Rq}{Rq}e^{\left(\frac{p^*}{qR}-1\right)} = \dot{q} \tag{5.52}$$

Gleichung (5.28) muß die Bewegungsgleichung des Systems ergeben. Es gilt

$$-\frac{\partial \mathcal{H}}{\partial q} = -\left(Re^{\left(\frac{p^*}{qR}-1\right)} - \frac{Rqp^*}{Rq^2}e^{\left(\frac{p^*}{qR}-1\right)}\right) = -Re^{\left(\frac{p^*}{qR}-1\right)} + \frac{p^*}{q}e^{\left(\frac{p^*}{qR}-1\right)}. \tag{5.53}$$

Diese Gleichung gehorcht der Legendreschen Transformation, was durch Rücksubstitution von $\dot{q}$ gezeigt werden kann:

$$-\frac{\partial \mathcal{H}}{\partial q} \;=\; -R\dot{q} + R\dot{q}(\ln\dot{q}+1) = R\dot{q}\ln\dot{q} \tag{5.54}$$

$$=\; \frac{\partial \mathcal{L}}{\partial q}. \tag{5.55}$$

Werden nun auf der rechten Seite dieser Gleichung die aus der erweiterten Euler-Lagrange-Gleichung gewonnenen Terme gemäß (5.28) eingesetzt, so entsteht die Bewegungsgleichung. Hierzu muß jedoch zuerst $\dot{p}^*$ gebildet werden.

$$\dot{p}^* = \frac{\partial p^*}{\partial q}\dot{q} + \frac{\partial p^*}{\partial \dot{q}}\ddot{q} = R\dot{q}(\ln\dot{q}+1) + \frac{Rq}{\dot{q}}\ddot{q} \tag{5.56}$$

Wird dieses Ergebnis in (5.28) eingesetzt, so erhält man die Bewegungsgleichung:

$$-\frac{\partial \mathcal{H}}{\partial q} = R\dot{q}\ln\dot{q} = \dot{p}^* - \frac{q}{\dot{q}}\frac{\partial^2 D}{\partial \dot{q}^2}\ddot{q} = R\dot{q}(\ln\dot{q}+1) + \frac{Rq}{\dot{q}}\ddot{q} - \frac{Rq}{\dot{q}}\ddot{q}, \tag{5.57}$$

also

$$R\dot{q} = 0. \tag{5.58}$$

Das ist die "Bewegungsgleichung" eines kurzgeschlossenen ohmschen Widerstandes, die in diesem Spezialfall aussagt, daß sich nichts "bewegt". Diese Behandlungsweise ist prinzipiell für alle resistiven Elemente möglich. Bei einer Reihe nichtlinearer Resistoren kann es jedoch vorkommen, daß (5.17) nicht invertierbar ist. In diesem Fall muß die Kennlinie des betreffenden Resistors mit solchen Funktionen approximiert werden, die eine algebraische Invertierung von (5.17) ermöglichen.

Kapitel 6

$\{L, D\}$-Modelle von Bauelementen

6.1 Grundlagen der Ähnlichkeitstheorie

Anliegen der Ähnlichkeitstheorie ist es, verschiedene physikalische oder technische Sachverhalte auf gemeinsame Eigenschaften hin zu untersuchen und so eine möglichst allgemeine und einheitliche mathematische Behandlung der verschiedensten Phänomene zu ermöglichen. Dies ist ein umfangreiches Gebiet, dessen ausführliche Behandlung den Rahmen dieses Buches sprengen würde. Deshalb soll an dieser Stelle nur ein kurzer Überblick über die grundlegenden Sachverhalte gegeben werden, der zum Verständnis der folgenden Darlegungen nötig ist.

Das Ziel in diesem Kapitel soll sein, die Anwendung des Prinzips der extremalen Wirkung auf elektrische und elektromechanische Systeme auszuweiten und so eine konsistente Behandlung elektrischer Schaltungen im Zusammenspiel mit mechanischen Komponenten zu erreichen.

Die Theorie der kanonischen Mechanik ist ausgereift und in der Praxis erprobt. Unsere Aufgabe besteht nun darin, mit Hilfe der Ähnlichkeitstheorie adäquate Algorithmen für die Elektrotechnik zu entwickeln. Zunächst sollen die in der Ähnlichkeitstheorie üblichen Bezeichnungsweisen anhand eines Beispiels eingeführt werden.

Es sollen zwei Differentialgleichungen auf Ähnlichkeit hin untersucht werden. Hierbei bezeichnet O stets das Original und M das Modell:

$$O: \quad \frac{dz_O}{dt_O} + a_O z_O = b_O \frac{dx_O}{dt_O} + c_O x_O \qquad (6.1)$$

$$M: \quad \frac{dz_M}{dt_M} + a_M z_M = b_M \frac{dx_M}{dt_M} + c_M x_M \qquad (6.2)$$

Im ersten Schritt werden diese beiden Gleichungen dimensionslos gemacht, indem sie durch $a_O z_O$ bzw. $a_M z_M$ dividiert werden. Somit entsteht

$$O: \qquad \frac{dz_O}{dt_O} \cdot \frac{1}{a_O z_O} + 1 \;=\; \frac{b_O}{a_O z_O}\frac{dx_O}{dt_O} + \frac{c_O}{a_O z_O}x_O \;, \tag{6.3}$$

$$M: \qquad \frac{dz_M}{dt_M}\frac{1}{a_M z_M} + 1 \;=\; \frac{b_M}{a_M z_M}\frac{dx_M}{dt_M} + \frac{c_M}{a_M z_M}x_M \;. \tag{6.4}$$

Nach Einführung von sogenannten Ähnlichkeitskonstanten C in der Form

$$\begin{aligned} C_z = \tfrac{z_O}{z_M} \quad C_t = \tfrac{t_O}{t_M} \quad C_x = \tfrac{x_O}{x_M} \\ C_a = \tfrac{a_O}{a_M} \quad C_b = \tfrac{b_O}{b_M} \quad C_c = \tfrac{c_O}{c_M} \end{aligned} \tag{6.5}$$

kann man nun die Modellvariablen durch die Originalvariablen substituieren, indem man $(*)_M = (*)_O / C_{(*)}$ setzt. Danach stellt sich die Modellgleichung als

$$\underbrace{\frac{C_t C_a C_z}{C_z}}_{\Lambda_1} \cdot \frac{dz_O}{dt_o} \cdot \frac{1}{a_O z_O} + 1 = \underbrace{\frac{C_t C_a C_z}{C_b C_x}}_{\Lambda_2} \cdot \frac{dx_O}{dt_O} \cdot \frac{b_O}{a_O z_O} + \underbrace{\frac{C_a C_z}{C_c C_x}}_{\Lambda_3} \cdot \frac{c_O x_O}{a_O z_O} \tag{6.6}$$

dar. Die Λ_n nennt man Ähnlichkeitsindikatoren. Um nun für das Modell die gleiche Gleichung wie für das Original zu erhalten, muß jetzt nur noch

$$\Lambda_n \overset{!}{=} 1 \; \forall n \tag{6.7}$$

gesetzt werden. Die dabei entstehenden Gleichungen Π_n, die die Größen des Originals und des Modells verknüpfen, werden Ähnlichkeitskriterien genannt. Im Falle von Λ_1 erhielte man also

$$\Lambda_1 \;:\; \qquad \frac{t_O a_O}{t_M a_M} = 1 \;, \tag{6.8}$$

$$\Pi_1 \;:\; \qquad a_O t_O = a_M t_M \;. \tag{6.9}$$

Man schreibt auch

$$\Pi_1 = at = \text{idem} \;. \tag{6.10}$$

Analog müssen natürlich auch die anderen Ähnlichkeitskriterien erfüllt sein.

Mit Hilfe dieser Methode ist es also möglich, Modelle von einem technischen oder physikalischen Sachverhalt aufzustellen, die in praxi eine vollkommen andere Struktur haben können. Mit Hilfe der Ähnlichkeitskriterien kann man nun das Modell eindeutig auf das Original abbilden. Zum Beispiel kann man zu jedem elektrischen Netzwerk auf diese Weise ein duales Netzwerk bilden, in dem die Maschen im Originalnetzwerk Knoten im Modellnetzwerk entsprechen. Dabei werden dann auch Spulen zu Kondensatoren und umgekehrt. Wir wollen diese Methode jedoch dazu benutzen, um die aus der Mechanik bekannten Begriffe der kinetischen und potentiellen Energie auf die Elektrotechnik zu übertragen.

6.2 Ladungs- und Flußformulierung

Die Lagrange-Funktion eines beweglichen Massepunktes haben wir bereits im Abschnitt 1.2.3 in Band 1 kennengelernt. Analog zur potentiellen und kinetischen Energie eines Teilchens bzw. einer Punktmasse kann man diese Energiearten auch für diskrete elektrische Bauelemente definieren.

Dabei spielt es zunächst keine Rolle, ob diese Energie etwas mit einer Geschwindigkeit oder mit einem Kräftepotential zu tun hat. Entscheidend ist vielmehr die konsequente Anwendung der eben beschriebenen Ähnlichkeitstheorie auf den entsprechenden Sachverhalt. So kann man ohne weiteres die elektrische Spannung als verallgemeinerte Geschwindigkeit einführen, wodurch aufgrund der Ähnlichkeitstheorie der Fluß ([Vs]) zum verallgemeinerten Ort wird:

$$W_{\text{kin}} \;=\; \frac{m}{2} v^2 \tag{6.11}$$

$$W_{\text{C}} \;=\; \frac{C}{2} u^2 \tag{6.12}$$

$$x \;=\; \int v \, dt \tag{6.13}$$

$$\Psi \;=\; \int u \, dt \tag{6.14}$$

Die Energie eines Kondensators, die ja bekanntlich von der Spannung abhängt, wäre in diesem Falle eine kinetische Energie. Weil der Fluß Ψ in diesem Falle dem Ort in der Mechanik entspricht und somit zum verallgemeinerten Ort wird, nennt man die Anwendung dieser Gleichungen Flußformulierung. Für Induktivitäten erhält man anlog

$$W_{\text{pot}} \;=\; \frac{k}{2} x^2 \tag{6.15}$$

$$W_{\text{L}} \;=\; \frac{1}{2L} \Psi^2 \tag{6.16}$$

für die potentielle Energie. Aufgrund der Definition der Induktivität entspricht sie hier allerdings dem Kehrwert der Federkonstante k. Man erkennt, daß gemäß

$$F \;=\; \frac{dW_{\text{pot}}}{dx} \tag{6.17}$$

$$i \;=\; \frac{dW_{\text{L}}}{d\Psi} = \frac{\Psi}{L} \tag{6.18}$$

der Strom der verallgemeinerten Kraft entspricht. Für dissipative Elemente erkennt man mit

$$F_D \;=\; Dv \tag{6.19}$$

$$i \;=\; \frac{u}{R} \;, \tag{6.20}$$

daß der Widerstand dem Kehrwert der Dämpfungskonstante entspricht.

Beispiel:

In Band 1, Abschnitt 1.2.3 wurde der harmonische mechanische Oszillator untersucht. Er hatte die Lagrange-Funktion

$$L_O = T_O - V_O = \frac{1}{2} m \dot{x}^2 - \frac{k}{2} x^2 \quad . \tag{6.21}$$

Wir wollen diesen schwingenden Massepunkt nun durch einen Schwingkreis in Flußformulierung modellieren. Seine Lagrange-Funktion lautet

$$L_M = T_M - U_M = \frac{C^*}{2} \dot{\Psi}^2 - \frac{1}{2L^*} \Psi^2 \quad . \tag{6.22}$$

Jetzt können die Ähnlichkeitskonstanten aufgestellt werden:

$$C_m = m/C^* \qquad C_k = kL^* \qquad C_L = L_O/L_M$$
$$C_x = x/\Psi \qquad C_t = t_{\text{mech}}/t_{\text{el}}. \tag{6.23}$$

Wenn man nun beide Lagrange-Funktionen dimensionslos gestaltet, so folgt

$$\frac{2L_O}{kx^2} = \frac{m\dot{x}^2}{kx^2} - 1 \quad , \tag{6.24}$$

$$\frac{2L_M L^*}{\Psi^2} = \frac{C^* L^* \dot{\Psi}^2}{\Psi^2} - 1 \quad . \tag{6.25}$$

Mit Hilfe der Ähnlichkeitskonstanten kann nun Gleichung (6.24) durch Gleichung (6.25) dargestellt werden. Es ergibt sich

$$\underbrace{\frac{C_k C_x^2}{C_L}}_{\Lambda_1} \frac{2L_O}{kx^2} = \underbrace{\frac{C_k C_t^2}{C_m}}_{\Lambda_2} \frac{m\dot{x}^2}{kx^2} - 1 \quad . \tag{6.26}$$

Somit erhält man für die Ähnlichkeitsindikatoren

$$\Lambda_1 \quad : \qquad \frac{kL^* x^2 L_M}{\Psi^2 L_O} \overset{!}{=} 1 \tag{6.27}$$

$$\Lambda_2 \quad : \qquad \frac{kL^* t_{\text{mech}}^2 C^*}{t_{\text{el}}^2 m} \overset{!}{=} 1. \tag{6.28}$$

Durch diese Vorgehensweise haben wir das Zeitverhalten *und* den energetischen Zustand des harmonischen Oszillators mit Hilfe des Schwingkreises modelliert. Nach Aufstellung der Euler-Lagrange-Gleichung für beide Systeme kann man das Modell nun eindeutig auf das Original abbilden, indem man die ähnlichkeitskriterien nach den gewünschten Variablen auflöst.

Wenn man nur die zeitliche Bewegung modellieren will, so kann man als Grundlage die Bewegungsgleichung des harmonischen mechanischen Oszillators

$$m\ddot{x} + kx = 0 \tag{6.29}$$

modellieren. In diesem Falle erhält man nur einen Ähnlichkeitsindikator, der mit Λ_2 identisch ist. Der Leser möge dies selbst überprüfen.

Ähnlich verhält es sich bei der Betrachtung der Ladung als verallgemeinerte Koordinate
. Hier sind kinetische und potentielle Energie gerade umgekehrt Spule (Induktivität) und

Kondensator (Kapazität) zugeordnet. Man kann

$$W_{\text{kin}} = \frac{m}{2}v^2 \tag{6.30}$$

$$W_{\text{L}} = \frac{L}{2}\dot{q}^2 \tag{6.31}$$

$$x = \int v\,dt \tag{6.32}$$

$$q = \int \dot{q}\,dt \tag{6.33}$$

schreiben und für die potentielle Energie die Ausdrücke

$$W_{\text{pot}} = \frac{k}{2}x^2 \tag{6.34}$$

$$W_{\text{L}} = \frac{1}{2C}q^2 \tag{6.35}$$

aufstellen. Für die Kraft bzw. die verallgemeinerte Kraft u ergeben sich

$$F = \frac{dW_{\text{pot}}}{dx} \tag{6.36}$$

$$u = \frac{dW_{\text{C}}}{dq} = \frac{q}{C}. \tag{6.37}$$

Im Vergleich zur Flußformulierung entspricht hier der Widerstand der Dämpfungskonstante gemäß

$$F_D = Dv \tag{6.38}$$

$$u = Ri \quad . \tag{6.39}$$

Wenn im folgenden die Begriffe „kinetisch" und „potentiell" verwendet werden, so beziehen sie sich auf diese Ähnlichkeit. Es werden allgemeine Variablen verwendet: F für die verallgemeinerte Kraft und q für den verallgemeinerten Ort[1]. Aufgrund der Ähnlichkeit der Gleichungen bei der Aufstellung der Energie und der Kräfte kann man das Hamiltonsche Prinzip analog auf elektrische Systeme anwenden.

6.3 Zweipole

Da wir die zu betrachtenden Systeme mit Hilfe der Energiebeziehungen untersuchen wollen, scheint es zunächst zweckmäßig, die einzelnen Bauelemente nach ihren energiespeichernden Eigenschaften einzuteilen. Demzufolge unterscheiden wir zwischen energieverbrauchenden und energiespeichernden Elementen. Mischformen kann man sich als Reihen- bzw. Parallelschaltungen dieser beiden Bauelementetypen vorstellen.

---

[1]Die Variable q steht also nur im speziellen in der Ladungsformulierung für die Ladung.

6.3.1   Energieverbrauchende Elemente

Energieverbrauchende Elemente bezeichnen wir auch als dissipative Elemente und zwar
deshalb, weil sie nur zur D-Funktion des Systems beitragen. Mit anderen Worten, sie geben die ihnen zugeführte Energie sofort über die Systemgrenzen hinaus ab und speichern
sie nicht. Dazu gehören in der Elektrotechnik alle resistiven Elemente wie Widerstände,
Varistoren, Dioden, Heißleiter, Kaltleiter usw. Die Tabelle 6.1 zeigt jene Terme, die solche
Elemente zur D-Funktion des Systems in allgemeiner bzw. in linearer Form (s. Tabelle
6.1 beisteuern.

Elementebeziehung	D-Term
$Q_i = f(\dot{q}_i)$	$\int_0^{\dot{q}_i} f(\dot{\tilde{q}}_i)\, d\dot{\tilde{q}}_i$
$Q_i = k\dot{q}_i$	$\dfrac{k}{2}\dot{q}_i^2$

Tabelle 6.1: D-Terme resistiver Elemente

Der zweite Term ist nur eine Konkretisierung des ersten für lineare Widerstände. Allgemein kann die Funktion f für träge Elemente, wie z.B. Varistoren im oberen Freqenzbe-
reich, auch von der Zeit t abhängen.

Beispiel:

Die Strom-Spannungs-Kennlinie einer Diode wird allgemein durch

$$I = I_s \left(e^{\frac{U}{U_T}} - 1 \right) \tag{6.40}$$

dargestellt. Wurde nun zur Analyse des Netzwerkes, das die Diode enthält, die Ladungsformulierung
gewählt, so entspricht die Spannung der verallgemeinerten Kraft und der Strom der verallgemeinerten
Geschwindigkeit. Somit erhalten wir durch Umstellen von (6.40) nach U die Kraft-Geschwindigkeits-
Kennline, die wir zur Berechnung des $\mathcal{D}$-Terms brauchen:

$$U = f(I) = Q = f(\dot{q}) = U_T \ln \left(\frac{\dot{q}}{I_s} + 1 \right). \tag{6.41}$$

Die Integration von (6.41) führt auf den D-Term

$$D = \int_0^{\dot{q}_i} f(\dot{\tilde{q}}_i)\, d\dot{\tilde{q}}_i = U_T \left\{ (\dot{q} + I_s) \ln \left(\frac{\dot{q}}{I_s} + 1 \right) - \dot{q} \right\}. \tag{6.42}$$

Bei Verwendung der Flußformulierung hätte die Spannung der verallgemeinerten Geschwindigkeit und
der Strom der verallgemeinerten Kraft entsprochen, so daß man in diesem Falle sofort (6.40) integrieren
könnte.

6.3.2 Energiespeichernde Elemente

Zu dieser Gruppe zählen wir Bauelemente, die in der Lage sind, elektrische (magnetische) Energie durch den Aufbau elektrischer (magnetischer) Felder zu speichern und zu
einem späteren Zeitpunkt wieder an das System abzugeben. Sie heißen deshalb auch
reaktive (rückwirkende) Elemente. Es sind also Bauelemente, deren Energiezustand vom
verallgemeinerten Ort oder der verallgemeinerten Geschwindigkeit abhängt und deren
gespeicherte Energie mit einer *Änderung* dieser Größen einhergeht. Die einfachsten Elemente dieser Art sind lineare Spulen und Kondensatoren, die als Sonderfall in Tabelle
6.2 angeführt sind.

Elementebeziehung	L-Term
$Q_i = f(q_i)$	$-\int_0^{q_i} f(\tilde{q}_i)\, d\tilde{q}_i$
$Q_i = kq_i$	$-\dfrac{k}{2} q_i^2$
$Q_i = \dot{f}(\dot{q}_i)$	$\int_0^{\dot{q}_i} f(\dot{\tilde{q}}_i)\, d\dot{\tilde{q}}_i$
$Q_i = k\ddot{q}_i$	$\dfrac{k}{2} \dot{q}_i^{\,2}$

Tabelle 6.2: L-Terme reaktiver Elemente

Dabei erkennt man leicht, daß es sich gemäß (3.11) und

$$U = \int Q\, dq \qquad (6.43)$$

sowie

$$T = \int p\, d\dot{q} \qquad (6.44)$$

im ersten Fall um potentielle und im zweiten Fall um kinetische Energie handelt. Also
stellt f im Falle der kinetischen Energie keine Kraft, sondern den verallgemeinerten
Impuls dar.

Beispiel:

Eine Spule mit Eisenkern hat auf Grund der Magnetisierungseigenschaften des Eisens eine nichtlineare
ψ-i-Kennlinie. Diese kann in guter Näherung durch ein Polynom

$$i = a\psi + b\psi^9 \qquad (6.45)$$

dargestellt werden. Bei dieser Form der Kennlinienapproximation muß die Wahl auf die Flußformulierung fallen, da hier der Strom die verallgemeinerte Kraft darstellt und somit bei Integration von (6.45) zu

$$L = -\int_0^\psi i(\tilde{\psi})\, d\tilde{\psi} = -\frac{a}{2}\psi^2 - \frac{b}{10}\psi^{10} \qquad (6.46)$$

die magnetisch gespeicherte Energie als potentiell angesehen werden kann. Bei der Ladungsformulierung entspricht der Strom der verallgemeinerten Geschwindigkeit und die magnetische Feldenergie ist somit kinetisch. Um die verallgemeinerte Kraft $\dot{\psi}(i)$ analytisch darstellen zu können, müßte man (6.45) nach ψ umstellen, dies ist jedoch nicht möglich.

6.3.3 Quellen

Unter Quellen verstehen wir Kraftquellen im allgemeinen Sinne, d.h. Elemente, an denen – abhängig von der Zeit oder *anderen* Koordinaten – eine Kraft wirkt. Bei Elementen, deren Kraftkomponente von der Ortskoordinate bzw. Geschwindigkeit mit dem gleichen Index abhängt, spricht man gemäß Abschnitt 6.3.2 von potentieller bzw. kinetischer Energie. Es entsteht also die folgende Einteilung.

6.3.3.1 Freie Quellen

Freie Quellen sind „Kraftgeber", die nur von der Zeit abhängen. Man könnte nun einen speziellen L-Term bilden, der bei Einsetzen in die Euler-Lagrange-Gleichung die eingeprägte Kraft ergibt.

Gemäß Abschnitt 3.4 wollen wir eingeprägte Kräfte jedoch als negative Verluste betrachten. Deshalb werden sie über die Bildung eines D-Terms erfaßt, der bei Ableitung nach der entsprechenden verallgemeinerten Geschwindigkeit die eingeprägte Kraft ergibt. Tabelle 6.3 gibt diesen Sachverhalt wieder.

Elementebeziehung	D-Term
$Q_i = f(t)$	$\dot{q}_i f(t)$

Tabelle 6.3: Darstellung freier Quellen

6.3.3.2 Gesteuerte Quellen

Bei dieser Art der Kraftquellen hängt die auftretende Kraft vom Ort oder der Geschwindigkeit einer anderen Koordinate ab. In einem elektrischen Netzwerk stellen sie z.B. ge-

steuerte Strom- und Spannungsquellen dar, die für Ersatzschaltbilder aktiver Elemente
wie Transistoren und OPV unentbehrlich sind.

Bei der Aufstellung der L- und D-Terme besteht hier das Problem, daß die in die L-
bzw. D-Funktion einfließenden Terme im gesteuerten Zweig (der gesteuerten Koordinate) die geforderte Kraft einbringen müssen, jedoch den steuernden Zweig nicht beeinflussen dürfen. Wenn die Steuerfunktion f zweimal stetig differenzierbar ist, ist dies ohne
weiteres möglich, wie das Einsetzen der Terme aus Tabelle 6.4 in die erweiterte Euler-
Lagrange-Gleichung zeigt. Hierbei sind linear gesteuerte Quellen wieder als Sonderfall
angeführt. Hierbei ist zu beachten, daß bei der Darstellung der linear geschwindigkeits-

Elementebeziehung	L-Term	D-Term
$Q_i = f(q_j)$		$\dot{q}_i f(q_j)$
$Q_i = kq_j$		$k\dot{q}_i q_j$
$Q_i = f(\dot{q}_j)$	$\dfrac{-q_i}{2}f(\dot{q}_j)$	$\dfrac{\dot{q}_i}{2}f(\dot{q}_j) + \dfrac{q_i}{2}\ddot{q}_j f'(\dot{q}_j)$
$Q_i = k\dot{q}_j$	$\dfrac{-kq_i\dot{q}_j}{2}$	$\dfrac{k\dot{q}_i\dot{q}_j}{2}$

Tabelle 6.4: L- und D-Terme gesteuerter Quellen

gesteuerten Quelle der D-Term, der nur von q_i und $\ddot{q}_j$ abhängt, weggelassen wurde, da er
ohnehin keinen Beitrag zur Euler-Lagrange-Gleichung leistet. Diese Quellenart ist auch
die in Ersatzschaltbildern meistverwendete, da Strom und Spannung jeweils verallgemeinerte Geschwindigkeiten darstellen.

Beispiel:

Ein idealer Operationsverstärker kann sehr einfach unter Zuhilfenahme einer spannungsgesteuerten
Spannungsquelle dargestellt werden. Tabelle 6.4 führt jedoch einen solchen Fall, wo die verallgemeinerte Kraft durch eine andere Kraft gesteuert wird, nicht an. Es bleibt also der Ausweg, die steuernde
Kraft (Spannung) durch die ihr eindeutig zugeordnete Geschwindigkeit (Strom) zu ersetzen und erst
dann nach Tabelle 6.4 zu verfahren.

Nun soll gezeigt werden, wie durch Zusammenfassung kleinerer Schaltungsteile eine starke Vereinfachung erzielt werden kann. Bild 6.1 zeigt die Schaltung eines OPV, dessen Verstärkung durch den
Rückkopplungszweig eingestellt wird.

Die OPV-Schaltung soll zunächst näher untersucht werden. Dazu wird der OPV als ideal angesehen, d.h.
er stellt eine spannungsgesteuerte Spannungsquelle mit unendlicher Verstärkung dar. Dies ist zumindest
im Bereich unterhalb der Betriebsspannung in guter Näherung erfüllt.

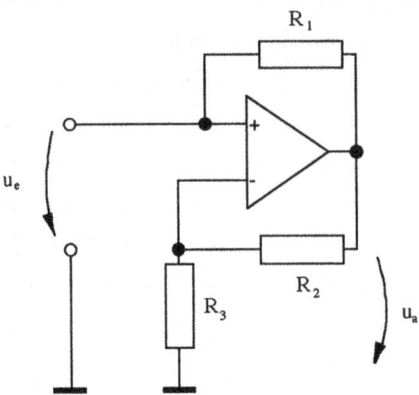

Abbildung 6.1: OPV-Schaltung mit definierter Verstärkung

Nach Bild 6.1 ist also

$$u_a = v u_e - v u_a \frac{R_3}{R_3 + R_2} \tag{6.47}$$

oder anders geschrieben

$$u_a \left(1 + v \frac{R_3}{R_3 + R_2}\right) = v u_e. \tag{6.48}$$

Für den idealen OPV erhält man

$$\lim_{v \to \infty} u_a \left(1 + v \frac{R_3}{R_3 + R_2}\right) = v u_a \frac{R_3}{R_3 + R_2}. \tag{6.49}$$

Es kürzt sich v aus (6.48) heraus und man erhält

$$u_a = \frac{R_3 + R_2}{R_3} u_e = k u_e. \tag{6.50}$$

Somit haben sich schon zwei Widerstände und ein Operationsverstärker (OPV) in eine spannungsgesteuerte Spannungsquelle überführt. Das vereinfachte Schaltbild hierzu ist in Bild 6.2 zu sehen.

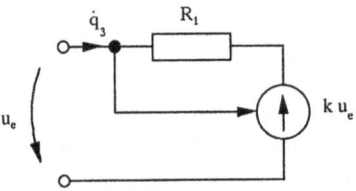

Abbildung 6.2: Vereinfachte OPV-Schaltung

Nun muß jedoch die steuernde Spannung (Kraft) noch durch den Strom im betrachteten Zweig dargestellt werden. In unserem Falle sind aber steuernder und gesteuerter Zweig identisch, so daß eine

„selbstgesteuerte" Quelle entsteht. Eine selbstgesteuerte Quelle ist jedoch nichts anderes als ein resistives Element.

Hierzu muß der Zusammenhang zwischen Kraft (Spannung) und Geschwindigkeitsänderung gesucht werden, um mit Hilfe von Tabelle 6.1 den D-Term aufstellen zu können. Für diesen Zweipol gilt

$$u_e = iR_1 + ku_e, \tag{6.51}$$

also

$$u_e = \frac{\dot{q}_3 R_1}{1-k}. \tag{6.52}$$

Es ergibt sich unter Verwendung von Tabelle 6.1 der D-Term zu

$$D_{\text{OPV}} = \frac{\dot{q}_3^2 R_1}{2(1-k)}. \tag{6.53}$$

Somit stellt die gesamte Schaltung nichts anderes als einen negativen Widerstand dar, der zum Beispiel zur Entdämpfung eines Schwingkreises benutzt werden könnte.

6.4 Wandler

Eine besondere Rolle bei der Modellierung elektromechanischer Systeme nehmen Wandler ein, die elektrische und mechanische Größen miteinander verkoppeln. Bei der Aufstellung von {L,D}-Modellen für Wandler ist es wichtig, als Beschreibungsform eine möglichst allgemeine Darstellungsweise zu wählen.

Unter Wandlern sind also Bauelemente zu verstehen, die als Black Box betrachtet verallgemeinerte Kräfte als Ausgangsgrößen in Abhängigkeit von den verallgemeinerten Lagekoordinaten und Geschwindigkeiten an den Eingängen haben. Hier sollen nur Zweitore betrachtet werden, denn sie sind für die Synthese am interessantesten. Sie besitzen genau einen Ein- und einen Ausgang und sind im allgemeinen Fall nicht rückwirkungsfrei. Rückwirkungsfreie Wandler sind z.B. gesteuerten Quellen für die bereits {L,D}-Modelle existieren (Abschnitt 6.3.3.2).

Der bekannteste Wandler in der Elektrotechnik ist der Transformator. Da hier aber verallgemeinerte Koordinaten Verwendung finden, kommen als Wandler ebensogut Elektromagnete, Piezoschwinger oder Optokoppler in Betracht. Weil ein Wandler prinzipiell ein Subsystem mit eigenen Zwangsbedingungen (Verknüpfungen zwischen den Koordinaten) darstellt, ist seine Beschreibung auch sehr allgemein. Sie wird nur dadurch vereinfacht, daß wir explizit Zweitore als Wandler bezeichnen. Tabelle 6.5 zeigt nun zunächst die Beziehungen für Wandler in allgemeiner Form.

In Tabelle 6.5 wird die vektorielle Schreibweise verwendet, weil die Energie im Idealfall ein Potentialfeld im Raum der verallgemeinerten Orts- und Geschwindigkeitskoordinaten

Nr.	Elementebeziehung	L-Term	D-Term	Bedingung
1	$Q_i = \dfrac{d}{dt} f_i(\dot{q}_i, \dot{q}_j)$ $Q_j = \dfrac{d}{dt} f_j(\dot{q}_i, \dot{q}_j)$	$\displaystyle\int_{0,0}^{\dot{q}_i,\dot{q}_j} \vec{f}\, d\dot{\vec{q}}$		$\dfrac{\partial f_i}{\partial \dot{q}_j} - \dfrac{\partial f_j}{\partial \dot{q}_i} = 0$
2	$Q_i = \dfrac{d}{dt}(k\dot{q}_j)$ $Q_j = \dfrac{d}{dt}(k\dot{q}_j)$		$k\dot{q}_i\dot{q}_j$	
3	$Q_i = f_i(\dot{q}_i, \dot{q}_j)$ $Q_j = f_j(\dot{q}_i, \dot{q}_j)$		$\displaystyle\int_{0,0}^{\dot{q}_i,\dot{q}_j} \vec{f}\, d\dot{\vec{q}}$	$\dfrac{\partial f_i}{\partial \dot{q}_j} - \dfrac{\partial f_j}{\partial \dot{q}_i} = 0$
4	$Q_i = k\dot{q}_j$ $Q_j = k\dot{q}_j$		$k\dot{q}_i\dot{q}_j$	
5	$Q_i = f_i(q_i, q_j)$ $Q_j = f_j(q_i, q_j)$	$-\displaystyle\int_{0,0}^{q_i,q_j} \vec{f}\, d\vec{q}$		$\dfrac{\partial f_i}{\partial q_j} - \dfrac{\partial f_j}{\partial q_i} = 0$
6	$Q_i = kq_j$ $Q_j = kq_j$	$-kq_iq_j$		
7	$Q_i = \dfrac{d}{dt} f_i(\dot{q}_i, q_j)$ $Q_j = -f_j(\dot{q}_i, q_j)$	$\displaystyle\int_{0,0}^{\dot{q}_i,q_j} \vec{f}\, d(\tilde{\dot{q}}_i, \tilde{q}_j)^T$		$\dfrac{\partial f_i}{\partial q_j} - \dfrac{\partial f_j}{\partial \dot{q}_i} = 0$
8	$Q_i = \dfrac{d}{dt}(kq_j)$ $Q_j = -k\dot{q}_j$	$k\dot{q}_iq_j$		

Tabelle 6.5: L- und D-Terme für Wandler in allgemeiner Form

darstellt[2]. In diesem Idealfall spricht man von einem holonomen Wandler. Die meisten

---

[2]siehe Seite 61

Wandler in der Praxis sind holonom.

Der Ausdruck $\vec{f} = (f_i, f_j)^T$ bezeichnet ein Vektorfeld, aus dem die L- und D-Terme des Wandlers über ein Kurvenintegral gewonnen werden. So gesehen sind die Bedingungen, die für die Realisierbarkeit des $\{L, D\}$-Modells angegeben sind, Integrabilitätsbedingungen, die ein Gradientenfeld sicherstellen.

Wenn nun aber $\vec{f}$ ein Gradientenfeld (Potentialfeld) ist, so ist das Kurvenintegral wegunabhängig und man kann zur Integration den Weg der einfachsten Lösung entlang der Koordinatenachsen wählen, weil man so die Einführung eines Kurvenparameters vermeidet. Es ergibt sich demnach

$$\int_{0,0}^{q_i,q_j} \vec{f}\, d\vec{\tilde{q}} = \int_0^{q_i} f_i\Big|_{\tilde{q}_j=0} d\tilde{q}_i + \int_0^{q_j} f_j\Big|_{\tilde{q}_i=q_i} d\tilde{q}_j. \tag{6.54}$$

Dies gilt analog für alle Kurvenintegrale in Tabelle 6.5. Diese Darstellungsweise führt jedoch zu Bewegungsgleichungen, in denen nicht mehr erkennbar ist, welche Größen mechanischer und welche elektrischer Natur sind.

Für reziproke Wandler ist die Integrabilitätsbedingung stets erfüllt. Im folgenden Abschnitt wird gezeigt, daß die Reziprozität eines Wandlers (im allgemeinen eines n-Tores) die Erfüllung der Integrabilitätsbedingungen impliziert.

6.4.1 Reziprozität von Wandlern

Ein elektrisches Netzwerk kann reziprok oder nichtreziprok sein. Diesen Begriff wollen wir auf Wandler mit verallgemeinerten Koordinaten erweitern. Was bedeutet nun Reziprozität?

Wenn bei einem n-Tor zwei beliebige Tore T_1 und T_2 herausgegriffen werden und dabei an T_1 die Spannung u_1 anlegt wird , so mißt man bei kurzgeschlossenem Tor T_2 den Strom i_2 in T_2. Legt man nun die Sannung $u_2 = u_1$ an T_2 an, so mißt man bei kurzgeschlossenem T_1 den Strom i_1 in T_1. Ist das Netzwerk reziprok, so ist

$$i_1 = i_2. \tag{6.55}$$

Im Falle linearer Netzwerke sind Ströme und Spannungen zueinander proportional, man kann also schreiben

$$\frac{u_1}{i_2} = \frac{u_2}{i_1}. \tag{6.56}$$

Dies ist die Reziprozitätsbedingung. Man sieht sofort, daß (6.56)

$$\frac{\partial u_1}{\partial i_2} - \frac{\partial u_2}{\partial i_1} = 0 \tag{6.57}$$

nach sich zieht. Dabei ist nicht zufällig (6.57) gerade eine Integrabilitätsbedingung, die für alle möglichen Kombinationen der n Tore erfüllt sein muß. Bei Wandlern, die Zweitore darstellen, gibt es natürlich nur eine Kombination, die in Tabelle 6.5 als Integrabilitätsbedingung angegeben ist. Mit anderen Worten, reziproke Wandler bzw. Netzwerke sind stets integrabel.

Die Integrabilitätsbedigungen müssen erfüllt sein, weil bei der Herleitung des Hamiltonschen Prinzips ein Gradientenfeld (integrables Feld) für die Gewinnung der Kraft vorausgesetzt wurde (siehe Abschnitt 3.1). Die Beschleunigungskräfte und die kinetische Energie werden mit in Betracht gezogen.

Von reziproken Netzwerken kann man mit Sicherheit sagen, daß die Integrabilitätsbedingungen erfüllt sind, weil die Reziprozität die Integrabilität nach sich zieht. Lineare und nur aus Zweipolen bestehende Netzwerke sind stets reziprok, weil

a) alle verallgemeinerten Ortskoordinaten (Ladungen, Flüsse) durch die Kirchhoffschen Sätze *additiv* miteinander verknüpft sind und somit bei der Substitution von q_i durch q_j und Ableitung nach dem Substitut der gleiche Wert erhalten wird wie umgekehrt. (Integrabilitätsbedingung).

b) alle Teilnetzwerke eines linearen Netzwerkes bis "hinunter" zum Zweipol ebenfalls linear und somit integrabel sind (Linearität und Integrabilität der Elemente).

Netzwerke, die nur aus hysteresefreien Zweipolen (d.h. solchen mit eindeutiger Kennlinie) bestehen, sind stets integrabel, weil Bedingung a) nach wie vor erfüllt ist und die Nichtlinearität die Reziprozität nur in eine „differentielle Reziprozität" abschwächt, die aber nach wie vor die Integrabilitätsbedingungen erfüllt. Wenn das Netzwerk hystereseebehaftete Zweipole enthält, wäre die Forderung nach der Integrabilität aller Elemente verletzt.

Beispiel:

Bei einem Transformator (Typ 2 in Tabelle 6.5) können die Integrabilitätsbedingungen aufgrund der nichtlinearen Eigenschaften des Eisenkerns verletzt werden. Bei einem idealen Transformator gilt jedoch $M_{12} = M_{21} = M$. Er ist damit linear und wegen

$$\begin{pmatrix} u_1 \\ u_2 \end{pmatrix} = \begin{pmatrix} L_1 & M_{12} \\ M_{21} & L_2 \end{pmatrix} \cdot \begin{pmatrix} \ddot{q}_1 \\ \ddot{q}_2 \end{pmatrix} \tag{6.58}$$

reziprok sowie integrabel, da die Induktivitätsmatrix symmetrisch ist. Bei Verwendung eines Eisenkerns und Vernachlässigung der Hysterese ist $\mu = f(|\vec{B}|)$ und somit

$$M_{ij} = g_i(\Psi_j) = h_i(\dot{q}_j), \tag{6.59}$$

wegen $\Psi = \Psi(\dot{q})$.

Wenn der Transformator nun vollkommen symmetrisch (d.h. auch mit gleichen Windungszahlen) aufgebaut ist, so ist er immernoch integrabel, weil die Abbildungsvorschriften h_1 und h_2 identisch sind.
Bei Berücksichtigung der Hysterese oder verschiedener Windungszahlen (respektive verketteter Flüsse)
ginge die Integrabilität allerdings verloren. In der Praxis werden Übertrager durch Einfügung eines Luft-
spalts linearisiert, d.h. die Magnetisierung des Eisenkerns erfolgt nicht bis zur Sättigung, und es kann
die lineare Beziehung $\vec{B} = \mu \vec{H}$ verwendet werden.
Ein weiteres Beispiel für einen integrablen Wandler ist auch das im Abschnitt 13.3 be-
handelte Relais. Im folgenden Abschnitt wird gezeigt, wie durch Einführung einer neuen
Ortskoordinate die Integrabilität eines Wandlers erzwungen werden kann.

6.4.2 Nichtintegrable Wandler

Wenn die Integrabilitätsbedingungen erfüllt sind, spricht man in der Mechanik von einem
holonomen System. Dies läßt sich, da elektrische Netzwerke ebenfalls dem Hamiltonschen
Prinzip folgen, auf elektrische Netzwerke übertragen. Liegt also ein holonomes System
vor, so existiert für die verallgemeinerte Kraft ein eindeutiges Potentialfeld und die Bewegungsgleichungen können unmittelbar gewonnen werden.
Bei nichtholonomen Systemen (d.h. die Integrabilitätsbedingungen sind nicht erfüllt)
existieren zusätzliche Zwangsbedingungen für die $\dot{q}_k$ und die Integrabilitätsbedingungen
sind nicht erfüllt. In diesem Falle beschreitet man in der Mechanik den Weg, zusätzliche
Freiheitsgrade einzuführen, die dann die zusätzlichen Zwangsbedingungen erfüllen. Eine
solche Zwangsbedingung für die verallgemeinerten Geschwindigkeiten in der Elektrotechnik ergibt sich aus der Abhängigkeit der Gegeninduktivität vom verketteten Fluß infolge
der nichtlinearaen Magnetisierungskennlinie des Eisens im Beispiel des Transformators.
Hierbei läßt sich die Verkettung der $\ddot{q}_k$ nicht durch Integration auf eine Verkettung der q_k
zurückführen, wie es zum Beispiel bei den Knotengleichungen eines Netzwerks der Fall
wäre.
Welche Möglichkeiten gibt es aber nun, nichtintegrable Wandler in Form eines $\{L, D\}$-
Modells darzustellen? Eine Form nichtintegrabler Wandler haben wir bereits kennengelernt, es sind die gesteuerten Quellen. Hierbei wird die D-Funktion zu Hilfe genommen, die an der Variation der L-Funktion originär nicht beteiligt ist. Indem wir durch
Hinzufügen der Ableitung der D-Funktion zur Euler-Lagrange-Gleichung die Bedingungen des d'Alembertschen Prinzips (aus dem das Hamiltonsche Prinzip hervorgegangen
ist) erfüllen, erhalten wir die korrekten Bewegungsgleichungen. Im Falle der gesteuerten
Quellen ist dies durch geschickte Überlegung und Formelumstellung noch möglich (siehe
Tabelle 6.4).

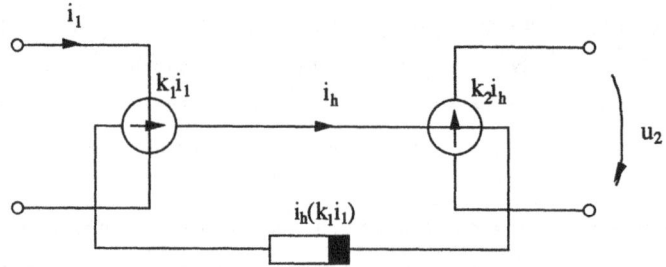

Abbildung 6.3: Gesteuerte Quelle mit Hilfsmasche

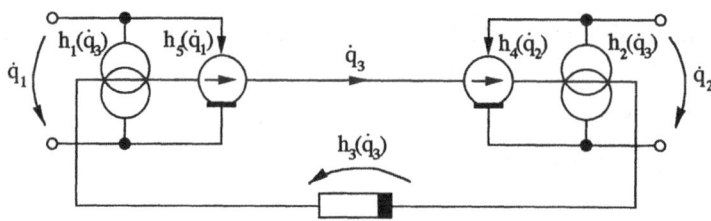

Abbildung 6.4: Rückwirkungsbehafteter Wandler mit Hilfsmasche

Wie verhält es sich aber nun bei realen Wandlern, die im Gegensatz zu gesteuerten
Quellen stets rückwirkungsbehaftet sind? Zuerst muß also herausgefunden werden, ob es
sich um einen reziproken, also integrablen Wandler handelt. Ist dies nicht der Fall, so kann
ein Weg beschritten werden, der von der Einführung eines zusätzlichen Freiheitsgrades
Gebrauch macht [3].

Eine nichtlineare gesteuerte Quelle kann z.B. durch zwei lineare gesteuerte Quellen und
einen „Hilfskreis" mit einem nichtlinearen Element (Bild 6.3) dargestellt werden. Der
nichtlineare Hilfszweipol bestimmt dabei die Kennlinie der gesteuerten Quelle $u_2(i_1) =
k_2 i_h(k_1 i_1)$. Dies ist jedoch einfacher durch das $\{L, D\}$-Modell aus Tabelle 6.4 darstellbar.
Da uns rückwirkungsbehaftete Wandler interessieren, soll diese Methode nun verallgemeinert werden. Hierzu werden sowohl dem Eingang als auch dem Ausgang je zwei gesteuerte
Quellen zugeordnet. Eine, die das jeweils andere Tor steuert und eine, die die Rückwirkung des anderen Tores einprägt. Das Ergebnis zeigt die Schaltung in Bild 6.4. Hierbei

---

[3]Rheinhardt, M.; Abel, Th.: Lagrange-Modelle für eine Klasse nichtlinearer Vierpole. Wissenschaftliche Zeitschrift der TH Ilmenau, 34(1988)3, S. 73-80.

fällt zunächst auf, daß sowohl stromgesteuerte Stromquellen als auch spannungsgesteuerte Spannungsquellen zum Einsatz kommen. Bei Verwendung der Fluß- oder Ladungsformulierung würden diese Bauelemente keine gesteuerten Quellen, sondern nichtreziproke (multiplikative) Verknüpfungen zwischen verallgemeinerten Geschwindigkeiten darstellen. Deshalb verwenden wir in diesem Beispiel die gemischte Formulierung, wobei die gesteuerte Größe jeweils im komplementären Teil des Gerüstes bzw. Co-Gerüstes mit der komplementären Formulierung liegt. Zum Verständnis an dieser Stelle ist zunächst jedoch nur wichtig, daß in der Hilfsmasche die Ladung den Ort (und somit die Spannung die Kraft) darstellt und an den Toren der Fluß den Ort (und somit der Strom die Kraft) darstellt. Also sind die Geschwindigkeiten $\dot{q}_1$ und $\dot{q}_2$ Spannungen und $\dot{q}_3$ ein Strom.

In diesem als Subsystem zu betrachtenden Wandler wirkt nun eine Zwangsbedingung[4] der Art

$$h_3(\dot{q}_3) + h_4(\dot{q}_2) + h_5(\dot{q}_1) = 0 \quad . \tag{6.60}$$

Es ist eine Maschengleichung, die durch die Topologie des Netzwerkes gegeben ist. Diese Zwangsbedingung muß zu jedem Zeitpunkt erfüllt sein und sie vermindert die Anzahl der Freiheitsgrade (3 : q_1, q_2, q_3) um Eins, da beim Aufstellen der Bewegungsgleichungen

$$\dot{q}_3 = h_3^{-1}(-h_4(\dot{q}_2) - h_5(\dot{q}_1)) \tag{6.61}$$

gilt. Zunächst wollen wir jedoch die Kräfteverhältnisse am Wandler, die sich aus dem d'Alembertschen Prinzip ergeben, aufstellen. Hierbei und auch im folgenden gilt die Summationskonvention, die festlegt, daß über Indizes, die doppelt auftreten, summiert wird,

$$x_\nu y_\nu = \sum_{i=1}^{f} x_i y_i, \tag{6.62}$$

wobei f die Anzahl der Freiheitsgrade ist. Mit dieser Vereinbarung können nun die Kräfte Q_1 und Q_2 am Wandler und die Kraft Q_3 im Wandler wie folgt dargestellt werden:

$$\vec{Q} = \begin{pmatrix} Q_1 \\ Q_2 \\ Q_3 \end{pmatrix} = \begin{pmatrix} \dfrac{d}{dt}\dfrac{\partial L}{\partial \dot{q}_1} - \dfrac{\partial L}{\partial q_1} + \dfrac{\partial D}{\partial \dot{q}_1} \\[2ex] \dfrac{d}{dt}\dfrac{\partial L}{\partial \dot{q}_2} - \dfrac{\partial L}{\partial q_2} + \dfrac{\partial D}{\partial \dot{q}_2} \\[2ex] \dfrac{d}{dt}\dfrac{\partial L}{\partial \dot{q}_3} - \dfrac{\partial L}{\partial q_3} + \dfrac{\partial D}{\partial \dot{q}_3} \end{pmatrix}$$

---

[4]Zum Begriff der Zwangsbedingungen siehe Abschnitt 7.5

$$
= \begin{pmatrix} \dfrac{\partial D}{\partial \dot{q}_1} + \ddot{q}_\nu \dfrac{\partial \frac{\partial L}{\partial \dot{q}_1}}{\partial \dot{q}_\nu} + \dot{q}_\nu \dfrac{\partial \frac{\partial L}{\partial \dot{q}_1}}{\partial q_\nu} - \dfrac{\partial L}{\partial q_1} \\[2ex] \dfrac{\partial D}{\partial \dot{q}_2} + \ddot{q}_\nu \dfrac{\partial \frac{\partial L}{\partial \dot{q}_2}}{\partial \dot{q}_\nu} + \dot{q}_\nu \dfrac{\partial \frac{\partial L}{\partial \dot{q}_2}}{\partial q_\nu} - \dfrac{\partial L}{\partial q_2} \\[2ex] \dfrac{\partial D}{\partial \dot{q}_3} + \ddot{q}_\nu \dfrac{\partial \frac{\partial L}{\partial \dot{q}_3}}{\partial \dot{q}_\nu} + \dot{q}_\nu \dfrac{\partial \frac{\partial L}{\partial \dot{q}_3}}{\partial q_\nu} - \dfrac{\partial L}{\partial q_3} \end{pmatrix} \overset{!}{=} \begin{pmatrix} h_1(\dot{q}_3) \\[2ex] h_2(\dot{q}_3) \\[2ex] h_3(\dot{q}_3) + h_4(\dot{q}_2) + h_5(\dot{q}_1) \end{pmatrix} \quad (6.63)
$$

Hierbei muß die dritte Koordinate des Kraftvektors gemäß der Maschengleichung (6.60) verschwinden. Wir führen nun einen Ansatz für die L-Funktion ein, der alle Koeffizienten von $\ddot{q}$ zu Null werden läßt

$$
L = \dot{q}_\nu g_\nu(\vec{q}) + g_0(\vec{q}) \quad . \qquad (6.64)
$$

Auf diese Weise haben wir keine kinetische Energie im Wandler (z.B. in Ladungsformulierung keine Induktivitäten) und es kann keine Resonanz in Wechselwirkung mit der potentiellen Energie (Kapazitäten) auftreten. Nun ist also

$$
\frac{\partial \frac{\partial L}{\partial \dot{q}_\mu}}{\partial q_\nu} = \frac{\partial g_\mu(\vec{q})}{\partial q_\nu} \quad . \qquad (6.65)
$$

Um im folgenden die Schreibweise zu vereinfachen, wird an dieser Stelle der Begriff des Kommutators eingeführt. Er findet hauptsächlich in der Quantenmechanik Verwendung[5] und verknüpft zwei im Regelfall nicht kommutative Operatoren U und V durch

$$
< U, V >= UV - VU \quad . \qquad (6.66)
$$

Für diese Kommutatoren gelten bestimmte Rechenregeln, die aber an dieser Stelle nicht angegeben werden, da sie für die weiteren Ausführungen keine Bedeutung haben. Es gibt auch eine Formulierung der Hamiltonschen Theorie, die von sog. Poissonklammern Gebrauch macht, für die die gleichen Rechenregeln gelten wie für Kommutatoren. Da sie aber nur eine andere Formulierung der Hamiltonschen Theorie ist, wird sie im weiteren nicht behandelt. Wir verwenden im folgenden den Kommutator, der den Operator „wähle den Index μ aus" $W(\mu)$ verknüpft:

$$
< W(\mu), W(\nu) > \frac{\partial}{\partial q} g = \frac{\partial}{\partial q_\mu} g_\nu - \frac{\partial}{\partial q_\nu} g_\mu = d_{\mu\nu} \qquad (6.67)
$$

Es ist also

$$
d_{12} \;=\; \frac{\partial g_2}{\partial q_1} - \frac{\partial g_1}{\partial q_2}
$$

---

[5]Schmutzer, E.: Grundlagen der Theoretischen Physik, Teil II. VEB Deutscher Verlag der Wissenschaften, Berlin, 1989, S. 1147 (Kommutatoren und ihre Rechenregeln).

$$d_{23} = \frac{\partial g_3}{\partial q_2} - \frac{\partial g_2}{\partial q_3} \tag{6.68}$$

$$d_{31} = \frac{\partial g_1}{\partial q_3} - \frac{\partial g_3}{\partial q_1} \quad .$$

Mit diesen Abkürzungen wird (6.63) zu

$$\frac{\partial D}{\partial \dot{q}_1} - \dot{q}_2 d_{12} + \dot{q}_3 d_{31} - \frac{\partial g_0}{\partial q_1} = h_1(\dot{q}_3) \quad , \tag{6.69}$$

$$\frac{\partial D}{\partial \dot{q}_2} + \dot{q}_1 d_{12} - \dot{q}_3 d_{23} - \frac{\partial g_0}{\partial q_2} = h_2(\dot{q}_3) \quad , \tag{6.70}$$

$$\frac{\partial D}{\partial \dot{q}_3} - \dot{q}_1 d_{31} + \dot{q}_2 d_{23} - \frac{\partial g_0}{\partial q_3} = h_3(\dot{q}_3) + h_4(\dot{q}_2) + h_5(\dot{q}_1) \quad . \tag{6.71}$$

Aus (6.69) kann nun durch Integration nach $\dot{q}_1$ die D-Funktion gewonnen werden. Es ergibt sich

$$D = \dot{q}_1 \dot{q}_2 d_{12} - \dot{q}_1 \dot{q}_3 d_{31} + \dot{q}_1 \frac{\partial g_0}{\partial q_1} + \dot{q}_1 h_1(\dot{q}_3) + g_4(\dot{q}_2, \dot{q}_3, \vec{q}) \quad . \tag{6.72}$$

Hierbei ist $g_4(\dot{q}_2, \dot{q}_3, \vec{q})$ eine Integrationskonstante, weil sie nicht von $\dot{q}_1$ abhängt. Die so erhaltene D-Funktion kann nun nach $\dot{q}_2$ abgeleitet und in (6.70) eingesetzt werden. Die neue Gleichung (6.70) lautet dann

$$2\dot{q}_1 d_{12} + \frac{\partial g_4}{\partial \dot{q}_2} - \dot{q}_3 d_{23} - \frac{\partial g_0}{\partial q_2} = h_2(\dot{q}_3). \quad . \tag{6.73}$$

Die linke Seite dieser Gleichung darf nur von $\dot{q}_3$ abhängig sein, d.h.

$$d_{12} = 0 \quad \text{und} \quad \frac{\partial g_0}{\partial q_2} = \text{const.} \quad . \tag{6.74}$$

Wir setzen zunächst $d_{12} = 0$. Im nächsten Schritt wird (6.73) durch Integration nach $\dot{q}_2$ nach g_4 aufgelöst. Es ergibt sich

$$g_4 = \dot{q}_2 \dot{q}_3 d_{23} + \dot{q}_2 \frac{\partial g_0}{\partial q_2} + \dot{q}_2 h_2(\dot{q}_3) + g_5(\dot{q}_3, \vec{q}) \quad , \tag{6.75}$$

wobei g_5 ebenfalls eine Integrationskonstante darstellt. Nun werden (6.74) und (6.75) in (6.72) eingesetzt, dann wird (6.72) nach $\dot{q}_3$ abgeleitet und in (6.71) eingesetzt. Am Ende dieser Substitutionskette nimmt (6.71) die Form

$$[-2d_{31} + h_1'(\dot{q}_3)]\dot{q}_1 + [2d_{23} + h_2'(\dot{q}_3)]\dot{q}_2 + \frac{\partial g_5(\dot{q}_3, \vec{q})}{\partial \dot{q}_3} - \frac{\partial g_0}{\partial q_3} = h_3(\dot{q}_3) + h_4(\dot{q}_2) + h_5(\dot{q}_1) \tag{6.76}$$

an. Die linke Seite von (6.76) darf also nur noch aus drei Termen bestehen, die nur von $\dot{q}_1$, $\dot{q}_2$ und $\dot{q}_3$ abhängen. Also müssen die Koeffizienten der Geschwindigkeiten in (6.76) konstant sein. das wiederum heißt, daß $h_1'(\dot{q}_3)$ und $h_2'(\dot{q}_3)$ konstant sein müssen, also lineare Funktionen von $\dot{q}_3$ sind. Somit gilt:

$$h_1 = H_1\dot{q}_3 \tag{6.77}$$

$$h_2 = H_2\dot{q}_3 \tag{6.78}$$

$$h_4 = H_4\dot{q}_2 \tag{6.79}$$

$$h_5 = H_1\dot{q}_1 \tag{6.80}$$

$$\frac{\partial g_0}{\partial q_3} = \text{const.} \tag{6.81}$$

Daraus und aus (6.76) ergibt sich noch

$$d_{31} = \frac{H_1 - H_5}{2} \tag{6.82}$$

$$d_{23} = \frac{H_4 - H_2}{2} \tag{6.83}$$

$$g_5 = \int h_3(\dot{q}_3)\, d\dot{q}_3 + \dot{q}_3\frac{\partial g_0}{\partial q_3} + g_6(\vec{q}). \tag{6.84}$$

Man beachte, daß g_6 wegen (6.75) nicht von $\dot{q}_1$ und $\dot{q}_2$ abhängen darf, obwohl dies bei formaler Integration möglich wäre. Wird nun (6.75) und (6.77) bis (6.84) in (6.72) eingesetzt, so erhält man die Lösung für den Beitrag des Wandlers zur D-Funktion

$$D = \frac{H_1 + H_5}{2}\dot{q}_1\dot{q}_3 + \frac{H_2 + H_4}{2}\dot{q}_2\dot{q}_3\dot{q}_\nu\frac{\partial g_0}{\partial q_\nu} + \int h_3(\dot{q}_3)\, d\dot{q}_3 + g_6(\vec{q}) \quad . \tag{6.85}$$

Ohne Verlust der Gültigkeit der Gleichungen (6.77) bis (6.84) kann man nun g_0 und g_6 zu Null setzen, weil sie Integrationskonstanten darstellen.

Zur Gewinnung der L-Terme müssen die $d_{\mu\nu}$ herangezogen werden. Wir hatten am Anfang vereinbart, daß keine geschwindigkeitsabhängigen Terme existieren sollen. Schreibt man die $d_{\mu\nu}$ in (6.74), (6.82) und (6.83) aus, so stellt man fest, daß diese Operatoren den Rotor des Vektorfeldes $\vec{g}$ im kartesischen Koordinatensystem mit den q_i als Koordinaten darstellen:

$$\begin{pmatrix} d_{23} \\ d_{31} \\ d_{12} \end{pmatrix} = \begin{pmatrix} \frac{H_4 - H_2}{2} \\ \frac{H_1 - H_5}{2} \\ 0 \end{pmatrix} = \begin{pmatrix} \frac{\partial g_3}{\partial q_2} - \frac{\partial g_2}{\partial q_3} \\ \frac{\partial g_1}{\partial q_3} - \frac{\partial g_3}{\partial q_1} \\ \frac{\partial g_2}{\partial q_1} - \frac{\partial g_1}{\partial q_2} \end{pmatrix} = \text{rot } \vec{g} \tag{6.86}$$

Somit ist $\vec{g}$ nichts anderes als ein Vektorpotential für das homogene (ortsunabhängige) Feld $(d_{23}, d_{31}, d_{12})^T$. Die Lösung besteht wie bei jeder Differentialgleichung aus einem inhomogenen Teil (einer beliebigen speziellen Lösung) und einem homogenen Teil (der allgemeinen Lösung für rot $\vec{g} = 0$). Die einfachste spezielle Lösung hat die Gestalt:

$$\begin{pmatrix} g_1^* \\ g_2^* \\ g_3^* \end{pmatrix} = \begin{pmatrix} 0 \\ 0 \\ g_3^*(q_1, q_2) \end{pmatrix} \qquad (6.87)$$

Einsetzen in (6.86) ergibt nun

$$\frac{\partial g_3^*}{\partial q_2} = \frac{H_4 - H_2}{2} \quad , \qquad (6.88)$$

$$\frac{\partial g_3^*}{\partial q_1} = -\frac{H_1 - H_5}{2} \quad , \qquad (6.89)$$

woraus

$$g_3^* = q_2 \frac{H_4 - H_2}{2} - q_1 \frac{H_1 - H_5}{2} \qquad (6.90)$$

folgt. Wegen rot grad $u = 0$ kann der speziellen Lösung nun noch ein beliebiger Gradient als wirbelfreie Komponente hinzugefügt werden [6]. Die allgemeinste Form für $\vec{g}$ lautet deshalb:

$$\begin{pmatrix} g_1 \\ g_2 \\ g_3 \end{pmatrix} = \begin{pmatrix} g_1^* \\ g_2^* \\ g_3^* \end{pmatrix} + \text{grad } u = \begin{pmatrix} \frac{\partial u}{\partial q_1} \\ \frac{\partial u}{\partial q_2} \\ g_3^* + \frac{\partial u}{\partial q_3} \end{pmatrix} \qquad (6.91)$$

Wenn man nun $h_3(\dot{q}_3) = 0$ und

$$u = q_3 q_1 \frac{H_1 - H_5}{2} + q_3 q_2 \frac{H_2 - H_4}{2} \qquad (6.92)$$

wählt, so erkennt man die lineare wechselseitige Kopplung zwischen den Zweigen, wie sie auch aus Tabelle 6.4 gewonnen werden kann. Wird jedoch $u = 0$ gewählt, so ist $\vec{g} = \vec{g}^*$ und (6.86) ist nach wie vor gültig. Da dies die einfachste Form von $\vec{g}$ ist, verwenden wir sie auch, wenn wir $\vec{g}$ in (6.64) einsetzen, was der Ausgangspunkt war. Wir erhalten schließlich

$$L = \dot{q}_3 \left(q_2 \frac{H_4 - H_2}{2} - q_1 \frac{H_1 - H_5}{2} \right) \quad , \qquad (6.93)$$

$$D = \frac{H_1 + H_5}{2} \dot{q}_1 \dot{q}_3 + \frac{H_2 + H_4}{2} \dot{q}_2 \dot{q}_3 + \int h_3(\dot{q}_3) \, d\dot{q}_3 \quad . \qquad (6.94)$$

Dieses $\{L, D\}$-Modell kann eine weite Palette nichtlinearer Wandler beschreiben. Sie müssen gemäß Bild 6.4 nur in der Form

$$i_1 = H_1 h_3^{-1}(-H_5 u_1 - H_4 u_2) \qquad (6.95)$$

$$i_2 = H_2 h_3^{-1}(-H_5 u_1 - H_4 u_2) \qquad (6.96)$$

---

[6]Ein Analogon hierzu ist die Hinzunahme von gradφ im Ausdruck für die elektrische Feldstärke $\vec{E} = -\frac{\partial \vec{A}}{\partial t} - \text{grad}\varphi$.

darstellbar sein. Man setzt dabei $h_3^{-1} = f$ und invertiert die Funktion f erst später bei der Realisierung. Da es sich um verallgemeinerte Lage- und Geschwindigkeitskoordinaten handelt, können für u und i auch nichtelektrische Größen verwendet werden.

Kapitel 7

Der Riemannsche Raum

7.1 Einbettung des Riemannschen Raumes in den euklidischen Raum

In diesem Kapitel soll gezeigt werden, wie sich diskrete, d.h. aus einzelnen Bauelementen bestehende technische Systeme tensoriell behandeln lassen. Wenn man ein System (z.B. ein elektrisches Netzwerk) in seine Elemente zerlegt und die Zwangsbedingungen außer acht läßt, so kann jedes Element sich in seinen Freiheitsgraden bewegen. Im Falle elektrischer Zweipole hat jedes Element einen Freiheitsgrad, nämlich den Zweigstrom oder die Zweigspannung. Dieses von den Zwangsbedingungen (der Netzwerktopologie) „befreite" System hat zunächst so viele Freiheitsgrade wie die Summe m aller Einzelfreiheitsgrade f_i der k Elemente

$$m = \sum_{i=1}^{k} f_i \quad . \tag{7.1}$$

Bei einem Netzwerk aus Zweipolen entspricht dies also der Anzahl der Elemente.

Diese m Freiheitsgrade spannen eine m-dimensionale Mannigfaltigkeit auf. In der Mathematik versteht man unter einer Mannigfaltigkeit eine Punktmenge, für die eine bijektive Abbildung auf n-Tupel reeler Zahlen existiert. Die Elemente dieser n-Tupel sind nun die verallgemeinerten Orte beziehungsweise Lagen der einzelnen Elemente. Nach Definition einer Norm[1] spannen diese m Freiheitsgrade einen m-dimensionalen euklidischen Raum auf.

Werden jetzt die Zwangsbedingungen eingeführt, so kann das System nur noch bestimmte, durch die Zwangsbedingungen vorgegebene Zustände einnehmen. Im Netzwerk sind dies die unabhängigen Maschen- bzw. Knotengleichungen, im mechanischen System

[1]Band 1, S. 83.

die Verkopplungen. Die Anzahl der Freiheitsgrade des Systems hat sich also durch die Einführung der Zwangsbedingungen auf n verringert. Da die n-dimensionale Mannigfaltigkeit der Systemzustände mit Zwangsbedingungen in die m-dimensionale Mannigfaltigkeit der Systemzustände ohne Zwangsbedingungen eingebettet ist, heißt der durch die m Freiheitsgrade aufgespannte Raum auch Einbettungsraum.

Die Systemzustände unter Zwangsbedingungen bilden im allgemeinen eine n-dimensionale Riemannsche Mannigfaltigkeit. Dieser Begriff geht auf Riemann[2] zurück. Im folgenden soll auf dieses umfangreiche Gebiet kurz eingegangen werden, da die Riemannsche Geometrie eine elegante tensorielle Behandlung technischer Systeme ermöglicht.

Zunächst sollen in anschaulicher Weise die Eigenschaften des Riemannschen Raumes im zweidimensionalen Falle dargestellt werden, um später zum n-dimensionalen Fall überzugehen. Im allgemeinen stellt ein zweidimensionaler Riemannscher Raum eine beliebige Fläche dar. Diese Fläche ist in den dreidimensionalen euklidischen Raum eingebettet.

Im dreidimensionalen euklidischen Raum werde also ein beliebiges Koordinatensystem x^k eingeführt. Die Koordinate x^3 werde dabei festgehalten.

Des Freiheitsgrades x^3 beraubt, ergibt sich somit beim Durchlaufen von x^1 und x^2 eine Fläche, die den Riemannschen Raum darstellt. Entscheidend hierbei ist, daß es sich im allgemeinen Fall um eine gekrümmte Fläche, also keine Ebene handelt. Für die Grundvektoren gelte im

Einbettungsraum: $\vec{g}_k \in \{\vec{g}_1, \vec{g}_2, \vec{g}_3\}$,

Riemannschen Raum: $\tilde{\vec{g}}_\alpha \in \{\tilde{\vec{g}}_1, \tilde{\vec{g}}_2\}$.

Analog werden zunächst Tilde und griechische Indizes für die Komponenten von Tensoren im Riemannschen Raum verwendet.

Ein zweidimensionaler Riemannscher Raum habe eine Gestalt wie in Abbildung 7.1. Für ihn gilt:

$$x^{01} = \tilde{x}^1 \cos \tilde{x}^1 (1 + 0.5 \cos \tilde{x}^2) \tag{7.2}$$

$$x^{02} = 0.5\tilde{x}^1 \sin \tilde{x}^2 \tag{7.3}$$

$$x^{03} = \tilde{x}^1 \sin \tilde{x}^1 (1 + 0.5 \cos \tilde{x}^2) \tag{7.4}$$

Hierbei soll die 0 in den Inizes verdeutlichen, daß es sich um kartesische Koordinaten im

---

[2]Riemann, Bernhard (1826-1866). Deutscher Mathematiker. Grundlegende Arbeiten zur Funktionen- und zur Differentialgeometrie.

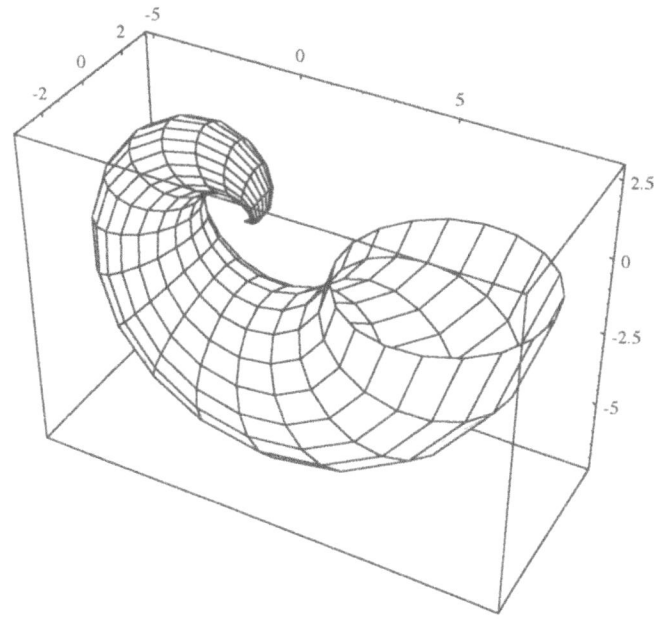

Abbildung 7.1: Zweidimensionaler Riemannscher Raum, in den dreidimensionalen euklidischen Raum eingebettet

dreidimensionalen Raum handelt. Die festgehaltene Koordinate wäre in diesem Falle die
Abweichung vom stetig steigenden Innendurchmesser der Schnecke.

Das Flächenelement $d\vec{A} = dx^1\vec{g}_1 \times dx^2\vec{g}_2$ ist somit vom dreidimensionalen euklidischen
Raum aus gesehen der Normalenvektor der Tangentialebene an den Riemannschen Raum,
da $\vec{g}_1$ und $\vec{g}_2$ in der Fläche liegen. Für Vektorfelder, die in jedem Punkt des Riemannschen
Raumes in dieser Tangentialebene liegen, gilt folgerichtig:

$$\tilde{\vec{A}} = \vec{A} \qquad (7.5)$$

$$\tilde{A}^\alpha = A^\alpha \qquad (7.6)$$

$$\tilde{\vec{g}}_\alpha = \vec{g}_\alpha \qquad (7.7)$$

$$\tilde{g}_{\alpha\beta} = g_{\alpha\beta} \qquad (7.8)$$

Dabei sind $\alpha, \beta \in \{1, 2\}$ und die erste Einsteinsche Summationskonvention [3] ist in Kraft.
Das heißt, über gleiche Indizes, die oben und unten auftreten, wird summiert.

---

[3]Band 1,S. 59

7.2   Rechengesetze im Riemannschen Raum

Die Addition, tensorielles und verjüngendes Produkt sowie Hauptachsentransformantion werden von Tensoren im gekrümmten Raum analog zum euklidischen Raum definiert. Es gelten:

$$\tilde{\vec{a}} + \tilde{\vec{b}} = (\tilde{a}^\alpha + \tilde{b}^\alpha)\tilde{\vec{g}}_\alpha \tag{7.9}$$

$$\tilde{\vec{a}}\tilde{\vec{b}} = \tilde{a}^\alpha \tilde{b}^\beta \tilde{\vec{g}}_\alpha \tilde{\vec{g}}_\beta \tag{7.10}$$

$$\tilde{\vec{a}} \cdot \tilde{\vec{b}} = \tilde{a}^\alpha \tilde{b}^\beta \tilde{g}_{\alpha\beta} \tag{7.11}$$

Wann sind aber zwei Vektoren im Riemannschen Raum parallel? Im euklidischen Raum sind zwei Vektoren parallel, wenn nach einer Parallelverschiebung in einen gemeinsamen Punkt alle Koordinaten gleich sind, das heißt

$$\vec{a} = \vec{b}, \qquad \text{falls} \qquad a^k - \int_P^{P'} \Gamma_{lm}^k a^l \, dx^m = b^k \quad , \tag{7.12}$$

wenn Vektor $\vec{a}$ sich im Punkt P befindet und Vektor $\vec{b}$ im Punkt P'. Die Γ_{lm}^k sind dabei wieder die in Band 1, S. 101 eingeführten Christoffelsymbole. Gleichung (7.12) beruht auf der Tatsache, daß bei der Parallelverschiebung die kovariante Ableitung[4] unverändert bleibt. Es gilt also mit Gleichung (2.348) aus Band 1

$$\Delta v^k = - \int_P^{P'} \Gamma_{lm}^k v^l \, dx^m \quad . \tag{7.13}$$

Die im ungekrümmten Raum auf die gleiche Weise definierte Parallelverschiebung in krummlinigen Koordinaten[5] wird für den gekrümmten Raum durch das Konzept des „Abrollens" ersetzt.

Wir betrachten wieder die zwei benachbarten Punkte $P : \tilde{x}^\alpha$ und $P' : \tilde{x}^\alpha + d\tilde{x}^\alpha$, die diesmal infinitesimal dicht beieinanderliegen sollen. Mit

$$d\tilde{v}^\alpha = \tilde{v}'^\alpha - \tilde{v}^\alpha \tag{7.14}$$

entsteht durch Parallelverschiebung im Einbettungsraum und anschließende Projektion auf die Tangentialebene

$$d\tilde{v}^\alpha = -\tilde{\Gamma}_{\beta\gamma}^\alpha \tilde{v}^\beta \, d\tilde{x}^\gamma. \tag{7.15}$$

Man kann sich das so vorstellen, als ob die zweidimensionale Fläche auf einer Ebene abgerollt wird und dabei ständig der zu verschiebende Vektor in infinitesimalen Abständen

---

[4]Band 1, S. 103

[5]die zunächst nichts über die Krümmung des *Raumes* aussagen

von der Tangentialebene im vorherigen Punkt auf den nächsten Punkt in der Fläche projiziert wird.

Es zeigt sich, daß sich analog zum ungekrümmten Raum die Christoffelsymbole zu

$$\tilde{\Gamma}^{\alpha}_{\beta\gamma} = \frac{1}{2}\tilde{g}^{\alpha\varepsilon}(\tilde{g}_{\gamma\varepsilon,\beta} + \tilde{g}_{\varepsilon\beta,\gamma} - \tilde{g}_{\beta\gamma,\varepsilon}) \qquad (7.16)$$

ergeben. Der Betrag des verschobenen Vektors $\vec{v}$ bleibt dabei konstant. Ferner gilt wie im euklidischen Raum

$$\tilde{\vec{g}}^{\alpha}{}_{,\beta} = -\tilde{\Gamma}^{\alpha}_{\gamma\beta}\tilde{\vec{g}}^{\gamma} \qquad (7.17)$$

$$\tilde{\vec{g}}_{\alpha,\beta} = \tilde{\Gamma}^{\gamma}_{\alpha\beta}\tilde{\vec{g}}_{\gamma}. \qquad (7.18)$$

Das Komma kennzeichnet hierbei die partielle Ableitung nach der entsprechenden Koordinate. Das Ergebnis der Übertragung zwischen zwei Punkten im gekrümmten Raum ist jedoch im Gegensatz zum ungekrümmten Raum wegabhängig. Wenn man zum Beispiel einen Vektor über eine geschlossene Kurve wieder in den Ausgangspunkt abrollt (parallelverschiebt), so haben die Koordinaten im allgemeinen andere Werte als vor der Übertragung. Es gilt also im Gegensatz zum ungekrümmten Raum im allgemeinen

$$\Delta\tilde{v}^{\alpha} = \oint d\tilde{v}^{\alpha} = -\oint \tilde{\Gamma}^{\alpha}_{\beta\gamma}\tilde{v}^{\beta}\,d\tilde{x}^{\gamma} \neq 0 \quad . \qquad (7.19)$$

Beispiel:

Vektor $\vec{a}$ wird entlang der im Bild 7.2 gezeigten Kurve über Äquator und Nordpol der Kugeloberfläche, die einen gekrümmten zweidimensionalen Raum darstellt, durch Abrollen verschoben. Dann ist der Bildvektor $\vec{a}'$ um $\varphi = \Phi$ gedreht, wobei Φ der umfahrene Raumwinkel ist. Dies gilt für beliebige geschlossene Kurven auf der Kugeloberfläche.

Die Christoffelsymbole in Gleichung (7.19) müssen im gekrümmten Raum bestimmte Eigenschaften haben. Die Eigenschaft der Krümmung ist durch den Riemannschen Krümmungstensor [6]

$$R^{k}{}_{lmn} = -\Gamma^{k}_{lm,n} + \Gamma^{k}_{ln,m} + \Gamma^{k}_{pm}\Gamma^{p}_{ln} - \Gamma^{k}_{pn}\Gamma^{p}_{lm} \qquad (7.20)$$

feststellbar. Wenn dieser nicht verschwindet, so liegt ein gekrümmter Raum vor. Eine weitere Eigenschaft des gekrümmten Raumes ist außerdem, daß die Reihenfolge der kovarianten Ableitungen [7] nicht mehr vertauschbar ist.

Anmerkung:

Der Riemannsche Krümmungstensor ist hinsichtlich der Indizes m und n antisymmetrisch aufgebaut. Er spielt in der Physik vor allem innerhalb der allgemeinen Relativitätstheorie eine entscheidende Rolle.

---

[6]Kästner, S.: Vektoren, Tensoren, Spinoren. Akademie-Verlag, Berlin, 1960, S. 297

[7]siehe Band 1, S. 103

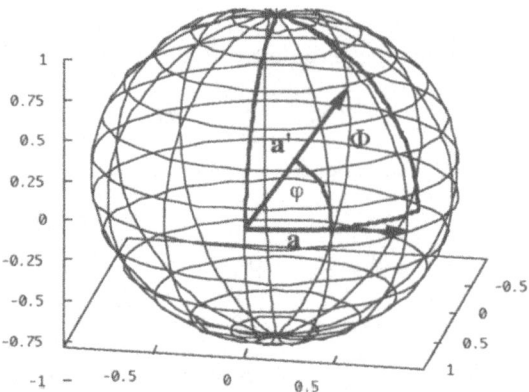

Abbildung 7.2: Die Kugel als 2D-Riemannscher Raum

7.3 Der N-dimensionale Riemannsche Raum

Analog zum zweidimensionalen Riemannschen Raum werden im M-dimensionalen euklidischen Raum Q Koordinaten festgehalten, so daß $N = M - Q$ Koordinaten für den
Riemannschen Raum übrigbleiben. Von nun an beziehen sich alle Berechnungen auf den
N-dimensionalen Riemannschen Raum und die Tilde zur Kennzeichnung desselben kann
entfallen.

Wird ein Vektor im Riemannschen Raum immer parallel zu sich selbst verschoben, entstehen Bahnkurven der Übertragung, die der Gleichung

$$\frac{d^2 x^\alpha}{ds^2} + \Gamma^\alpha_{\beta\gamma} \frac{dx^\beta}{ds} \frac{dx^\gamma}{ds} = 0 \qquad (7.21)$$

mit s als Kurvenparameter genügen. Da der ungekrümmte Raum ein Spezialfall des
Riemannschen ist, beschreibt diese Gleichung im ungekrümmten Raum Geraden. Dies
wird deutlich, wenn man z.B. ein affines Koordinatensystem mit $\Gamma^\alpha_{\beta\gamma} = 0$ wählt.

7.4 Geodäten

Die kürzeste Verbindung zwischen zwei Punkten ist im Riemannschen Raum im allgemeinen keine Gerade. Um sie zu finden, muß die Variation des Integrals

$$J = \int_{P_1}^{P_2} ds \qquad (7.22)$$

mit

$$ds = \sqrt{g_{\alpha\beta}dx^\alpha dx^\beta} = \sqrt{g_{\alpha\beta}\dot{x}^\alpha \dot{x}^\beta}\, dt \qquad (7.23)$$

verschwinden. Man kann sich das so vorstellen, als ob man auf einer zweidimensionalen Fläche ein Gummiband an zwei Punkten befestigt, das sich dann zusammenzieht. Mit $F = \sqrt{g_{\alpha\beta}\dot{x}^\alpha \dot{x}^\beta}$ muß die Bahnkurve also den Eulerschen Differentialgleichungen[8]

$$\frac{d}{dt}\left(\frac{\partial F}{\partial \dot{x}^\alpha}\right) - \frac{\partial F}{\partial x^\alpha} = 0 \qquad (7.24)$$

genügen, die sich aus dem Funktional I ergeben. Diese Bahnkurven heißen Geodäten oder geodätische Linien und sind mit den Kurven der parallelen Übertragung identisch.

Anmerkung:

Anschaulich kann man sich die Erdoberfläche als einen Riemannschen Raum vorstellen und die Spur eines geradeaus fahrenden Fahrzeugs als Geodäte.

Die Gleichungen 7.24 stellen eine Tensorgleichung nicht nur für die Funktion F, sondern für beliebige skalare f Funktionen dar. Das heißt, diese Gleichung weist eine Forminvarianz gegenüber dem Wechsel des Koordinatensystems auf, was in Abschnitt 7.6 gezeigt werden wird. Weiter zeigt sich, daß der Ausdruck

$$h = \frac{\partial f}{\partial \dot{x}^\alpha}\dot{x}^\alpha - f = const, \qquad (7.25)$$

der die Hamilton-Funktion darstellt wenn $f = L$ ist, unveränderlich bleibt. Wird $f = L$ als die Lagrange-Funktion

$$L = T - V \qquad (7.26)$$

eines technischen Systems angesehen, so stellt die sich ergebende Lösung der Euler-Lagrange-Gleichung die Bewegungsgleichung des Systems dar. Es ergibt sich also die Möglichkeit, über die Metrik bzw. Geometrie des Riemannschen Raumes die Bewegung des Systems nicht nur zu analysieren, sondern auch vorzugeben. Dies ist vor allem bei der Sythese von elektromechanischen Systemen von Vorteil.

7.5 Behandlung von mechanischen Punktsystemen

Unter mechanischen Punktsystemen versteht man Systeme von unendlich kleinen Massepunkten, deren Lagekoordinaten über Zwangsbedingungen (z.B. Stangen oder Führungen) miteinander verkoppelt sind. Die Lagrangesche Theorie wurde erstmals auf solche Punktsysteme angewendet.

---

[8]siehe Band 1, S.42

Ein mechanisches Punktsystem im dreidimensionalen euklidischen Raum mit n Masse-punkten und z Zwangsbedingungen kann nach Abschnitt 7.1 auf einen Massepumkt im Riemannschen Raum mit der Dimensionszahl

$$N = 3n - z \qquad (7.27)$$

reduziert werden. Dieser Massepunkt mit seinen N Freiheitsgraden repräsentiert die n Massepunkte im Einbettungsraum und kann eindeutig auf sie abgebildet werden. Sind die Zwangsbedingungen linear, so ist der Riemannsche Raum im Spezialfall ungekrümmt. Wie berechnet man nun die kinetische Energie eines solchen Massepunktes im N-dimensionalen Raum? Für einen Massepunkt, der sich im freien Raum bewegen kann, beträgt die kinetische Energie bei kartesischem Koordinatensystem

$$T = \frac{m_0}{2}(x^{1^{(2)}} + x^{2^{(2)}} + x^{3^{(2)}}) \quad . \qquad (7.28)$$

Dies ist ein Spezialfall einer *quadratischen Form*, die in Matrixschreibweise allgemein die Gestalt

$$T = \frac{1}{2}\vec{x}^T(T)\vec{x} \qquad (7.29)$$

annimmt. Die kinetische Energie ist also eine quadratische Form der Geschwindigkeit. Der Ausdruck in Gleichung (7.28) hat eine Diagonalform. Wenn dies der Fall ist, so spricht man von der metrischen Normalform der quadratischen Form. Nun existiert für jedes Punktsystem[9] eine solche Schreibweise, die über die quadratische Form (7.29) der verallgemeinerten Geschwindigkeit $\dot{\vec{x}}$ die kinetische Energie zuordnet. In tensorieller Form lautet (7.29)

$$T = \frac{1}{2}T_{\alpha\beta}\dot{x}^\alpha\dot{x}^\beta \quad . \qquad (7.30)$$

Um die kinetische Energie eines Punktes für ein beliebiges Koordinatensystem im Rie-mannschen Raum darstellen zu können, müssen die metrischen Koeffizienten (also die Koordinaten des metrischen Tensors) in den Ausdruck für dieselbe einbezogen werden. Der auf den Riemannschen Raum reduzierte Massepunkt hat nun die kinetische Energie

$$T = \frac{1}{2}m_0\left(\frac{ds}{dt}\right)^2 = \frac{1}{2}m_0 g_{\alpha\beta}\dot{x}^\alpha\dot{x}^\beta \quad . \qquad (7.31)$$

Ein Koeffizientenvergleich mit (7.30) zeigt, daß bei entsprechender Wahl der metrischen Koeffizienten die kinetische Energie des Systems als Quadrat des Geschwindigkeitsvek-tors zuzüglich eines konstanten Faktors dargestellt werden kann. Der Faktor $m_0/2$ ist da-bei frei wählbar, da eine gleichzeitige Veränderung aller metrischen Koeffizienten nur eine

---

[9]und wie wir später sehen werden auch für elektrische Netzwerke

Verlängerung bzw. Verkürzung aller Grundvektoren nach sich zieht und die Bewegung des Systems nicht vom Koordinatensystem abhängt. Deshalb ist m_0 eine verallgemeinerte normierte Masse, bei mechanischen Systemen zweckmäßig $1\,\mathrm{kg}$[10]. Der Koeffizientenvergleich ergibt dann

$$g_{\alpha\beta} = \frac{1}{m_0} T_{\alpha\beta} \quad . \tag{7.32}$$

Der $3n$-dimensionale Zustandsraum des unverkoppelten Systems wird durch die z Zwangsbedingungen auf N reduziert, so daß sich jetzt ein Punkt im N-dimensionalen Riemannschen Raum bewegt.

Die Zwangsbedingungen im dreidimensionalen euklidischen Raum werden durch

$$\vec{F}(\vec{x}) = 0 \tag{7.33}$$

dargestellt. Der Vektor $\vec{x}$ ist ein Vektor im Einbettungsraum der Dimension m, $\vec{F}$ hat die Dimension z (Anzahl der Zwangsbedingungen). Gleichung (7.33) ist unbestimmt, so daß $k = m - z$ Koordinaten frei bestimmt werden können. Die Lösung dieser Gleichung lautet demzufolge

$$\vec{x} = \vec{f}(\tilde{\vec{x}}) \quad . \tag{7.34}$$

Die Dimension des Vektors $\tilde{\vec{x}}$ ist nun k, also die Anzahl der Freiheitsgrade des Systems unter Zwangsbedingungen.

Anmerkung:

Bei elektrischen Netzwerken werden die Zwangsbedingungen durch die Topologie des Netzwerkes bestimmt. Die $\tilde{\vec{x}}$ sind dann bei der Ladungsformulierung die Ladungen der Zweige des Co-Gerüstes oder bei der Flußformulierung die Flüsse der Zweige des Gerüstes.

Die Koordinaten $\tilde{\vec{x}}$ müssen nicht zwangsläufig mit wirklichen Koordinaten im Einbettungsraum übereinstimmen, es ist jedoch zweckmäßig. Hierbei können, wenn nur die Bewegungsgleichung bestimmter Koordinaten gesucht ist, sofort die interessierenden Koordinaten zu den Koordinaten $\tilde{\vec{x}}$ gemacht werden, was die Rechnung sehr vereinfacht. Dies soll am folgenden Beispiel verdeutlicht werden.

Beispiel:

Abbildung 7.3 zeigt ein ebenes Doppelpendel mit zwei gleichen Massen. Dabei interessiert die Bewegung der beiden als ideal angesehenen Massepunkte. Wie oben erläutert, werden zweckmäßig die Winkel der beiden Stangen γ und δ als Koordinaten des Riemannschen Raumes festgelegt.

Im dreidimensionalen Raum hätten die Kugeln je drei Freiheitsgrade, das heißt, das System als Ganzes sechs. Da sich die Kugeln jedoch nur in der Ebene bewegen, wird jeder Kugel ein Freiheitsgrad genommen, so daß nur noch vier Freiheitsgrade übrig bleiben.

---

[10]Bei elektrischen Netzwerken in Ladungsformulierung $1\,\mathrm{H}$, in Flußformulierung $1\,\mathrm{F}$.

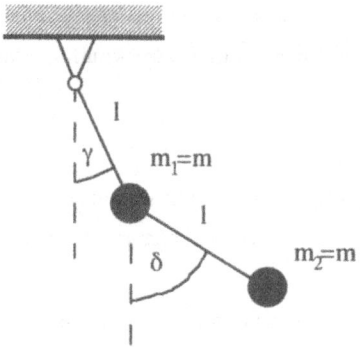

Abbildung 7.3: Das Doppelpendel

Hinzu kommen noch zwei Zwangsbedingungen:

$$x_1^2 + y_1^2 \;=\; l \tag{7.35}$$

$$(x_2 - x_1)^2 + (y_1 - y_2)^2 \;=\; l \tag{7.36}$$

Diese beiden Gleichungen entsprechen (7.33). Sie müssen nun durch die Gleichung (7.34) erfüllt werden. Sie stellt sich in unserem Falle folgendermaßen dar:

$$x_1 \;=\; l \sin\gamma \tag{7.37}$$

$$y_1 \;=\; -l \cos\gamma \tag{7.38}$$

$$x_2 \;=\; l(\sin\gamma + \sin\delta) \tag{7.39}$$

$$y_2 \;=\; -l(\cos\gamma + \cos\delta) \tag{7.40}$$

Hierbei liegt der Ursprung des kartesischen Koordinatensystems in der Pendelaufhängung. Die Winkel γ und δ sind nun die Koordinaten des nunmehr zweidimensionalen Riemannschen Raumes und die Gleichungen (7.37) bis (7.40) befriedigen die Gleichungen (7.35) und (7.36). Es hätte aber genausogut ein Koordinatensystem verwendet werden können, das weniger anschaulich ist, aber trotzdem (7.33) genügt.

Mit $T = mv^2/2$ entsteht nun durch Ableitung der Gleichungen (7.37) bis (7.40) und Anwendung der Additionstheoreme

$$\begin{aligned}
T \;&=\; \frac{m}{2}v_1^2 + \frac{m}{2}v_2^2 = \frac{m}{2}(\dot{x}_1^2 + \dot{y}_1^2 + \dot{x}_2^2 + \dot{y}_2^2) \\
&=\; \frac{ml^2}{2}[2\dot{\gamma}^2 + \dot{\delta}^2 + 2\dot{\gamma}\dot{\delta}\cos(\gamma - \delta)] = \frac{m_0}{2}g_{\alpha\beta}\dot{\tilde{x}}^\alpha\dot{\tilde{x}}^\beta,
\end{aligned} \tag{7.41}$$

wobei $\gamma = \tilde{x}^1$ und $\delta = \tilde{x}^2$ gesetzt wurde. Mit

$$m_0 = ml^2 \tag{7.42}$$

entsteht nun durch Koeffizientenvergleich in (7.41)

$$g_{\alpha\beta} = \begin{pmatrix} 2 & \cos(\gamma - \delta) \\ \cos(\gamma - \delta) & 1 \end{pmatrix} . \tag{7.43}$$

Die Metrik des Riemannschen Raumes ist damit festgelegt.
Der potentielle Teil der Lagrange-Gleichung wird mit der Fallbeschleunigung g zu

$$V = mg(y_1 + y_2) = -mg(2\cos\gamma + \cos\delta), \tag{7.44}$$

ist aber für die Berechnung der Metrik (und Krümmung) des Riemannschen Raumes nicht relevant.

7.6   Variationsprobleme im Riemannschen Raum

Wie im Abschnitt 7.4 bereits angedeutet wurde, handelt es sich bei der Euler-Lagrange-Gleichung um eine Tensorgleichung. Eine Tensorgleichung ist eine Gleichung, die sich als Ganzes in der gleichen Weise transformieren läßt wie die Komponenten von Vektoren oder Tensoren, das heißt, die rechte und linke Seite einer Gleichung stellen jeweils wieder die Komponente eines Tensors dar. Eine genaue Beschreibung ist dazu in Band 1, S. 66 ff zu finden.

Bei allgemeinen krummlinigen Koordinaten transformieren sich die Differentiale der Koordinaten nach

$$d\bar{x}^{\alpha} = \bar{a}^{\alpha}_{\beta} dx^{\beta} , \tag{7.45}$$

$$dx^{\alpha} = \underline{a}^{\alpha}_{\beta} d\bar{x}^{\beta} . \tag{7.46}$$

Da die Beschreibung technischer Systeme auf Differentialgleichungen mit ersten bzw. höheren Ableitungen nach der Zeit führt, müssen noch die verallgemeinerten Geschwindigkeiten herangezogen werden. Es gilt nach Division von (7.45) und (7.46) durch dt

$$\dot{\bar{x}}^{\alpha} = \bar{a}^{\alpha}_{\beta} \dot{x}^{\beta} , \tag{7.47}$$

$$\dot{x}^{\alpha} = \underline{a}^{\alpha}_{\beta} \dot{\bar{x}}^{\beta} . \tag{7.48}$$

Das totale Differential dieser Ausdrücke kann mit $\bar{a}^{\alpha}_{\beta} = f(x^{\gamma})$ und $\underline{a}^{\alpha}_{\beta} = f(\bar{x}^{\gamma})$ zu

$$d\dot{\bar{x}}^{\alpha} = \bar{a}^{\alpha}_{\beta} d\dot{x}^{\beta} + \frac{\partial \bar{a}^{\alpha}_{\beta}}{\partial x^{\gamma}} \dot{x}^{\beta} dx^{\gamma} \tag{7.49}$$

$$d\dot{x}^{\alpha} = \underline{a}^{\alpha}_{\beta} d\dot{\bar{x}}^{\beta} + \frac{\partial \underline{a}^{\alpha}_{\beta}}{\partial \bar{x}^{\gamma}} \dot{\bar{x}}^{\beta} d\bar{x}^{\gamma} \tag{7.50}$$

gebildet werden, woraus sich wiederum die partiellen Ableitungen der $\dot{x}^{\alpha}$ und $\dot{\bar{x}}^{\alpha}$ berechnen lassen, die später für die Ableitung der der einzenen Terme der Differentialgleichungen gebraucht werden. Man gewinnt somit aus (7.49) und (7.50)

$$\frac{\partial \dot{\bar{x}}^{\alpha}}{\partial \dot{x}^{\beta}} = \bar{a}_{\beta}^{\alpha} \tag{7.51}$$

$$\frac{\partial \dot{\bar{x}}^{\alpha}}{\partial x^{\beta}} = \frac{\partial \bar{a}_{\gamma}^{\alpha}}{\partial x^{\beta}} \dot{x}^{\gamma} \tag{7.52}$$

$$\frac{\partial \dot{x}^{\alpha}}{\partial \dot{\bar{x}}^{\beta}} = \underline{a}_{\beta}^{\alpha} \tag{7.53}$$

$$\frac{\partial \dot{x}^{\alpha}}{\partial \bar{x}^{\beta}} = \frac{\partial \underline{a}_{\gamma}^{\alpha}}{\partial \bar{x}^{\beta}} \dot{\bar{x}}^{\gamma} \quad , \tag{7.54}$$

sowie aus (7.45) und (7.46)

$$\frac{\partial \bar{x}^{\alpha}}{\partial \dot{x}^{\beta}} = \frac{\partial x^{\alpha}}{\partial \dot{\bar{x}}^{\beta}} = 0 \quad , \tag{7.55}$$

da die verallgemeinerten Lagekoordinaten nicht von den Geschwindigkeiten abhängen. Jetzt soll nun untersucht werden, wie sich Gleichung (7.24) transformiert, wobei an dieser Stelle nicht der Weg F, sondern ein allgemeiner Skalar f verwendet wird. Die vollständige Differentiation der Funktion

$$\bar{f} = f(x^{\alpha}[\bar{x}^{\beta}]) = f(\bar{x}^{\beta}) \tag{7.56}$$

nach den Ortskoordinaten lautet nun

$$\bar{f}_{,\alpha} = f_{,\beta} \underline{a}_{\alpha}^{\beta} + f_{,\dot{\beta}} \frac{\partial \underline{a}_{\gamma}^{\beta}}{\partial \bar{x}^{\alpha}} \dot{\bar{x}}^{\gamma} \quad . \tag{7.57}$$

Diese Größe ist kein Vektor im Sinne des Tensorkalküls, weil außer den $\underline{a}_{\alpha}^{\beta}$ noch ein zusätzlicher Term zur Transformation benötigt wird. Bei der Ableitung von (7.56) nach den Geschwindigkeiten

$$\bar{f}_{,\dot{\alpha}} = f_{,\dot{\beta}} \underline{a}_{\alpha}^{\beta} \tag{7.58}$$

ergibt sich wieder ein Tensor 1. Stufe im Sinne des Tensorkalküls wegen (7.55). (7.58) muß nun noch nach der Zeit abgeleitet werden, um die Euler-Lagrange-Gleichung bilden zu können. Es gilt

$$\frac{d}{dt}(\bar{f}_{,\dot{\alpha}}) = \underline{a}_{\alpha}^{\beta} \frac{d}{dt}(f_{,\dot{\beta}}) + f_{,\dot{\beta}} \frac{\partial \underline{a}_{\alpha}^{\beta}}{\partial \bar{x}^{\gamma}} \dot{\bar{x}}^{\gamma} . \tag{7.59}$$

Beim Aufstellen der Euler-Lagrange-Gleichung muß ist zu beachten, daß

$$\frac{\partial \underline{a}_{\gamma}^{\beta}}{\partial \bar{x}^{\alpha}} = \frac{\partial^{2} x^{\beta}}{\partial \bar{x}^{\gamma} \partial \bar{x}^{\alpha}} = \frac{\partial \underline{a}_{\alpha}^{\beta}}{\partial \bar{x}^{\gamma}} \tag{7.60}$$

gilt, weil die Reihenfolge der partiellen Differentiation vertauschbar ist. Diese Terme heben sich beim Aufstellen der Gleichung weg. Mit (7.57) und (7.59) ergibt sich also

$$\frac{d}{dt}(\bar{f}_{,\dot{\alpha}}) - \bar{f}_{,\alpha} = \underline{a}_{\alpha}^{\beta} \frac{d}{dt}(f_{,\dot{\beta}}) - f_{,\beta} \underline{a}_{\alpha}^{\beta} = \underline{a}_{\alpha}^{\beta} \left[\frac{d}{dt}(f_{,\dot{\beta}}) - f_{,\beta} \right] \quad . \tag{7.61}$$

Da auf der rechten Seite dieser Gleichung die linke Seite in derselben Form (zuzüglich der Transformationskoeffizienten) erscheint, nennt man die Euler-Lagrange-Gleichung forminvariant gegenüber dem Wechsel des Koordinatensystems. Diese Gleichung transformiert sich also wie ein einzelnes Koordinatendifferential.

7.7 Bildung der kovarianten Impulse

Der Impuls entsteht nach (3.41) durch Ableitung der Lagrange-Funktion nach der verallgemeinerten Geschwindigkeit. Es soll im folgenden gezeigt werden, wie dies bei tensorieller Betrachtung geschieht. Wir werden sehen, das die Koordinaten des Impulses kovarianter Natur sind, wenn kontravariante Lagekoordinaten zugrundegelegt werden. Die Ableitung eines Skalars f nach einer Koordinate wird im Tensorkalkül als das Skalarprodukt des Gradienten des Skalars mit dem entsprechenden Grundvektor definiert. Demzufolge ist das totale Differential das Skalarprodukt aus ∇f und dem gerichteten Linienelement $d\vec{r} = \vec{g}_\alpha dx^\alpha$

$$\nabla f \cdot d\vec{r} = \nabla f \cdot \vec{g}_\alpha dx^\alpha = \sum_\alpha \frac{\partial f}{\partial x^\alpha} \quad . \tag{7.62}$$

Auf der rechten Seite dieser Gleichung dürfen keine Mischterme entstehen, das heißt, die einzelnen Terme mit der jeweiligen Ableitung und dem dazugehörigen Differential müssen herausgefiltert werden. Dies geschieht über die Beziehung

$$\vec{g}^\alpha \cdot \vec{g}_\beta = \delta^\alpha_\beta \tag{7.63}$$

mit dem Kronecker-Symbol:

$$\delta^\alpha_\beta = \begin{cases} 1 : & \alpha = \beta \\ 0 : & \alpha \neq \beta \end{cases} \tag{7.64}$$

Also muß der Gradient die Form

$$\nabla = \vec{g}^\alpha \frac{\partial}{\partial x^\alpha} \tag{7.65}$$

haben. Demzufoge sind die Ableitungen eines Skalars[11] nach einer kontravarianten Koordinate stets kovarianter Natur und sie transformieren sich, wie (7.58) beweist, in kovarianter Weise, also mit Hilfe der a^α_β, die durch Matrixinversion aus den $\bar{a}^\alpha_\beta$ gewonnen werden. Das zeigt die Sinnfälligkeit der zweiten Summationskonvention, derzufolge ein oberer Index im Zähler wie ein unterer Index im Nenner behandelt wird und umgekehrt.

---

[11]und ebenso eines Vektors

Wird nun für f die kontravariante Lagrange-Funktion L eingesetzt, so erhält man mit der kinetischen Energie aus (7.31)

$$L = L(\dot{x}^\alpha, x^\alpha, t) = \frac{1}{2} m_0 g_{\alpha\beta} \dot{x}^\alpha \dot{x}^\beta - V \quad . \tag{7.66}$$

Der kovariante Impuls nach der Legendreschen Transformation ergibt sich somit zu

$$p_\alpha = \frac{\partial L}{\partial \dot{x}^\alpha} = L_{,\dot{\alpha}} = m_0 g_{\alpha\beta} \dot{x}^\beta \quad . \tag{7.67}$$

Weil bei der Summation beide kontravarianten Geschwindigkeiten einmal den Wert α annehmen, fehlt hier der Faktor $1/2$.

Anmerkung:

Da die kovarianten Impulse und die kontravarianten Geschwindigkeiten gemäß der Legendre-Transformation äquivalente Rechengrößen darstellen, kann das Gleichungssystem (7.67) zur Substitution der Geschwindigkeiten durch die Impulse beim Übergang vom Lagrange- zum Hamilton-Formalismus benutzt werden. Umgekehrt kann nach Umstellung von (7.67) auf die $\dot{x}^\alpha$ und Bildung der $g^{\alpha\beta}$ die Beziehung

$$\dot{x}^\alpha = \frac{1}{m_0} g^{\alpha\beta} p_\beta \tag{7.68}$$

gewonnen werden. Man kann sie nun dazu benutzen, um nach der Lösung der kanonischen Gleichungen die verallgemeinerten Geschwindigkeiten aus den kovarianten Impulsen zu erhalten.

7.8 Forminvarianz der erweiterten Euler-Lagrange-Differentialgleichung

Die Dissipationsfunktion D ist ein Skalar, der sowohl bei Verwendung der erweiterten Euler-Lagrange-Gleichung, als auch bei der Bildung der erweiterten Hamilton-Funktion mittels $\mathcal{L}$ aus Kapitel 5 nur nach der Geschwindigkeit $\dot{x}$ abgeleitet wird. Das heißt, mit

$$\bar{D} = D(\dot{x}^\alpha[\dot{\bar{x}}^\beta]) = D(\dot{\bar{x}}^\beta) \tag{7.69}$$

transformieren sich die Ableitungen von D zu denen von $\bar{D}$ nach Gleichung (7.58)

$$\bar{D}_{,\dot{\alpha}} = D_{,\dot{\beta}} a^\beta_\alpha. \tag{7.70}$$

Damit kann sofort die Transformation der erweiterten Euler-Lagrangesche Gleichung unter Verwendung von (7.61) und (7.70) in der Form

$$\frac{d}{dt}(\bar{L}_{,\dot{\alpha}}) - \bar{L}_{,\alpha} + \bar{D}_{,\dot{\alpha}} = a^\beta_\alpha \left[\frac{d}{dt}(L_{,\dot{\beta}}) - L_{,\beta} \right] + D_{,\dot{\beta}} a^\beta_\alpha \tag{7.71}$$

$$= a^\beta_\alpha \left[\frac{d}{dt}(L_{,\dot{\beta}}) - L_{,\beta} + D_{,\dot{\beta}} \right] \tag{7.72}$$

aufgestellt werden. Damit ist bewiesen, daß auch die erweiterte Euler-Lagrange-Gleichung eine Tensorgleichung ist. Das heißt, sie ist forminvariant gegenüber dem Koordinatensystem und transformiert sich wie ein Tensor erster Stufe. Es muß hier Forminvarianz vorliegen, weil auch die Bewegung dissipativer Systeme nicht von der Wahl eines speziellen Koordinatensystems abhängen darf. In Abschnitt 13.3.3 wird dies am Beispiel eines Relais demonstriert.

Kapitel 8

Elemente höherer Ordnung und ihre Anwendungen

Die Ziele dieses Kapitels bestehen darin, den Leser in die Theorie der Elemente höherer Ordnung einzuführen, und eine Eingliederung der bekannten Zweipolelemente von Elektrotechnik und Mechanik in diese Theorie vorzunehmen.

Die Elemente höherer Ordnung eröffnen neue Möglichkeiten in der Elektrotechnik und darüber hinaus. Sie ermöglichen es, neue Charakteristiken darzustellen oder bekannte auf anderem Wege nachzubilden. Beispiele hierfür sind die Nachbildung des Verhaltens eines Bipolartransistors und der Einsatz von Elementen höherer Ordnung als Korrekturglieder in technischen Anordnungen.

Superinduktivitäten und Superkapazitäten, beides Elemente zweiter Ordnung, finden in der Filtertechnik ihre Anwendung.

Hier wird die Theorie der Elemente höherer Ordnung anschaulich dargestellt und in den Lagrange- und Hamilton-Formalismus integriert. Es werden die $\{L, D\}$-Modelle für lineare und nichtlineare Elemente höherer Ordnung aufgestellt und die Analyse mittels dieser Modelle demonstriert.

8.1 Definition und theoretische Grundlagen der Elemente höherer Ordnung

8.1.1 Grundelemente der Elektrotechnik und Mechanik

Wir beginnen bei der Struktur der Beschreibungsgleichungen für die Grundelemente von Elektrotechnik bzw. Mechanik. In der Elektrotechnik sind das

der elektrische Widerstand R:

$$u \;=\; R\,i \;=\; R\frac{d^0}{dt^0}\,i \qquad (8.1)$$

die Induktivität L^*:

$$u \;=\; L^*\frac{di}{dt} \;=\; L^*\frac{d^1}{dt^1}\,i \qquad (8.2)$$

und die Kapazität C:

$$u \;=\; \frac{1}{C}\int i\,dt = \frac{1}{C}\frac{d^{-1}}{dt^{-1}}\,i \qquad (8.3)$$

In der Mechanik sind es

die Dämpfung D^*:

$$F = D^*v = D^*\frac{d^0}{dt^0}\,v \qquad (8.4)$$

die Masse m:

$$F = m\frac{d}{dt}\,v = m\frac{d^1}{dt^1}\,v \qquad (8.5)$$

und die Federkonstante k^*:

$$F = k^*\int v\,dt = k^*\frac{d^{-1}}{dt^{-1}}\,v \qquad (8.6)$$

8.1.2 Allgemeine Definitionsgleichung der Elemente höherer Ordnung

Mit den Gleichungen (8.1) bis (8.6) wird deutlich, daß die Elementebeziehungen bzw. Zweipolrelationen derjenigen Elemente mittels zeitlicher Ableitungen bzw. Integrale der jeweiligen Zustandsgröße (in der Elektrotechnik - elektrischer Strom i; in der Mechanik - mechanische Geschwindigkeit v) darstellbar sind. Beschränkt man die Ableitungen nach der Zeit t nicht auf 1, -1 und 0, sondern läßt sie die ganzen Zahlen von -n bis n durchlaufen, so führt das zu den Elementen höherer Ordnung.

Die Definitionsgleichung für Elemente höherer Ordnung in normierter Form lautet

$$p^\beta \, y = f \left(p^\alpha \, x \right) \quad , \tag{8.7}$$

wobei α, β ganzzahlig sind, f eine n mal stetig differenzierbare Funktion ist und der Differentialoperator p folgendermaßen festgelegt ist:

n, natürliche Zahl:

$$p^n(.) = \frac{d^n(.)}{d\tau^n} = T_0^n \, \frac{d^n(.)}{dt^n} \tag{8.8}$$

$n < 0$, ganzzahlig:

$$p^n(.) = \int_{\tau_0}^{\tau} \int_{\tau_0}^{\tau_n} \ldots \int_{\tau_0}^{\tau_2} (.) \, d\tau_1 \ldots d\tau_n \tag{8.9}$$

Da Gleichung (8.7) eine normierte Form darstellt, bestehen verschiedene Möglichkeiten der Entnormierung. Findet Gleichung (8.7) in der Elekrotechnik Anwendung, bestehen zwei grundsätzliche Varianten. Entnormiert man mit $x = i/I_0$ und $y = u/U_0$, so liegt die *Ladungsformulierung* ($i = \dot{q}$) vor. Setzt man für $x = u/U_0$ und $y = i/I_0$, so spricht man von der *Flußformulierung* ($u = \dot{\psi}$). Unter Verwendung der Ladungsformulierung erhält man für die $\{\alpha, \beta\}$ - Paare: (0,0), (0,-1) und (-1,0) die elektrischen Grundzweipole: elektrischer Widerstand R, Induktivität L^* und Kapazität C. Aus $\alpha = \beta = -1$ resultiert das erste und einfachste Element höherer Ordnung - der *Memristor* - "*memory resistor*" - "*speichernder Widerstand* ".

Findet Gleichung (8.7) in der Mechanik Anwendung, so gibt es auch hier zwei grundsätzliche Entnormierungsmöglichkeiten. Wird für $x = v/v_0$ und $y = F/F_0$ gesetzt, spricht man von der Wegformulierung und mit der Entnormierung $x = F/F_0$ und $y = v/v_0$ von der Impulsformulierung .

Bei der Verwendung der Wegformulierung ergeben sich für die $\{\alpha, \beta\}$ - Paare: (0,0), (0,-1) und (-1,0) die mechanischen Grundelemente: mechanischen Dämpfung D^*, Masse m und Federkonstante k^*. Der Vektorcharakter von Kraft und Bewegung wird hier vorerst außer Betracht gelassen.

Läßt man nun α und β ganzzahlig unbegrenzt laufen, so führt das auf eine Vielzahl neuer Elemente. Jedes Zweipolelement mit $|\alpha| \geq 1$ oder $|\beta| \geq 1$ heißt Element höherer Ordnung. Eine Darstellungform für α und β und den daraus resultierenden Elementen höherer Ordnung geben die Abbildungen 8.1 wieder.

Bei einem linearen Kennlinienverlauf kann die Gleichung (8.7) immer explizit nach x bzw. y aufgelöst werden. Aus (8.7) folgt dann

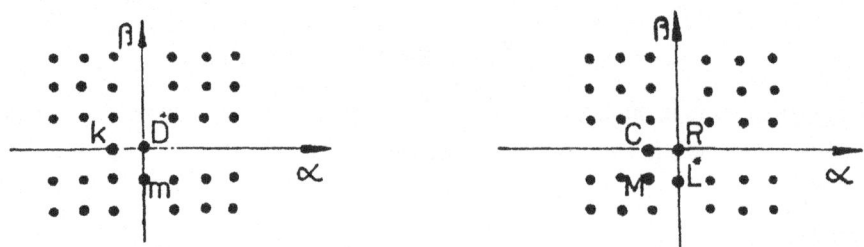

Abbildung 8.1: Elementeübersicht für Elemente der Elektrotechnik (rechts) und der Mechanik (links)

$$y = p^{-\beta} f(p^{\alpha} x) = \int_{t_0}^{t} \int_{t_0}^{t_{\beta}} \dots \int_{t_0}^{t_2} f(p^{\alpha} x) \, dt_1 \dots dt_{\beta} \quad , \qquad (8.10)$$

so daß mit

$$f(p^{\alpha} x) = K p^{\alpha} x \qquad (8.11)$$

sich die Formen

$$y = p^{-\beta} K p^{\alpha} x = K p^{\alpha-\beta} x = K p^{k} x \qquad \text{bzw.} \qquad x = \frac{1}{K} p^{-k} y \qquad (8.12)$$

ergeben. Aus den Gleichungen (8.12) ist weiter zu entnehmen:

Solange sich die Elemente in Abbildung 8.1 längs einer Geraden mit $\alpha - \beta = const.$ befinden, tragen sie den gleichen Charakter.

Für Elemente der Elektrotechnik gilt mit $k = \alpha - \beta$:

$k = 0$: positive Widerstände
$k = 1$: positive frequenzabhängige Induktivitäten
$k = 2$: negative frequenzabhängige Widerstände
$k = 3$: positive frequenzabhängige Kapazitäten

Für Elemente der Mechanik gilt mit $k = \alpha - \beta$:

$k = 0$: positive Dämpfung
$k = 1$: positive frequenzabhängige Masse

$k = 2$: negative frequenzabhängige Dämpfung

$k = 3$: positive frequenzabhängige Federkonstante

Erhöht man k weiter, ist eine periodische Wiederkehr dieser vier verschiedenen Charakteristiken erkennbar.

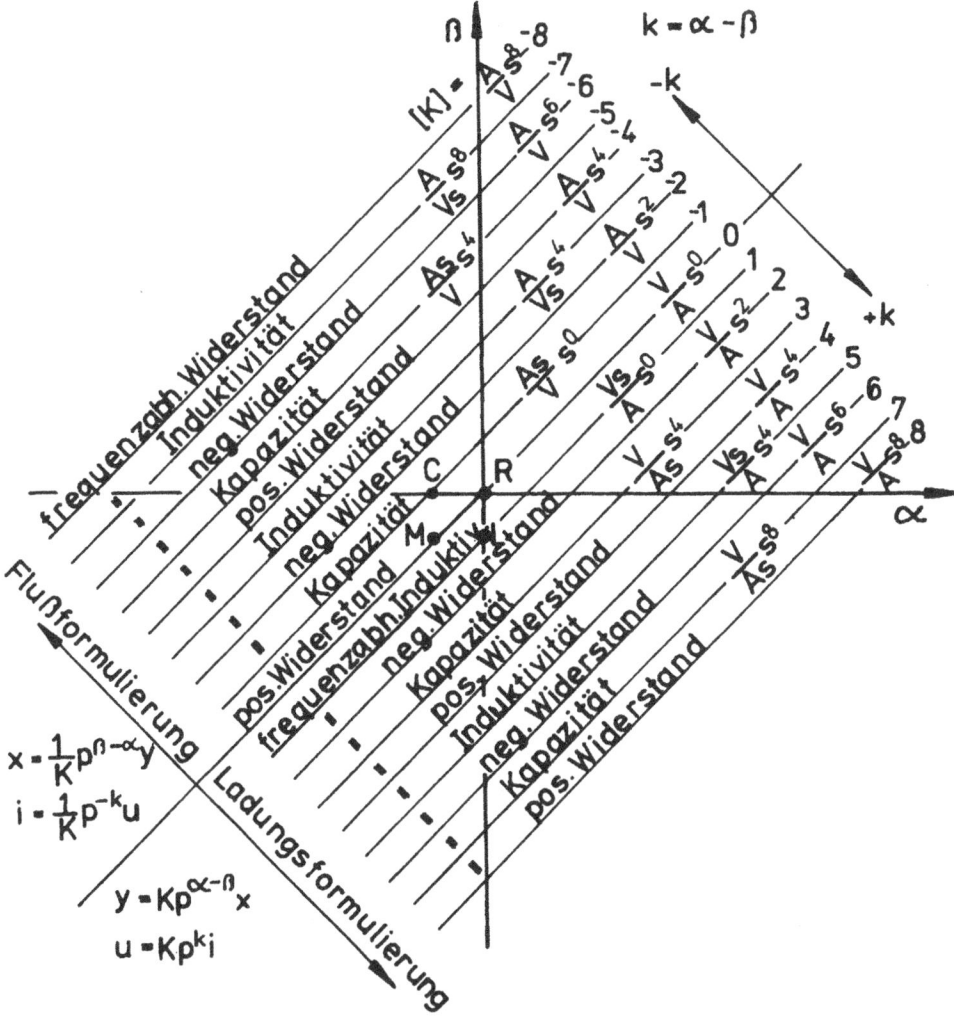

Abbildung 8.2: Elementeübersicht für $k = -8$ bis $k = +8$

8.1.3 Betrag und Phasenverhalten der Elemente höherer Ordnung der Elektrotechnik

Die Elemente höherer Ordnung werden in verschiedene Gruppen unterteilt. Analog zu den Grundelementen ist die Art der Kennlinie ein wesentliches Unterscheidungsmerkmal. So kann man in lineare und nichtlineare Elemente höherer Ordnung unterteilen. Nichtlineare Elemente höherer Ordnung werden durch den Verlauf der Kennlinie $f(.)$ und die Zeitoperatorexponenten α und β charakterisiert. Im linearen Fall wird die Kennlinie durch eine Konstante repräsentiert, wobei die Differenz der Zeitoperatorexponenten $k = \alpha - \beta$ zur Charakterisierung des Zeitverhaltens ausreicht. Es sei hier auf Kapitel (8.1.2) verwiesen. Die Differenz $k = \alpha - \beta$ beinhaltet ebenso die Ordnung des Elementes.

Ein allgemeiner Zweipol wird durch die anliegende Spannung und den fließenden Strom eindeutig bestimmt. Man unterscheidet hierbei zwischen *stromgesteuertem* und *spannungsgesteuertem Zweipol*. Von Bedeutung sind diese besonders bei der Realisierung der Elemente höherer Ordnung in Kapitel 8.1.4.

Aus dem Strom-Spannungsverhalten läßt sich die Übertragungsfunktion der Elemente höherer Ordnung bestimmen. So wird ein linearer stromgesteuerter Zweipol durch eine Impedanzfunktion, sowie ein linearer spannungsgesteuerter Zweipol durch eine Admittanzfunktion beschrieben.

Linearer stromgesteuerter Zweipol:

$$H_Z(p^*) = \frac{A(p^*)}{E(p^*)} = \frac{U(p^*)}{I(p^*)} = Z(p^*) = Kp^{*k} \quad \text{mit} \quad [K] = \frac{V}{A}s^k \qquad (8.13)$$

Linearer spannungsgesteuerter Zweipol [1]:

$$H_Y(p^*) = \frac{A(p^*)}{E(p^*)} = \frac{I(p^*)}{U(p^*)} = Y(p^*) = \frac{1}{K}p^{*-k} \quad \text{mit} \quad [K] = \frac{A}{V}s^{-k} \qquad (8.14)$$

Im weiteren sollen nun die Elemente höherere Ordnung miteinander und mit den Grundelementen verglichen werden. Hierzu werden Betrag und Phase des komplexen Widerstandes bzw. Leitwertes herangezogen.

Mit der Bezugsgröße $z_0 = K\omega_0^k$ erhält man aus Gleichung (8.13) das logarithmische Amplitudenmaß (8.15) der Impedanzfunktion , sowie mit $y_0 = 1/K\omega_0^{-k}$ und (8.14) das logarithmische Amplitudenmaß (8.16) der Admittanzfunktion :

---

[1]p^* bezeichnet hier den Laplace-Operator und keinen kanonischen Impuls, weil $H(p^*)$ hier eine Übertragungsfunktion und keine Hamilton-Funktion bezeichnet.

$$\left.\frac{|z|}{|z_0|}\right|_{dB} = 20\,k\,lg(\frac{\omega}{\omega_0}) \tag{8.15}$$

$$\left.\frac{|y|}{|y_0|}\right|_{dB} = -20\,k\,lg(\frac{\omega}{\omega_0}) \tag{8.16}$$

Hierbei ist das entscheidende Kriterium der Anstieg der Amplitudenkurve. So vergrößert sich bei induktivem Amplitudenverhalten der Betrag des komplexen Widerstandes mit steigender Frequenz, während er sich bei kapazitivem Verhalten verringert. Eine Aussage hierzu geben die Gleichungen (8.17)

$$\frac{d\frac{|z|}{|z_0|}}{d\,lg(\frac{\omega}{\omega_0})} = 20\,k \quad und \quad \frac{d\frac{|y|}{|y_0|}}{d\,lg(\frac{\omega}{\omega_0})} = -20\,k \quad . \tag{8.17}$$

Daraus folgt:

- Ist der Zeitoperatorexponent der Impedanzfunktion eines Elementes höherer Ordnung positiv ($k > 0$), so folgt ein induktives Amplitudenverhalten.

- Ist der Zeitoperatorexponent der Impedanzfunktion eines Elementes höherer Ordnung negative ($k < 0$), so folgt ein kapazitives Amplitudenverhalten. (Entsprechend verhält sich der Betrag des komplexen Leitwertes, wobei das Vorzeichen beachtet werden muß.)

Aus den Gleichungen (8.13) und (8.14) lassen sich die Beziehungen zur Bestimmung der Phasenlage ableiten. So gilt

$$\phi = arg(z) = arg(K\,(j)^k\,(\omega)^k\,) \tag{8.18}$$

und

$$\phi = arg(y) = arg(\frac{1}{K}\,(j)^{-k}\,(\omega)^{-k}\,) \quad . \tag{8.19}$$

Der Phasenwinkel ϕ drückt das "Voreilen" der Spannung gegenüber dem Strom am betreffenden Element höherer Ordnung aus. (Abb. 8.5)

Aus der Darstellung in Abbildung (8.5) wird deutlich, daß Elemente höherer Ordnung induktives, kapazitives, reelles oder negativ reelles Phasenverhalten aufweisen können. Im Gegensatz zu den Grundelementen kann jedoch zu jeder Phasenlage ein induktives bzw. kapazitives Amplitudenverhalten höherer Ordnung gehören.

In Abbildung (8.6) werden die Elemente höherer Ordnung entsprechend ihrem Amplituden- und Phasenverhalten in das Elementeschema eingefügt. Deutlich wird hierbei die Vielfalt ihrer Charakteristiken.

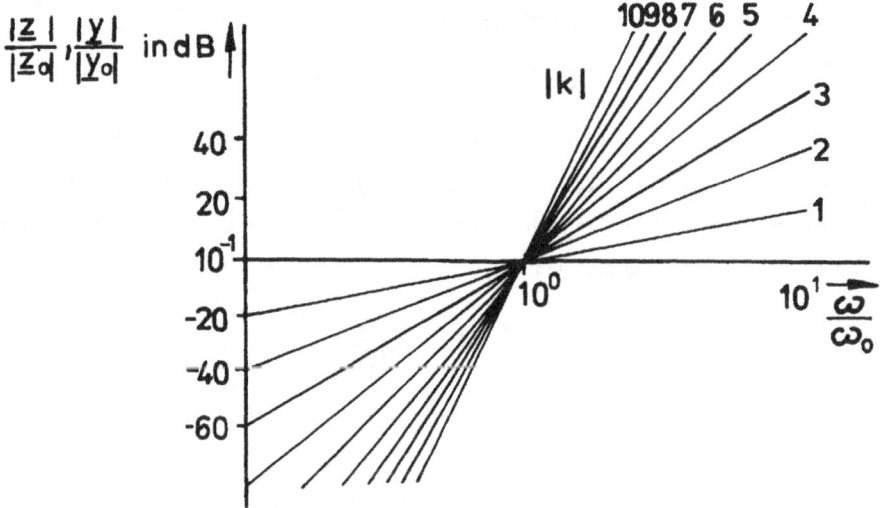

Abbildung 8.3: Amplitudenverhalten der Impedanzfunktion von Elementen höherer Ordnung mit positiven Zeitoperatorexponenten k bzw. der Admittanzfunktion mit negativen
Zeitoperatorexponeneten k

8.1.4 Realisierung von Elementen höherer Ordnung

Eine mögliche Realisierung von Elementen höherer Ordnung erfolgt durch die Reihenschaltung von Integrierern, wobei deren Anzahl die Ordnung des Elementes determiniert.
Die Struktur eines spannungsgesteuerten Elementes höherer Ordnung ist in Abbildung
(8.7) dargestellt.

Die dazugehörige Übertragungsfunktion berechnet man durch die Multiplikation der
Übertragungsfunktionen der realen Integrierer

$$H(p^*) = \frac{V_{i_1}}{(T_1 p^* + 1)} \cdot \frac{V_{i_2}}{(T_2 p^* + 1)} \cdot \ldots \cdot \frac{V_{i_n}}{(T_n p^* + 1)} V_Q \quad . \tag{8.20}$$

Hierbei sind V_{i_1} - V_{i_n} die Verstärkungsfaktoren und T_1 - T_n die Zeitkonstanten des 1. bis
n-ten Integrierers. V_Q ist die Steilheit der gesteuerten Stromquelle.

Wird $T_1 = T_2 = \ldots = T_n$ angenommen, so vereinfacht sich die Gleichung (8.20) zu

$$H(p^*) = \frac{I(p^*)}{U(p^*)} = \frac{V_s}{(1 + p^* T)^n} \quad . \tag{8.21}$$

V_s beinhaltet die gesamte Verstärkung. Aus dieser resultierenden Übertragungsfunktion

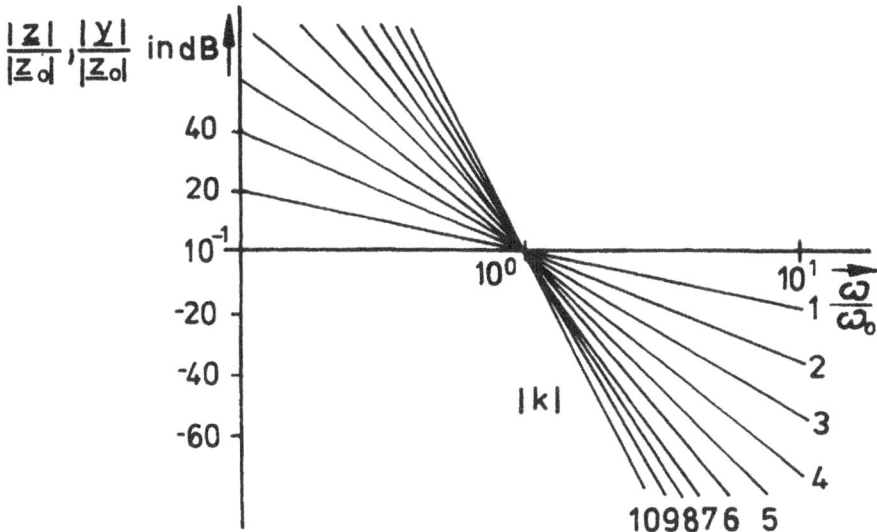

Abbildung 8.4: Amplitudenverhalten der Impedanzfunktion von Elementen höherer Ordnung mit negativen Zeitoperatorexponenten k bzw. der Admittanzfunktion mit positiven Zeitoperatorexponenten k

$H(p^*)$ berechnet sich der Widerstand des Elementes höherer Ordnung

$$Z(p^*) = \frac{U(p^*)}{I(p^*)} = \frac{(1 + p^*T)^n}{V_s} \quad , \tag{8.22}$$

was auf die Form

$$U(p^*) = \frac{(1 + p^*T)^n}{V_s} I(p^*) \tag{8.23}$$

führt. Bei der Benutzung der Binomialkoeffizienten entsteht der Ausdruck

$$U(p^*) = \frac{1}{V_s}\left[\binom{n}{0} + \binom{n}{1}p^*T + \binom{n}{2}p^{*2}T^2 + \ldots + \binom{n}{n}p^{*n}T^n\right]I(p^*) \quad , \tag{8.24}$$

was im Originalbereich auf die Form

$$u = \frac{1}{V_s}\left[\binom{n}{0} + \binom{n}{1}T\frac{di}{dt} + \binom{n}{2}T^2\frac{d^2i}{dt^2} + \ldots + \binom{n}{n}T^n\frac{d^ni}{dt^n}\right] \quad , \tag{8.25}$$

oder mit Koeffizienten versehen auf den Ausdruck

$$u = a_ni + a_{n-1}\frac{di}{dt} + a_{n-2}\frac{d^2i}{dt^2} + \ldots + a_0\frac{d^ni}{dt^n} \tag{8.26}$$

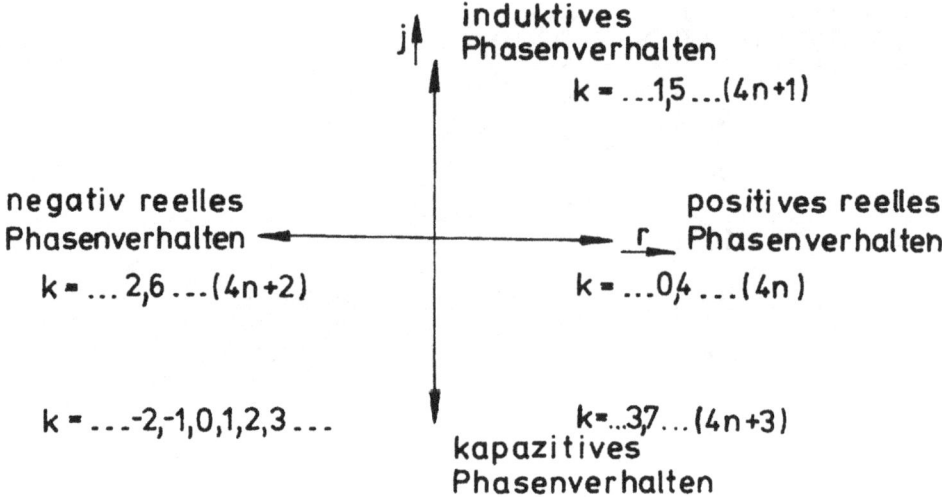

Abbildung 8.5: Zeigerdiagramm der Phasenlage in Abhängigkeit vom Zeitoperatorexponenten k

führt. Seine normierte Form lautet mit $y = u/U_0$, $x = i/I_0$ und $\tau = \omega t$

$$y = \binom{n}{0} x + \binom{n}{1} \frac{dx}{d\tau} + \binom{n}{2} \frac{d^2 x}{d\tau^2} + \ldots + \binom{n}{n} \frac{d^n x}{d\tau^n} \quad . \tag{8.27}$$

Die Gleichung (8.26) beschreibt ein reales Element n-ter Ordnung. Gegenüber der Darstellungsform (8.7) eines idealen Elementes höherer Ordnung sind in Gleichung (8.26) die Verluste mit berücksichtigt. Diese Beschreibungsgleichung 8.25 läßt sich in zwei Teile aufteilen:

$$\text{Teil 1:} \quad u = a_0 \frac{d^n i}{dt^n} = \frac{T^n}{V_s} \frac{d^n i}{dt^n} \tag{8.28}$$

$$\text{Teil 2:} \quad u = \frac{1}{V_s} \left[\binom{n}{0} i + \binom{n}{1} T \frac{di}{dt} + \ldots + \binom{n}{n-1} T^{n-1} \frac{d^{n-1} i}{dt^{n-1}} \right] \tag{8.29}$$

Teil 1 beschreibt das ideale Element höherer Ordnung und somit die Charaktristik. *Teil 2* ist ein Dämpfungsglied und beschreibt die Verluste in diesem Element. Hierbei erkennt man, daß die Verluste in einem solchen Element einer komplizierten Funktion entsprechen.

Aufgabe: Für ein stromgesteuertes Element m-ter Ordnung möge der Leser die Beschreibungsgleichung

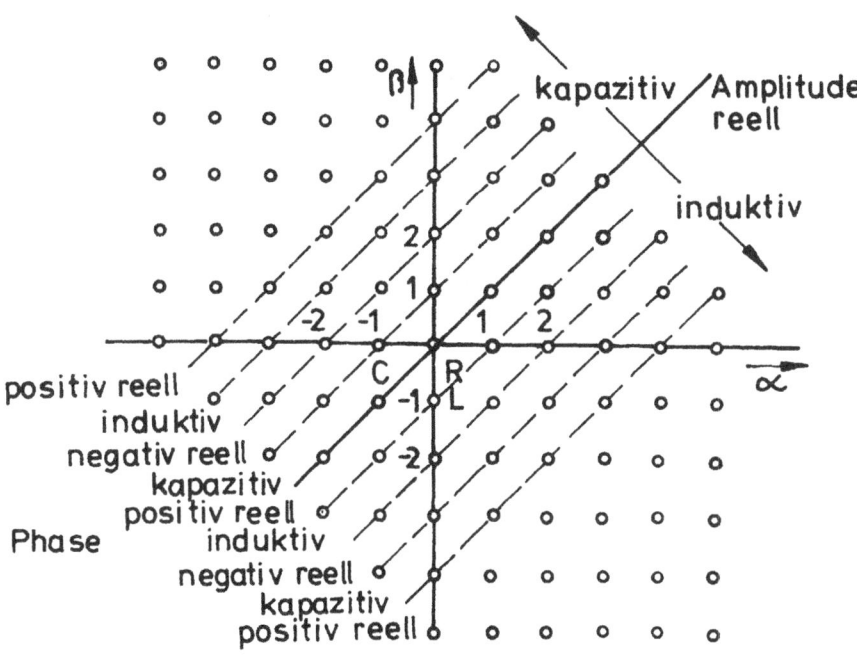

Abbildung 8.6: Elementeschema unter Berücksichtigung des Phasen- und Amplituden-verhaltens

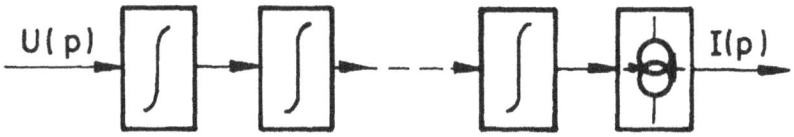

Abbildung 8.7: Struktur eines spannungsgesteuerten Elementes höherer Ordnung

herleiten, wenn eine Struktur dual zu der in Abbildung 8.7 gewählt wird.

Lösung:

$$i = b_m u + b_{m-1}\frac{du}{dt} + b_{m-2}\frac{d^2u}{dt^2} + \dots + b_0\frac{d^mu}{dt^m}$$

bzw. in normierter Form mit $x = i/I_0$, $y = u/U_0$, $\tau = \omega t$

$$x = \binom{m}{0}y + \binom{m}{1}\frac{dy}{d\tau} + \binom{m}{2}\frac{d^2y}{d\tau^2} + \dots + \binom{m}{m}\frac{d^my}{d\tau^m} \, .$$

8.1.5 Haupteigenschaften der Elemente höherer Ordnung

Mit den Elementen höherer Ordnung ($\alpha - \beta -$ *Elemente*) in der Elektrotechnik werden neue Zweipole eingeführt, die nicht auf fundamentalere Elemente zurückgeführt werden können. Diese neuen Zweipole besitzen drei Haupteigenschaften:

1. **Abgeschlossenheit der linearisierten $\alpha - \beta$ - Elemente**

   Es sei ein Zweipol, der aus einer willkürlichen Zusammenschaltung von resistiven bzw. induktiven bzw. kapazitiven Elementen beliebiger Ordnung besteht, gegeben. Alle inneren Elemente werden um besimmte Arbeitspunkte ausgesteuert und als linearisierte Elemente behandelt. Diese sind dann frequenzabhängige Widerstände bzw. Induktivitäten oder Kapazitäten.

   Dann ist der linearisierte Zweipol durch eine frequenzabhängige Widerstandsfunktion $R(\omega)$ bzw. Induktivitätsfunktion $L^*(\omega)$ oder Kapazitätsfunktion $C(\omega)$ charakterisiert.

2. **Abgeschlossenheit der nichtlinearen $\alpha - \beta$ - Elemente**

   Es sei eine beliebige endliche Anzahl von Elementen höherer Ordnung des gleichen Typs, d.h. solche mit gleichem α, β in willkürlicher Zusammenschaltung gegeben. Jede Zusammenschaltung dieser Elemente führt stets wieder auf ein Element höherer Ordnung gleichen Typs.

   Diese Eigenschaft leitet sich unmittelbar aus der Definitionsgleichung (8.7) ab. Bei festen Paaren α, β für alle Elemente der Zusammenschaltung kann hinsichtlich der α - fachen , β - fachen Differentiation (Integration) keine Veränderung auftreten, so daß der gleiche Elementetyp entstehen muß.

   Anmerkung:

   Der Verlauf der nichtlinearen Kennlinie eines jeden Elementes, ausgedrückt durch den mathematischen Verlauf der Funktion f in (8.7) , ist unabhängig vom Elementetyp. Die Kennlinienverläufe sind unter Beibehaltung gewisser Stetigkeits- und Differenzierbarkeitsforderungen ohne jegliche Auswirkung auf den Elementetyp veränderbar, um eine Anpassung an das technische Problem zu erzielen.

3. **Unabhängigkeitseigenschaften der nichtlinearen $\alpha - \beta$ - Elemente**

   In Abbildung ?? ist jedem $\alpha - \beta$ - Element ein durch α und β genau ein Punkt zugeordnet. Damit liegen die Differentiationen bzw. Integrationen fest. Die die nichtlineare Funktion enthaltende Definitionsgleichung (8.7) kann für jedes einzelne Element in die implizite Form

$$f_{\alpha\beta}(p^\beta y, p^\alpha x) = 0 \qquad (8.30)$$

umgeschrieben werden. Da für verschiedene Paare (α, β) auch die Differentiationen (Integrationen) verschieden sind, gilt: Kein Element, welches durch eine nichtlineare Kennlinie der Form (8.30) definiert wird, kann durch eine Kombination anderer $\alpha - \beta$ -Elemete synthetisiert werden.

Kapitel 9

$\{L, D\}$-Modelle für Elemente höherer Ordnung

Um Systeme mit Elemente höherer Ordnung mit Hilfe des Lagrange-Formalismus beschreiben zu können, sind ihre $\{L, D\}$-Modelle herzuleiten. Zu einem solchen Modell gehören die Lagrange-Funktion und die Dissipationsfunktion des jeweiligen Elementes. Aus dem Kapitel 3.1 ist bekannt, daß dem Lagrange-Formalismus die Euler-Lagrange-Differentialgleichung zugrunde liegt. Durch die bekannte Euler-Lagrange-Differentialgleichung werden jedoch nur Elemente nullter und erster Ordnung beschrieben. Das fordert: Um Elemente höherer Ordnung in den Lagrange-Formalismus einbeziehen zu können, muß die Euler-Lagrange-Differentialgleichung um Terme höherer zeitlicher Ableitungen der verallgemeinerten Koordinaten erweitert werden. Das führt wiederum auf ein hinsichtlich der Ordnung erweitertes Variationsproblem. Das Variationsproblem umfaßt jetzt die Ermittlung der Extremwerte des Funktionals:

$$I = \int_{t_0}^{t_1} f(t, q_k, \dot{q}_k, \ddot{q}_k, \ldots, \overset{(n)}{q}_k) dt \overset{!}{=} \text{Extremum} \qquad k = 1, 2, \ldots, f \qquad (9.1)$$

mit den Randbedingungen

$$q_k(t_0) = q_{k0} \quad ; \quad \dot{q}_k(t_0) = \dot{q}_{k0} \quad ; \quad \ldots \quad ; \quad \overset{(n-1)}{q}_k(t_0) = \overset{(n-1)}{q}_{k0} \qquad (9.2)$$

und

$$q_k(t_1) = q_{k1} \quad ; \quad \dot{q}_k(t_1) = \dot{q}_{k1} \quad ; \quad \ldots \quad ; \quad \overset{(n-1)}{q}_k(t_1) = \overset{(n-1)}{q}_{k1} \quad . \qquad (9.3)$$

Die Euler-Lagrange-Differentialgleichung lautet [1]

---

[1] Bronstein, I.N.; Semendjajew, K.A.: Taschenbuch der Mathematik, 19. Auflage, Verlag Nauka, Mos-

$$f_{q_k} - \frac{d}{dt} f_{\dot{q}_k} + \frac{d^2}{dt^2} f_{\ddot{q}_k} + \cdots + (-1)^n \frac{d^n}{dt^n} f_{\overset{(n)}{q}_k} = 0 \tag{9.4}$$

bzw.

$$\sum_{l=1}^{n} (-1)^{l-1} \frac{d^l}{dt^l} \frac{\partial L}{\partial \overset{(l)}{q}_k} - \frac{\partial L}{\partial q_k} = 0 \ . \tag{9.5}$$

Handelt es sich um ein nichtkonservatives System, sind verallgemeinerte äußere Kräfte F_k auf der rechten Seite in (9.6)

$$\sum_{l=1}^{n} (-1)^{l-1} \frac{d^l}{dt^l} \frac{\partial L}{\partial \overset{(l)}{q}_k} - \frac{\partial L}{\partial q_k} = F_k \qquad k = 1, 2, ..., f \ . \tag{9.6}$$

zu berücksichtigen. Die Kräfte F_k werden additiv zerlegt, indem Anteile mit bestimmten Eigenschaften abgespalten werden. Es soll formal

$$\sum_{l=0}^{n} (-1)^{l+1} \frac{d^l}{dt^l} \frac{\partial L}{\partial \overset{(l)}{q}_k} = F_k^{(1)} + F_k^{(2)} \tag{9.7}$$

gelten. Hierbei seien die $F_k^{(1)}$ selbst wie folgt additiv zerlegbar:

$$F_k^{(1)} = F_k^{(1,1)}(\dot{q}_k) + F_k^{(1,2)}(\overset{(3)}{q}_k) + \cdots + F_k^{(1,n)}(\overset{(2n-1)}{q}_k) \tag{9.8}$$

Die Kräfte $F_k^{(1,i)}$ seien durch Dissipationsfunktionen in folgender Form darstellbar:

$$F_k^{(1,1)}(\dot{q}_k) := -\frac{\partial}{\partial \dot{q}_k} D(\dot{q}_k, \ddot{q}_k, ..., \overset{(n)}{q}_k) \quad \Rightarrow \quad D = -\int^{\dot{q}_k} F_k^{(1,1)}(\dot{q}_k) d\dot{q}_k$$

$$F_k^{(1,2)}(\overset{(3)}{q}_k) := -\frac{d}{dt} \frac{\partial}{\partial \ddot{q}_k} D(\dot{q}_k, \ddot{q}_k, ..., \overset{(n)}{q}_k) \quad \Rightarrow \quad D = -\int^{\ddot{q}_k} \int^t F_k^{(1,2)}(\overset{(3)}{q}_k) dt d\ddot{q}_k$$

$$\vdots$$

$$F_k^{(1,n)}(\overset{(2n-1)}{q}_k) := (-1)^n \frac{d^{n-1}}{dt^{n-1}} \frac{\partial}{\partial \overset{(n)}{q}_k} D(\dot{q}_k, \ddot{q}_k, ..., \overset{(n)}{q}_k)$$

$$\Rightarrow \quad D = (-1)^n \int^{\overset{(n)}{q}_k} \int^{t_{n-1}} \cdots \int^{t_1} F_k^{(1,n)}(\overset{(2n-1)}{q}_k) dt_1 \ldots dt_{n-1} d\overset{(n)}{q}_k \ , \tag{9.9}$$

wobei daraus die dazugehörigen Dissipationsfunktionen folgen. Hierbei gilt, daß die $\overset{(j)}{q}_k$ mit $(j \in 1, \ldots, n)$ maximal quadratisch in der Dissipationsfunktion D auftreten. Auch

kau, BSB B.G. Teubner Verlagsgesellschaft, Leipzig, 1979, S. 439

dürfen keine gemischten Terme der $\overset{(j)}{q}_k$ in D auftreten, das heißt, die einzelnen Terme der $\overset{(j)}{q}_k$ sind additiv miteinander verknüpft. Die Dissipationsfunktion hat dann die Gestalt

$$D = D(\dot{q}_k, \ddot{q}_k, \ldots, \overset{(n)}{q}_k) = D_1(\dot{q}_k) + D_2(\ddot{q}_k) + \ldots + D_n(\overset{(n)}{q}_k) \quad . \tag{9.10}$$

Bringt man die $F_k^{(1)}$ auf die linke Seite der Gleichung (9.7), so folgt eine Beschreibungsform

$$\sum_{l=0}^{n}(-1)^{l+1}\frac{d^l}{dt^l}\frac{\partial L}{\partial \overset{(l)}{q}_k} + \sum_{s=0}^{m}(-1)^s\frac{d^s}{dt^s}\frac{\partial D}{\partial \overset{(s+1)}{q}_k} = Q_k \tag{9.11}$$

nichtkonservativer Systeme höherer Ordnung .

Es sollen nun die {L, D}-Modelle von Elementen höherer Ordnung aufgestellt werden. Dazu ist es erforderlich, die Beschreibungsgleichungen, welche aus der Definitionsgleichung sowie aus der Realisierung folgen, zu vergleichen. Die Definitionsgleichung (8.7) sagt aus, daß ein Element höherer Ordnung durch einen einzigen Term, der die jeweilige beschreibende zeitliche Ableitung der verallgemeinerten Koordinate enthält, beschrieben wird. Solche Elemente heißen im folgenden *ideale* Elemente höherer Ordnung.

In Kapitel 8.1.4 wurde eine Realisierungsmöglichkeit von Elementen höherer Ordnung vorgestellt. Die daraus resultierende Beschreibungsgleichung (8.25) weist eine viel kompliziertere Struktur auf. Neben dem Term, der die höchste und somit charakteristische zeitliche Ableitung der verallgemeinerten Koordinate enthält, treten weiter Terme niedrigerer zeitlicher Ableitungen der verallgemeinerten Koordinate auf, welche die Verluste des Elementes höherer Ordnung beschreiben.

Das heißt, die Beschreibungsgleichung eines durch Integrierer realisierten Elementes höherer Ordnung repräsentiert eine kompliziertere Struktur als die Definitionsgleichung der idealen Elemente höherer Ordnung. Die aus der Realisierung resultierenden Elemente höherer Ordnung sollen im folgenden *reale* Elemente höherer Ordnung genannt werden. Daraus folgt die Unterscheidung der {L, D}-Modelle von *idealen* und *realen* Elementen höherer Ordnung.

9.1   {L, D}-Modelle von idealen linearen Elementen höherer Ordnung

Werden die L- und D-Funktion eines technischen Systems in die Euler-Lagrange-Differentialgleichung eingesetzt und die Variationsableitungen gebildet, so folgen die

Bewegungsgleichungen desselben. Jeder Term der Bewegungsgleichung repräsentiert die Zweipolrelation des jeweiligen Systemelementes. Für ideale Elemente höherer Ordnung beinhaltet die Definitionsgleichung diese Zweipolrelation. Das heißt: Setzt man das $\{L, D\}$-Modell eines Elementes höherer Ordnung in die erweiterte Euler-Lagrange-Differentialgleichung ein und bildet die Variationsableitung, so ergibt sich die Zweipolrelation des jeweiligen Elementes höherer Ordnung.

Der umgekehrte Weg über den Termvergleich zwischen der erweiterten Euler-Lagrange-Differentialgleichung und der Definitionsgleichung erlaubt den Schluß auf das $\{L, D\}$-Modell des Elementes höherer Ordnung. An einem Beispiel soll die Vorgehensweise zum Aufstellen eines solchen Modells gezeigt werden.

Beispiel:

Es sei ein lineares ideales Element fünfter Ordnung gewählt. Seine Definitionsgleichung hat nach 8.7 die Form [2]

$$y = p^5 x \tag{9.12}$$

und somit die allgemeine Zweipolrelation

$$u = \frac{d^5}{dt^5} f(\dot{q}) = K \frac{d^5}{dt^5} \dot{q} = K \frac{d^3}{dt^3} \overset{(3)}{q} \quad . \tag{9.13}$$

Der Vergleich von Gleichung (9.13) mit den Termen der erweiterten Euler-Lagrange-Differentialgleichung (9.11) führt auf

$$K \frac{d^3}{dt^3} \overset{(3)}{q} \equiv \frac{d^3}{dt^3} \frac{\partial L}{\partial \overset{(3)}{q}} \quad . \tag{9.14}$$

Wird die Gleichung (9.14) nach der Lagrange-Funktion L umgestellt, dann lautet das $\{L, D\}$-Modell des idealen Elementes fünfter Ordnung

$$L = \frac{K}{2} \overset{(3)}{q}^2 \quad , \tag{9.15}$$

wobei die mathematisch formal bei der Intergation auftretende quadratische Funktion in t Null zu setzen ist.

Für ideale lineare Elemente höherer Ordnung folgt also für das $\{L, D\}$-Modell jeweils nur ein Term, der dieses Element charakterisiert. Je nach Ordnung des Elementes ergibt sich eine L- bzw. D-Funktion als $\{L, D\}$-Modell.

Die Zuordnung spezifischer Größen aus verschiedenen Wissenschaftsbereichen bzgl. der verallgemeinerten Koordinate liefert konkrete Aussagen über die Charakteristik des je-

---

[2] x entspricht bei der Ladungsformulierung dem elektrischen Strom $i = \dot{q}$ und y der elektrischen Spannung u.

weiligen zu beschreibenden Elementes. Für das vorangegangene Beispiel bedeutet das in den verschiedenen Formulierungen:

1. Ladungsformulierung: $q = q$ (elektrische Ladung)

$$\text{Zweipolrelation:} \quad u \;=\; K_1 \frac{d^5}{dt^5} \dot{q} = K_1 \frac{d^3}{dt^3} \overset{(3)}{q} \tag{9.16}$$

$$\text{\{L,D\}-Modell:} \quad L \;=\; \frac{K_1}{2} \overset{(3)}{q}{}^{2} \quad \Rightarrow \quad K_1 = L^*(f) \tag{9.17}$$

$$L^*(f) \quad - \quad \text{frequenzabhängige Induktivität}$$

2. Flußformulierung: $q = \psi$ (verketteter magnetischer Fluß)

$$\text{Zweipolrelation:} \quad i \;=\; K_2 \frac{d^5}{dt^5} \dot{\psi} = K_2 \frac{d^3}{dt^3} \overset{(3)}{\psi} \tag{9.18}$$

$$\text{\{L,D\}-Modell:} \quad L \;=\; \frac{K_2}{2} \overset{(3)}{\psi}{}^{2} \quad \Rightarrow \quad K_2 = C(f) \tag{9.19}$$

$$C(f) \quad - \quad \text{frequenzabhängige Kapazität}$$

3. Wegformulierung: $q = x$ (Weg)

$$\text{Zweipolrelation:} \quad F \;=\; K_3 \frac{d^5}{dt^5} \dot{x} = K_3 \frac{d^3}{dt^3} \overset{(3)}{x} \tag{9.20}$$

$$\text{\{L,D\}-Modell:} \quad L \;=\; \frac{K_3}{2} \overset{(3)}{x}{}^{2} \quad \Rightarrow \quad K_3 = m(f) \tag{9.21}$$

$$m(f) \quad - \quad \text{frequenzabhängige Masse}$$

4. Impulsformulierung: $q = p$ (mechanischer Impuls)

$$\text{Zweipolrelation:} \quad v \;=\; K_4 \frac{d^5}{dt^5} \dot{p} = K_4 \frac{d^3}{dt^3} \overset{(3)}{p} \tag{9.22}$$

$$\text{\{L,D\}-Modell:} \quad L \;=\; \frac{K_4}{2} \overset{(3)}{p}{}^{2} \quad \Rightarrow \quad K_4 = k^*(f) \tag{9.23}$$

$$k^*(f) \quad - \quad \text{frequenzabhängige Richtgröße einer Schwingung}$$

In Tabelle A.1 bis A.5 in Anhang A.1, sind die Zweipolrelationen und die {L, D}-Modelle für Elemente erster bis achter Ordnung im allgemeinen, sowie für die Elektrotechnik und Mechanik spezifiziert, dargestellt. Betrachtet man die L- und D-Funktionen der Elemente erster bis achter Ordnung, so ist eine Gesetzmäßigkeit in deren Struktur erkennbar. Hieraus leitet sich eine allgemeine Bildungsvorschrift zum Aufstellen der L- und D-Funktionen idealer Elemente höherer Ordnung ab. Sie beruht einzig und allein auf der Ordnung des Elementes und lautet für L und D:

$$L \;=\; (-1)^{\frac{1}{2}(k+3)} \frac{K}{2} \left[\overset{(\frac{k}{2}+\frac{1}{2})}{q} \right]^2 \qquad k\text{-ungerade} \tag{9.24}$$

$$D = (-1)^{\frac{k}{2}} \frac{K}{2} \left[\frac{(\frac{k}{2}+1)}{q} \right]^2 \qquad k\text{-gerade} \qquad (9.25)$$

Weiter ist aus Kapitel 8.1.3 bekannt, daß die Charakteristik eines Elementes von seiner Ordnung abhängt. Damit kann von der Ordnung des Elementes auf dessen Charakteristik geschlossen werden. Dazu werden zusätzlich die Maßeinheiten herangezogen. Damit gilt:

$$[K] = \frac{[L]}{[(\frac{(\frac{k}{2}+\frac{1}{2})}{q})^2]} \qquad k \in 1, 3, 5, \dots, n \qquad (9.26)$$

und

$$[K] = \frac{[D]}{[(\frac{(\frac{k}{2}+1)}{q})^2]} \qquad k \in 0, 2, 4, \dots, m \qquad (9.27)$$

Aus den vorangegangenen Betrachtungen läßt sich eine periodische Wiederkehr charakteristische Merkmale ableiten. Für die vier verschiedenen Formulierungen sind die Charakteristiken in den Tabellen 9.1 und 9.2 zusammengefaßt.

9.2 $\{L, D\}$-Modelle realer linearer Elemente höherer Ordnung

Eine Modellierung realer Elemente höherer Ordnung wurde in Kapitel 8.1.4 dargestellt. Es steht nun die Aufgabe, $\{L, D\}$-Modelle für solche verlustbehaftete Elemente höherer Ordnung aufzustellen. Die Vorgehensweise wird hier für Elemente in Ladungsformulierung erläutert. Die Ergebnisse sind ohne weiteres auf Elemente in Flußformulierung übertragbar. Die Beschreibung verlustbehafteter Elemente höherer Ordnung in Ladungsformulierung erfolgt durch Gleichung (8.25). Will man nun das $\{L, D\}$-Modell aufstellen, vergleicht man wieder jeden Term der Beschreibungsgleichung (8.25) des Elementes höherer Ordnung mit den Termen der erweiterten Euler-Lagrange-Differentialgleichung (9.11). So kann man für jeden Term der Beschreibungsgleichung einen L- bzw. D-Term aufstellen. Werden alle L- bzw. D-Terme zur Lagrange- und Dissipationsfunktion aufsummiert, erhält man das $\{L, D\}$-Modell dieses Elementes.

Beispiel:

Die Beschreibungsgleichung eines realen Elementes zweiter Ordnung lautet

$$u = \frac{1}{V_s}\dot{q} + \frac{2T}{V_s}\frac{d}{dt}\dot{q} + \frac{T^2}{V_s}\frac{d^2}{dt^2}\dot{q} = \frac{1}{V_s}\dot{q} + \frac{2T}{V_s}\frac{d}{dt}\dot{q} + \frac{T^2}{V_s}\frac{d}{dt}\ddot{q} \quad . \qquad (9.28)$$

Ladungsformulierung		
Periode	Charakteristik	Maßeinheit
$k = 2n$	resistiv $R_{neg}(k) = R_-(4n+2)$ $R_{pos}(k) = R_+(4n)$	$[K] = [R] = \frac{V}{A}s^k$
$k = 4n+1$	induktiv $L^*(k) = L^*(4n+1)$	$[K] = [L^*] = \frac{Vs}{A}s^{k-1}$
$k = 4n+3$	kapazitiv $C(k) = C(4n+3)$	$[K] = [1/C] = \frac{V}{As}s^{k+1}$
Flußformulierung		
$k = 2n$	Leitwert $G_{neg}(k) = G_-(4n+2)$ $G_{pos}(k) = G_+(4n)$	$[K] = [G] = \frac{A}{V}s^k$
$k = (4n+1)$	kapazitiv $C(k) = C(4n+1)$	$[K] = [C] = \frac{As}{V}s^{k-1}$
$k = 4n+3$	induktiv $L^*(k) = L^*(4n+3)$	$[K] = [1/L^*] = \frac{A}{Vs}s^{k+1}$

Tabelle 9.1: Charakteristik bei periodischem Verhalten in Ladungs- und Flußformulierung

Die hier benötigte Form der erweiterte Euler-Lagrange-Differentialgleichung ist

$$\frac{d}{dt}\frac{\partial L}{\partial \dot{q}} - \frac{\partial L}{\partial q} - \frac{d}{dt}\frac{\partial D}{\partial \dot{q}} + \frac{\partial D}{\partial q} = 0 \quad . \tag{9.29}$$

Der Vergleich der einzelnen Terme von Gleichung (9.28) mit den Termen der erweiterten Euler-Lagrange-Differentialgleichung (9.29) und das Auflösen nach den Lagrange- und Dissipationstermen liefert:

$$\textbf{1.} \qquad \frac{1}{V_s}\dot{q} \equiv \frac{\partial D}{\partial \dot{q}} \qquad \Rightarrow \qquad D_1 = \frac{1}{2V_s}\dot{q}^2 \tag{9.30}$$

$$\textbf{2.} \qquad \frac{2T}{V_s}\frac{d}{dt}\dot{q} \equiv \frac{d}{dt}\frac{\partial L}{\partial \dot{q}} \qquad \Rightarrow \qquad L_1 = \frac{T}{V_s}\dot{q}^2 \tag{9.31}$$

$$\textbf{3.} \qquad \frac{T^2}{V_s}\frac{d}{dt}\ddot{q} \equiv -\frac{d}{dt}\frac{\partial D}{\partial \ddot{q}} \qquad \Rightarrow \qquad D_2 = -\frac{T^2}{2V_s}\ddot{q}^2 \tag{9.32}$$

Die bei der Integration bezüglich der Zeit t auftretenden Integrationskonstanten werden aufgrund gewählter Anfangsbedingungen Null gesetzt. Die Gesamt-Lagrange- und Gesamt-Dissipationsfunktion und somit das {L, D}-Modell des Elementes zweiter Ordnung lautet dann:

$$L = L_1 = \frac{T}{V_s}\dot{q}^2 \tag{9.33}$$

Wegformulierung		
Periode	Charakteristik	Maßeinheit
$k = 2n$	dämpfend $D^*_{neg}(k) = D^*_-(4n+2)$ $D^*_{pos}(k) = D^*_+(4n)$	$[K] = [D^*] = \frac{kg}{s}s^k$
$k = 4n+1$	Masse $m(k) = m(4n+1)$	$[K] = [m] = kg\, s^{k-1}$
$k = 4n+3$	Feder $k^*(k) = k^*(4n+3)$	$[K] = [k^*] = \frac{kg}{s^2}s^{k+1}$
Impulsformulierung		
$k = 2n$	dämpfend $D^*_{neg}(k) = D^*_-(4n+2)$ $D^*_{pos}(k) = D^*_+(4n)$	$[K] = [1/D^*] = \frac{s}{kg}s^k$
$k = (4n+1)$	Feder $k^*(k) = k^*(4n+1)$	$[K] = [1/k^*] = \frac{s^2}{kg}s^{k-1}$
$k = 4n+3$	Masse $m(k) = m(4n+3)$	$[K] = [1/m] = \frac{1}{kg}s^{k+1}$

Tabelle 9.2: Charakteristik bei periodischem Verhalten in Weg- und Impulsformulierung

$$D = D_1 + D_2 = \frac{1}{2V_s}\dot{q}^2 - \frac{T^2}{2V_s}\ddot{q}^2 \qquad (9.34)$$

In Anhang A.2, Tabelle A.6 sind die $\{L, D\}$-Modelle für verlustbehaftete Elemente erster bis achter Ordnung zusammengefaßt.

9.3 $\{L, D\}$-Modelle für nichtlineare Elemente höherer Ordnung

Die Überlegungen zum Aufstellen der $\{L, D\}$-Modelle sollen nun im weiteren auf nichtlineare Elemente höherer Ordnung ausgedehnt werden. Grundlage hierfür bildet die Definitionsgleichung (8.7). In Abschnitt 9.1 wurde eine Bildungsvorschrift angegeben, die es erlaubt, nur auf der Grundlage der Ordnung des Elementes ($k = \alpha - \beta$) die L- bzw. D-Funktion aufzustellen. Für nichtlineare Elemente höherer Ordnung ist das Aufstellen des $\{L, D\}$-Modelles allerdings nicht so ohne weiteres möglich. Hier ist es notwendig, daß die Variable x als zeitabhängige Funktion gegeben ist, ansonsten ist es nicht oder nur in ganz speziellen Fällen möglich, ein $\{L, D\}$-Modell zu finden. Dies bedeutet weiter, daß für ein nichtlineares Element höherer Ordnung nicht nur ein {L, D}-Modell aufstellbar ist, sondern, daß eine Vielzahl solcher existieren, abhängig von der Art der zeitabhängigen Funktion x bzw. $\dot{q}(t)$. Um für Elemente höherer Ordnung aus der allgemeinen Elementebeziehung (Definitionsgleichung) das {L, D}-Modell aufzustellen, wird generell ein Termvergleich mit der erweiterten Euler-Lagrange-Differentialgleichung (9.11) in der jeweiligen Formulierung durchgeführt.

Besteht zwischen den Exponenten α und β der Definitionsgleichung ein spezieller Zusammenhang, so ist es möglich, unabhängig von der konkreten zeitabhängigen Funktion der Variablen x bzw. $\dot{q}$ das {L, D}-Modell aufgestellt.

1. Sonderfall : $\beta = -\alpha$

Unter dieser Bedingung lautet die Definitionsgleichung

$$u = p^{-\beta} f(p^{\alpha+1} q) = p^{\alpha} f(p^{\alpha+1} q) = \frac{d^{\alpha}}{dt^{\alpha}} f(\overset{(\alpha+1)}{q}) \ . \tag{9.35}$$

Aus dem Vergleich mit der erweiterten Euler-Lagrange-Differentialgleichung (9.11) folgt mit $\alpha = s$

$$\frac{d^{\alpha}}{dt^{\alpha}} f(\overset{(\alpha+1)}{q}) = \frac{d^{s}}{dt^{s}} f(\overset{(s+1)}{q}) = (-1)^{s} \frac{d^{s}}{dt^{s}} \frac{\partial D}{\partial \overset{(s+1)}{q}} \quad , \tag{9.36}$$

und weiter

$$f(\overset{(s+1)}{q}) = (-1)^{s} \frac{\partial D}{\partial \overset{(s+1)}{q}} \quad , \tag{9.37}$$

wobei die analoge Festlegung wie zu Gleichung (9.15) gilt. Gleichung (9.37) kann nun integriert und nach der Dissipations-Funktion D aufgelöst werden:

$$D = (-1)^{s} \int f(\overset{(s+1)}{q}) d \overset{(s+1)}{q} \tag{9.38}$$

Gleichung (9.38) ist entnehmbar, daß für Elemente der gleichen Ordnung eine Vielfalt von Dissipationsfunktionen existieren, je nach Gestalt der Funktion $f(\overset{(s+1)}{q})$.

Die Ordnung k der nichtlinearen Elemente berechnet sich analog der der nichtlinearen Elemente aus der Differenz zwischen α und β. Für diesen Sonderfall lautet k

$$k = \alpha - (-\alpha) = 2\alpha \quad . \tag{9.39}$$

In Abbildung 9.1 sind diese Punkte im Elementeschema eingezeichnet. Sie liegen alle auf einer Geraden durch den Koordinatenursprung mit dem Anstieg -1. Abbildung 9.1 bestätigt ebenso, daß die Dissipationsfunktionen dieser nichtlinearen Elemente wiederum nur verlustbehaftete Elemente höherer Ordnung beschreiben.

2. Sonderfall: $\beta = -(\alpha + 1)$

Für diesen Fall lautet die Definitionsgleichung

$$u = p^{-\beta} f(p^{\alpha+1} q) = p^{\alpha+1} f(p^{\alpha+1} q) = \frac{d^{\alpha+1}}{dt^{\alpha+1}} f(\overset{(\alpha+1)}{q}) \quad . \tag{9.40}$$

Ein Vergleich mit der erweiterten Euler-Lagrange-Differentialgleichung (9.11) liefert mit $l = \alpha + 1$

$$\frac{d^{\alpha+1}}{dt^{\alpha+1}} f(\overset{(\alpha+1)}{q}) = \frac{d^l}{dt^l} f(\overset{(l)}{q}) = (-1)^{l+1} \frac{d^l}{dt^l} \frac{\partial L}{\partial \overset{(l)}{q}} \tag{9.41}$$

bzw.

$$f(\overset{(l)}{q}) = (-1)^{l+1} \frac{\partial L}{\partial \overset{(l)}{q}} \quad , \tag{9.42}$$

wobei die analoge Festlegung bezüglich der Integrationsterme in t wie bei Gleichung (9.15) gilt. Nach der Integration führt das auf die Form

$$L = (-1)^{l+1} \int f(\overset{(l)}{q}) \, d\overset{(l)}{q} \quad . \tag{9.43}$$

Hier zeigt sich ebenso wie bei dem Sonderfall 1, daß für ein nichtlineares Element der gleichen Ordnung in Abhängigkeit vom Verlauf der Funktion $f(\overset{(l)}{q})$ eine Vielfalt von Lagrange-Funktionen existiert. Der Ausdruck für die Ordnung k dieses Elementes lautet

$$k = \alpha - \beta = \alpha - (-(\alpha + 1)) = 2\alpha + 1 \quad . \tag{9.44}$$

Aufgrund der Definition der Lagrange-Funktion werden durch sie nur konservative Elemente erfaßt, was auch hier wieder seine Bestätigung findet. In Abbildung 9.1 sind diese Punkte markiert. Sie liegen alle auf einer Geraden mit dem Anstieg -1 und sind um -1 auf der Ordinate gegenüber dem Koordinatenursprung verschoben.

Variabler Zusammenhang zwischen α und β

Besteht zwischen den Exponenten der Definitionsgleichung α und β kein spezieller, sondern ein beliebiger Zusammenhang, so ist es nicht möglich, Lagrange- und Dissipations-Funktionen von Elementen höherer Ordnung, unabhängig von der zeitlichen Funktion der

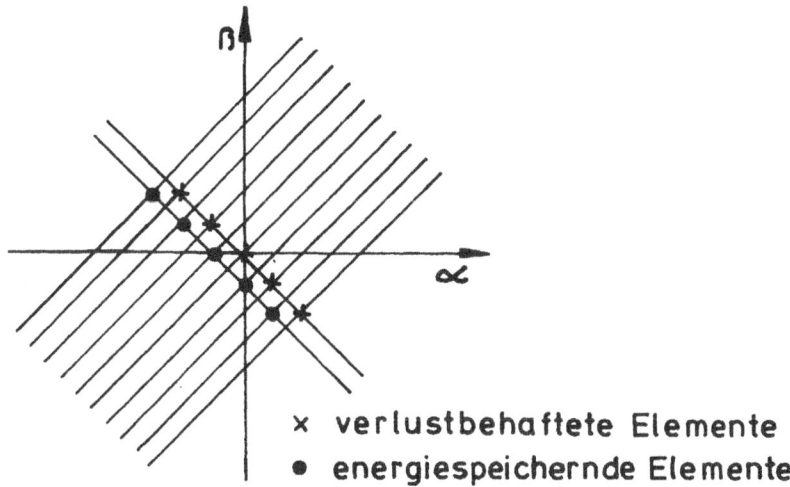

× verlustbehaftete Elemente
● energiespeichernde Elemente

Abbildung 9.1: Elementeschema

Variablen x bzw. $\dot{q}$, aufzustellen. Der Grund hierfür ist die Tatsache, daß beim Termvergleich der erweiterten Euler-Lagrange-Differentialgleichung mit der Elementebeziehung für das Auflösen nach der Lagrange- und Dissipations-Funktion die zeitliche Integration der Funktion nicht umgangen werden kann. Eine Einschränkung ist noch bezüglich der Funktion, die nach der Integration nach dt entsteht, zu machen. Sie darf nur einen Typ der verallgemeinerten Koordinate bzw. deren zeitlicher Ableitungen enthalten, so z.B. entweder nur q oder nur $\dot{q}$ oder verallgemeinert nur $\overset{(i)}{q}$, $i \in 0, 1, 2, ..., n$. Treten gemischte Terme auf, ist das Aufstellen der Lagrange-bzw. Dissipations-Funktion über einen Termvergleich nicht möglich. Es folgen nun einige Beispiele.

Beispiel 1

Es sei ein nichtlineares Element höherer Ordnung gegeben, welches durch

$$p^{-1}y = \int y\,dt = f(p^2 x) = K\,ln \left| \left(\frac{d^2}{dt^2} x \right) \right| \qquad (\alpha = 2; \beta = -1) \tag{9.45}$$

beschrieben wird, und zu der die Elementebeziehung (Zweipolrelation)

$$y = \frac{d}{dt} K\,ln \left| \left(\frac{d^2}{dt^2} x \right) \right| = \frac{d}{dt} K\,ln \left| \left(\frac{d^2}{dt^2} \dot{q} \right) \right| \tag{9.46}$$

gehört. Ausgenommen sind die Werte Null vom Argument. Wird für x bzw. $\dot{q}$ (verallgemeinerte Geschwindigkeit) ein sinusförmiger Verlauf

$$x = \hat{X} \sin(\omega t) = \dot{q} \tag{9.47}$$

angenommen, so verifiziert sich nach Ausführung aller Differentiationen der Ausdruck

$$y = \frac{d}{dt} K \, ln \left| \left(\frac{d^2}{dt^2} (\hat{X} \sin(\omega \, t)) \right) \right| = K \, \frac{\omega \, \cos(\omega \, t)}{\sin(\omega \, t)} = K \, \frac{\dot{x}}{x} = K \, \frac{\ddot{q}}{\dot{q}} \quad . \tag{9.48}$$

Der Vergleich dieses Terms mit den Termen der erweiterten Euler-Lagrange-Differentialgleichung (9.11) liefert vorerst keine Übereinstimmung. Man integriert nun Gleichung (9.48) einmal nach dt und erhält

$$\int K \, \frac{\omega \, \cos(\omega \, t)}{\sin(\omega \, t)} \, dt = K \, ln \, |(\sin(\omega \, t))| = K \, ln \, |\dot{q}| \quad . \tag{9.49}$$

Nach Berücksichtigung dieser Integration und dem Vergleich von Gleichung (9.49) mit Gleichung (9.11) resultiert

$$\frac{\partial L}{\partial \dot{q}} = K \, ln |\dot{q}| \quad , \tag{9.50}$$

und man erhält als L-Funktion

$$L = \int K \, ln |\dot{q}| d\dot{q} = K \, (\dot{q} \, ln |\dot{q}| - \dot{q}) \quad . \tag{9.51}$$

Da keine weiteren Terme in (9.48) vorhanden sind, lautet das vollständige $\{L, D\}$-Modell für sinusförmige Aussteuerungen

$$\{L, D\} = L = K \, (\dot{q} \, ln |\dot{q}| - \dot{q}) \quad . \tag{9.52}$$

Dieses nichtlineare Element höherer Ordnung ist ein rein konservatives Element. Durch α und β wird der Charakter des Elementes bestimmt.

$$k = \alpha - \beta = 3$$

Je nach Formulierung ergibt sich der physikalische Inhalt:

Ladungsformulierung   -   nichtlineare Kapazität
Flußformulierung   -   nichtlineare Induktivität
Wegformulierung   -   nichtlineare Federkonstante
Impulsformulierung   -   nichtlineare Masse

Beispiel 2

Das nichtlineare Element höherer Ordnung wird durch die Definitionsgleichung (mit $\alpha = 5$, $\beta = 3$)

$$p^3 y = f(p^5 x) = K \, (p^5 x)^3 \tag{9.53}$$

beschrieben. Die Elementebeziehung lautet dafür

$$y = \int \int \int (K \, (\frac{d^5}{dt^5} x)^3) \, dt \, dt \, dt = \int \int \int (K \, (\frac{d^5}{dt^5} \dot{q})^3) \, dt \, dt \, dt \quad . \tag{9.54}$$

Für x bzw. $\dot{q}$ wird wieder ein sinusförmiger Verlauf nach Gleichung (9.47) angesetzt. Nach Ausführung der drei Integrationen ($x = \hat{X} \sin \omega t$) folgt

$$
\begin{aligned}
y &= -\frac{7\,K\,\hat{X}^3\,\omega^{12}}{9}\sin\omega t + \frac{K\,\hat{X}^3\,\omega^{12}}{27}\sin^3\omega t \\
&= -\frac{7K\,\hat{X}^2\,\omega^{12}}{9}\hat{X}\sin\omega t + \frac{K\,\omega^{12}}{27}\hat{X}\sin^3\omega t \quad .
\end{aligned}
\tag{9.55}
$$

Die bei der Integration auftretenden Konstanten sind, wie früher gezeigt, Null zu setzen. Mit

$$
\hat{X}\sin\omega t = \dot{q}
\tag{9.56}
$$

ergibt sich als Elementebeziehung

$$
F = -\frac{7\,\hat{X}^2\,K\,\omega^{12}}{9}\dot{q} + \frac{K\,\omega^{12}}{27}\dot{q}^3 \quad .
\tag{9.57}
$$

Aus dem Vergleich von Gleichung (9.57) mit den Termen der erweiterten Euler-Lagrange-Differentialgleichung (9.10) folgt die Zwischenform

$$
\frac{\partial D}{\partial \dot{q}} = \left(-\frac{7\,\hat{X}^2\,K\omega^{12}}{9}\dot{q} + \frac{K\,\omega^{12}}{27}\dot{q}^3\right) \quad .
\tag{9.58}
$$

und damit die Dissipationsfunktion nach einer Integration nach $\dot{q}$

$$
D = -\frac{7\,\hat{X}^2\,K\omega^{12}}{9}\frac{\dot{q}^2}{2} + \frac{K\,\omega^{12}}{27}\frac{\dot{q}^4}{4} = -\frac{7\,\hat{X}^2\,K\omega^{12}}{18}\dot{q}^2 + \frac{K\,\omega^{12}}{108}\dot{q}^4 \quad .
\tag{9.59}
$$

Das vollständige $\{L,D\}$-Modell ist dann für sinusförmige Aussteuerung

$$
\{L,D\} = D = -\frac{7\,\hat{X}^2\,K\omega^{12}}{18}\dot{q}^2 + \frac{K\,\omega^{12}}{108}\dot{q}^4 \quad .
\tag{9.60}
$$

Dieses Element höherer Ordnung ist ein verlustbehaftetes Element. Aus den Werten für α und β läßt sich der Charakter des Elementes ermitteln:

$$
k = \alpha - \beta = 5 - 3 = 2
$$

Je nach Formulierung lautet der physikalische Inhalt:

Ladungsformulierung	-	nichtlinearer Widerstand
Flußformulierung	-	nichtlinearer Leitwert
Wegformulierung	-	nichtlineare Dämpfung
Impulsformulierung	-	nichtlineare Dämpfung

Beispiel 3

Es ist ein Element mit $\alpha = 2$, $\beta = 1$ und der nichtlinearen Funktion

$$
p^1 y = f(p^2 x) = K_1(p^2 x) + \frac{K_2}{3}(p^2 x)^3
\tag{9.61}
$$

gegeben. Die Elementebeziehung lautet dann

$$
y = \int \left[K_1\left(\frac{d^2}{dt^2}x\right) + \frac{K_2}{3}\left(\frac{d^2}{dt^2}x\right)^3 \right] dt = \int \left[K_1\left(\frac{d^2}{dt^2}\dot{q}\right) + \frac{K_2}{3}\left(\frac{d^2}{dt^2}\dot{q}\right)^3 \right] dt \quad .
\tag{9.62}
$$

Mit Gleichung (9.47) folgt das Ergebnis

$$y = K_1 \omega \hat{X} \cos \omega t + \frac{K_2 \omega^5 \hat{X}^3}{3} \cos \omega t - \frac{K_2 \omega^5 \hat{X}^3}{9} \cos^3 \omega t \qquad (9.63)$$

oder eingesetzt

$$y = K_1 \ddot{q} + \frac{K_2 \omega^4 \hat{X}^2}{3} \ddot{q} - \frac{K_2 \omega^2}{9} \ddot{q}^3 = K_1 \frac{d}{dt} \dot{q} + \frac{K_2 \omega^4 \hat{X}^2}{3} \frac{d}{dt} \dot{q} - \frac{K_2 \omega^2}{9} \left(\frac{d}{dt} \dot{q} \right)^3 \quad . \qquad (9.64)$$

Vergleicht man die Terme mit der erweiterten Euler-Lagrange-Differentialgleichung (9.11), so folgt

$$L_1 = \frac{K_1}{2} \dot{q}^2 \quad \text{und} \quad L_2 = \frac{K_2 \omega^4 \hat{X}^2}{6} \dot{q}^2 \quad . \qquad (9.65)$$

Um für den dritten Term der Gleichung (9.64) den Lagrange-Term aufzustellen, ist es notwendig, diesen Term nach dt zu integrieren:

$$-\int \left[\frac{K_2 \omega^5 \hat{X}^3}{9} \cos^3 \omega t \right] dt = -\frac{K_2 \omega^4 \hat{X}^3}{9} \sin \omega t + \frac{K_2 \omega^4 \hat{X}^3}{27} \sin^3 \omega t \qquad (9.66)$$

oder

$$-\int \left[\frac{K_2 \omega^2}{9} \left(\frac{d}{dt} \dot{q} \right)^3 \right] dt = -\frac{K_2 \omega^4 \hat{X}^2}{9} \dot{q} + \frac{K_2 \omega^4}{27} \dot{q}^3 \qquad (9.67)$$

Der Vergleich von Gleichung (9.67) mit der erweiterten Euler-Lagrange-Differentialgleichung (9.11) liefert für den L-Term

$$L_3 = -\frac{K_2 \omega^4 \hat{X}^2}{18} \dot{q}^2 + \frac{K_2 \omega^4}{108} \dot{q}^4 \quad . \qquad (9.68)$$

Das $\{L, D\}$-Modell (hier reduziert es sich auf die Lagrange-Funktion L) dieses Elementes höherer Ordnung hat die Form

$$\{L, D\} = L = L_1 + L_2 + L_3 = \frac{K_1}{2} \dot{q}^2 + \frac{K_2 \omega^4 \hat{X}^2}{9} \dot{q}^2 + \frac{K_2 \omega^4}{108} \dot{q}^4 \quad . \qquad (9.69)$$

Dieses Element höherer Ordnung repräsentiert ein energiespeicherndes Element. Aus α und β resultiert der Charakter des Elementes:

$$k = \alpha - \beta = 2 - 1 = 1$$

Je nach Formulierung gilt:

Ladungsformulierung	-	nichtlineare Induktivität
Flußformulierung	-	nichtlineare Kapazität
Wegformulierung	-	nichtlineare Masse
Impulsformulierung	-	nichtlineare Federkonstante

Anmerkung:

Diese drei Beispiele zeigen, daß diese Elemente ideale Elemente verkörpern. Auch wenn Nichtlinearitäten auftreten wird die Charaktristik dieser Elemente allein durch die Werte von α und β bestimmt. Die jeweilige Formulierung legt den physikalischen Inhalt dieser Elemente fest. Die $\{L, D\}$-Modelle bestätigen das, da sie jeweils nur aus einer L- bzw. D-Funktion bestehen.

9.4 Übersicht zu den Formulierungsarten

Zusammenfassend sollen in einer Übersicht die bisher behandelten Formulierungen
- Ladungsformulierung, Flußformulierung, Wegformulierung, Impulsformulierung und
Wärmemengenformulierung - behandelt werden. Die Tabelle 9.3 enthält dazu neben den
verallgemeinerten Koordinaten und verallgemeinerten Geschwindigkeiten deren Dimensionen sowie grob umrissen die Anwendungsgebiete. Da der Lagrange- bzw. Hamilton-
Formalismus Energie und Leistung (z.B. Verlustleistungen) zugrunde legen, lassen sich
mit diesen Formulierungen elektrische, mechanische und wärmetechnische Probleme miteinander verbinden, ohne über Analogiebetrachtungen die Größen "transformieren" zu
müssen.

Bezeichnung der Formulierung	verallgemeinerte Lagekoordinate	Dimension	verallgemeinerte Geschwindigkeit	Dimension	Anwendungs- gebiete
	$q_k, k = 1, \ldots, f$ f: Freiheitsgrad		$\dot{q}_k, k = 1, \ldots, f$ f: Freiheitsgrad		
Ladungs- formulierung	elektrische Ladung q_k	As	elektrischer Strom $\dot{q}_k = i_k$	A	Elektrotechnik (elektr. Feld, el. Netzwerk)
Fluß formulierung	magnetische Fluß ψ_k	Vs	elektrische Spannung $\dot{\psi}_k = u_k$	V	Elektrotechnik (magn. Feld el. Netzwerke)
Weg formulierung	Ort x_k	m	Geschwindigkeit $\dot{x}_k = v_k$	$\frac{m}{s}$	Mechanik
Impuls formulierung	mechanischer Impuls p_k	$\frac{kg\,m}{s}$	Kraft $\dot{p}_k = F_k$	$\frac{kg\,m}{s^2}$	Mechanik
Wärmemengen- formulierung	Wärmemenge q_{th_k}	VAs	Wärmestrom $\dot{q}_{th_k} = \phi$	VA	Wärmetechnik

Tabelle 9.3: Übersicht zur Ladungs-, Fluß-, Weg-, Impuls- und Wärmemengenformulierung

Kapitel 10

Hamilton-Funktion für Systeme mit Elementen höherer Ordnung

Eine weitere Möglichkeit zur Beschreibung allgemeiner Systeme neben dem Lagrange-Formalismus bieten die Hamilton-Funktion und die daraus folgenden kanonischen Bewegungsgleichungen. Erzeugt der Lagrange-Formalismus f Differentialgleichungen 2. Ordnung, so beruht der Hamilton-Formalismus mit seinen kanonischen Bewegungsgleichungen auf einem System von 2f Differentialgleichungen 1. Ordnung. Treten in Systemen nun Elemente mit höheren zeitlichen Ableitungen (Elemente höherer Ordnung) auf, so besteht auch hier prinzipiell die Möglichkeit des Aufstellens der konservativen Hamilton-Funktion und den zugehörigen kanonischen Bewegungsgleichungen.

Die Formulierung der erweiterten konservativen Hamilton-Funktion und der kanonischen Bewegungsgleichungen wurde 1850 von Ostrogradsky[1] vorgenommen. Hierbei treten jetzt verallgemeinerte Koordinaten und Impulse höherer Ordnung auf, die durch eine spezielle Bezeichnung gekennzeichnet sind - ^jq_k, ^jp_k -, wobei j von 1 bis n (höchste zeitliche Ableitung) und k von 1 bis f (f-Freiheitsgrade des Systems) läuft. Die erweiterte Hamilton-Funktion (Hamilton-Funktion n-ter Ordnung) lautet dann

$$H^n = H^n(\mathbf{q}_k, \mathbf{p}_k, t) = \sum_{j=1}^{n} \sum_{k=1}^{f} {}^jp_k \, \overset{(j)}{q}_k - L^n \quad . \tag{10.1}$$

Anmerkung:

Für $n = j = 1$ beinhaltet (10.1) die klassische Hamilton-Funktion. Sie ist in dieser Bezeichnungsart eine

---

[1]Ostrogradski, Michail Wassiljewitsch (1801-1862): Wirkte in St. Petersburg, Arbeitsgebiete: Integralrechnung, Variationsrechnung, Theorie der Wärmeleitung, Elastomechanik; Mémoires sur les équations différentielles relatives aux problèmes des isopèrimetres. Mém. Acad. sc. St. Petersburg, 6, 1850, S. 385-517

Hamilton-Funktion erster Ordnung.

Mit der Ordnung der Funktion nimmt die Anzahl der verallgemeinerten Koordinaten und Impulse zu, wobei die Beziehungen

$$^j q_k = \frac{d^{j-1}}{dt^{j-1}} q_k \qquad \text{und} \qquad ^j p_k = \sum_{r=j}^{n} (-1)^{r-j} \frac{d^{r-j}}{dt^{r-j}} \frac{\partial L^n}{\partial \overset{(r)}{q}_k} \; . \tag{10.2}$$

für sie gelten. Die jeweiligen ersten zeitlichen Ableitungen der Impulse und Koordinaten lauten

$$\frac{d}{dt} {}^j q_k = {}^j \dot{q}_k = \frac{\partial H^n}{\partial^j p_k} \qquad \text{und} \qquad \frac{d}{dt} {}^j p_k = {}^j \dot{p}_k = -\frac{\partial H^n}{\partial^j q_k} \quad . \tag{10.3}$$

Es gilt weiter der Zusammenhang, daß die j-te Koordinate gleich der ersten zeitlichen Ableitung der $(j-1)$-ten Koordinate ist. Somit liegt ein Zusammenhang zwischen allen Koordinaten und Impulsen vor. Die Ordnung der zeitlichen Ableitung der verallgemeinerten Koordinate in der Hamilton-Funktion gibt auch die Anzahl der verallgemeinerten Impulse und Koordinaten an. Tritt in der Hamilton-Funktion als höchste die k-te Ableitung der verallgemeinerten Koordinate auf, so wird das System durch k Koordinaten und k Impulse beschrieben.

Im folgenden wird nun das Aufstellen der kanonischen Bewegungsgleichungen für nichtkonservative Systeme höherer Ordnung dargelegt, weil sich dadurch eine neue Methode in der Technik begründet. Die neue Methode versteht sich als Analyse- bzw. Synthesemethode sowie als eine neue Form der Modellierung nichtkonservativer Systeme mit Elementen höherer Ordnung . Da bei der Berechnung solcher Systeme nicht nur der konservative Fall auftritt, sondern Verluste ebenso enthalten sind, sollen diese nun in den Hamilton-Formalismus einbezogen werden. Die klassische Hamilton-Funktion ist eine rein konservative Funktion und demzufolge können die Verluste nur in den kanonischen Bewegungsgleichungen berücksichtigt werden. Es existieren zwei Varianten zur Einbeziehung der Verluste.

Variante 1:

Die erste Variante berücksichtigt die Verluste in nur *einer* kanonischen Gleichung der Impulse - $^j \dot{p}_k$ - nach Gleichung (10.4). Nachteilig hierbei ist das Auftreten höherer zeitlicher Ableitungen der verallgemeinerten Koordinate in den kanonischen Gleichungen (10.5).

Variante 2:

Bei dieser definiert man die verallgemeinerten Impulse neu. Dabei treten Verlustanteile in der " Hamilton-Funktion " auf, so daß man nicht mehr von einer Hamilton-Funktion im klassischen Sinne sprechen kann. Die neu entstehende Funktion wird mit H^{*n} bezeichnet und ist Gleichung (10.8) zu entnehmen. Der Vorteil dieser Darstellungsweise ist das Auftreten der ersten zeitlichen Ableitung der verallgemeinerten Koordinaten in *nur einer* der kanonischen Bewegungsgleichungen $^{j}\dot{p}_k$. Höhere zeitliche Ableitungen der verallgemeinerten Koordinaten treten in (10.10) nicht mehr auf.

10.1 Hamilton-Funktion bei klassischer Definition verallgemeinerter Impulse

Werden die verallgemeinerten Koordinaten und Impulse nach (9.69) definiert, dann folgen die klassische Hamilton-Funktion nach Gleichung (10.1) und die kanonischen Bewegungsgleichungen in der Form

$$^{j}\dot{q}_k = \frac{\partial H^n}{\partial\, ^{j}p_k} \tag{10.4}$$

mit

$$^{j}\dot{p}_k = \ ^{1}\dot{p}_k = -\frac{\partial H^n}{\partial q_k} - \sum_{s=0}^{m}(-1)^s \frac{d^s}{dt^s}\frac{\partial D^n}{\partial\, \overset{(s+1)}{q}_k} \qquad , \qquad j = 1 \tag{10.5}$$

$$^{j}\dot{p}_k = -\frac{\partial H^n}{\partial\, ^{j}q_k} \qquad , \qquad j \geq 2 \tag{10.6}$$

Bei dieser Beschreibungsform beinhaltet die Hamilton-Funktion den konservativen Teil des Systems, während in die kanonischen Bewegungsgleichungen die Verluste eingehen.

10.2 Die Funktion H^{*n} und die Neudefinition der verallgemeinerten Impulse

Für nichtkonservative Systeme höherer Ordnung werden die verallgemeinerten Impulse auf der Grundlage von Gleichung (9.11) neu definiert. Wenn die äußeren Kräfte $F_k = 0$ sind, dann gilt für den k-ten Impuls j-ter Ordnung

$$^{j}p_k := \sum_{r=j}^{n}(-1)^{r-j}\frac{d^{r-j}}{dt^{r-j}}\frac{\partial L^n}{\partial\, \overset{(r)}{q}_k} + \sum_{r=j+1}^{n}(-1)^{r-j}\frac{d^{r-j-1}}{dt^{r-j-1}}\frac{\partial D^n}{\partial\, \overset{(r)}{q}_k} \tag{10.7}$$

Die verallgemeinerten Koordinaten ergeben sich entsprechend der Definition 10.2. Die Funktion H^{*n} lautet dann

$$H^{*n} = H^{*n}(\mathbf{q}_k, \mathbf{p}_k, t) = \sum_{j=1}^{n} \sum_{k=1}^{f} {}^j p_k \overset{(j)}{q}_k - L^n \quad , \quad k = 1, 2, ..., f, \qquad (10.8)$$

und die kanonischen Bewegungsgleichungen haben die Form

$${}^j \dot{q}_k = \frac{\partial H^{*n}}{\partial^j p_k} \quad , \quad j = 1, 2, ..., n \quad ; \quad k = 1, 2, ..., f \qquad (10.9)$$

und

$${}^j \dot{p}_k = -\frac{\partial H^{*n}}{\partial^j q_k} - \frac{\partial D^n}{\partial^j \dot{q}_k} \quad . \qquad (10.10)$$

Jetzt beinhaltet auch die Funktion H^{*n} einen Teil der Verluste des Systems, und nur der Anteil der Verluste die sich nicht in der Funktion H^{*n} erfassen lassen, wird als additiver Term den ${}^j \dot{p}_k$ hinzugefügt. Bei Systemen höherer Ordnung bilden die ${}^j \dot{p}_k$ ein System von k Differentialgleichungen.

Die Funktion H^{*n} setzt sich somit aus der klassischen Hamilton-Funktion und einem dissipativen Anteil des Systems zusammen. Der Vorteil dieser Darstellung begründet sich in seiner mathematischen Struktur. Aufgrund der adäquaten Definition des konservativen und dissipativen Anteils der Impulse ${}^j p_k$ entsteht ein Gleichungssystem, welches nur von ${}^j p_k$, ${}^j q_k$ und ${}^j \dot{q}_k$ abhängt. Bei der klassischen Definition der verallgemeinerten Impulse nach Gleichung (10.2) treten auch höhere zeitliche Ableitungen der verallgemeinerten Koordinate auf.

Anmerkungen:

Bei dem Versuch, den Term $\partial D^n / \partial^j \dot{q}_k$ in die Funktion H^{*n} zu integrieren, führt die Lösung des Differentialgleichungssystem zur Bedingung einer linearen Dissipationsfunktion D^n. Da dieses bei technischen Systemen nicht der Fall ist, muß der Term $\partial D^n / \partial^j \dot{q}_k$ separat in den Gleichungen der ${}^j \dot{p}_k$ stehen bleiben. Der Index k an den verallgemeinerten Lagekoordinaten q_k bzw. den verallgemeinerten Impulsen p_k (bis n-ter Ordnung) steht nur im Summationsindex. Im Unterabschnitt 13.3.4 wird (nach den Vorarbeiten in Abschnitt 7.4) zur tensoriellen Betrachtung übergegangen. Die Größe q_k bezeichnet dann eine verallgemeinerte kontravariante Lagekoordinate und der verallgemeinerte Impuls p_k ist dann ein kovarianter Impuls. Die Größe p^k heißt demzufolge verallgemeinerter kontravarianter Impuls.

Kapitel 11

Analyse von Systemen mittels Lagrange- und Hamilton-Formalismus

In diesem Kapitel erfolgt die Berechnung elektrischer Systeme mit Elementen höherer Ordnung mittels Lagrange- und Hamilton-Formalismus. Bei den klassischen Berechnungsmethoden muß im Hinblick auf das zu wählende Verfahren nach linearem oder nichtlinearem Verhalten unterschieden werden. Sowohl der Lagrange- als auch der erweiterte Hamilton-Formalismus kennen keinen Unterschied hinsichtlich der Linearität bzw. Nichtlinearität beim Aufstellen der Bewegungsgleichungen.

Da bei beiden nur solche Aufgabenstellungen betrachtet werden, die sich als Variationsproblem modellieren lassen, liegen als notwendige Bedingungen für ein Extremum die Bewegungsgleichungen zugrunde, die unabhängig von einem ganz bestimmten Koordinatensystem (nicht Bezugssystem, z.B. Inertialsystem) gelten. Es kann somit eine Transformation von einem Koordinatensystem in ein beliebiges anderes erfolgen. Eine nichtlinear erscheinende Gesamtheit von Bewegungsgleichungen muß nicht zwingend nichtlinear sein. Durch den Übergang zu einem entsprechenden Koordinatensystem kann in solch einem Fall die Gesamtheit der Bewegungsgleichungen in ihre ursprüngliche lineare Form übergehen. Die Wahl der Lösungsverfahren fällt dann angepaßt aus.

Die Vorgehensweise soll im folgenden dargelegt werden, wobei hier nur Systeme mit konzentrierten Elementen betrachtet werden.

Jedes beliebige System enthält energiespeichernde Elemente und solche, in denen ein Leistungsumsatz stattfindet. Diese sind jeweils durch eine Energie- bzw. Leistungsfunktion beschreibbar. Es wird nun für jedes energiespeichernde Element eine Lagrange-Funktion und für jedes verlustbehaftete Element eine Dissipationsfunktion aufgestellt. Diese Teil-funktionen werden zur Gesamt-Lagrange-Funktion und Gesamt-Dissipationsfunktion aufsummiert, wobei die Eigenschaft der Additivität der Lagrange- bzw. Dissipations-Funktion ausgenutzt wird. Beide Funktionen bilden das $\{L, D\}$-Modell , und dieses beschreibt das System vollständig.

Werden die Lagrange- und die Dissipationsfunktion anschließend in die Euler-Lagrange-Differentialgleichung eingesetzt und die Variationsableitung gebildet, so folgen die Bewe-gungsgleichungen des Systems. Ebenso kann aus der Lagrange- und Dissipationsfunkti-on die Hamilton-Funktion abgeleitet werden, aus der über die kanonischen Gleichungen ebenfalls die Bewegungsgleichungen hervorgehen.

11.1 Stabilität linearer oder linearisierter Systeme

Bei der Analyse von Systemen, vor allem bei Schaltungen mit Elementen höherer Ord-nung ist eine Stabilitätsanalyse erforderlich. Um charakteristische Aussagen über das prinzipielle Verhalten von Elementen höherer Ordnung in elektrischen Schaltungen tref-fen zu können, sollen zur Beurteilung des Stabilitätsverhaltens vorrangig lineare Systeme betrachtet werden. Die Grundlage linearer Stabilitätsuntersuchungen bildet die charak-teristische Gleichung des Systems, die aus dem beschreibenden linearen Differentialglei-chungssystem

$$\frac{dx_\nu}{dt} = a_{\nu 1}x_1 + a_{\nu 2}x_2 + \ldots + a_{\nu n}x_n \quad , \quad \nu = 1, 2, \ldots, n \qquad (11.1)$$

(n Differentialgleichungen erster Ordnung mit konstanten Koeffizienten) resultiert. Nach der Theorie linearer gewöhnlicher Differentialgleichungen ist dieses Differentialglei-chungssystem exakt lösbar. Geht man mit den Ansätzen

$$x_\nu = C_\nu e^{\lambda t} \quad , \quad \nu = 1, 2, \ldots, n \qquad (11.2)$$

und deren Ableitungen in die Differentialgleichung (11.1) ein und dividiert diese durch $e^{\lambda t} \neq 0$, dann erhält man nach wenigen Umformungen das algebraisches Gleichungssy-stem:

$$
\begin{aligned}
(a_{11} - \lambda)\,C_1 + a_{12}\,C_2 + a_{13}\,C_3 + \ldots + a_{1n}\,C_n &= 0 \\
a_{21}\,C_1 + (a_{22} - \lambda)\,C_2 + a_{23}\,C_3 + \ldots + a_{2n}\,C_n &= 0
\end{aligned}
\qquad (11.3)
$$
$$\vdots$$

$$a_{n1} C_1 + a_{n2} C_2 + a_{n3} C_3 + \ldots + (a_{nn} - \lambda) C_n = 0$$

Dieses Gleichungssysstem zur Bestimmung der Koeffizienten C_ν hat nur dann von Null verschiedene nichttriviale Lösungen, wenn der Wert der Koeffizientendeterminate gleich Null ist:

$$D(\lambda) = \begin{vmatrix} a_{11} - \lambda & a_{12} & a_{13} & \cdots & a_{1n} \\ a_{21} & a_{22} - \lambda & a_{23} & \cdots & a_{2n} \\ \vdots & \vdots & \vdots & & \vdots \\ a_{n1} & a_{n2} & a_{n3} & \cdots & a_{nn} - \lambda \end{vmatrix} = 0 \qquad (11.4)$$

Die Gleichung (11.4) bzw.

$$D(\lambda) = a_0 \lambda^n + \ldots + a_{n-1}\lambda + a_n = 0 \qquad (11.5)$$

heißt charakteristische Gleichung des Differentialgleichungssystem (11.1). Diese algebraische Gleichung n-ten Grades in λ besitzt n verschiedene Wurzeln λ_i, wobei Mehrdeutigkeiten auftreten können. Die notwendige Bedingung für die Stabilität eines beliebigen linearen Systems lautet:

Ist in der charakteristischen Gleichung (11.5) mit $a_0 > 0$ mindestens einer der Koeffizienten Null (d.h. fehlt eine Potenz) oder negativ, so liegt wenigstens eine Nullstelle auf oder rechts der imaginären Achse.

Unter der Voraussetzung n verschiedener Wurzeln lautet eine Lösung des Systems (11.1)

$$x_\nu = C_{\nu1}e^{\lambda_1 t} + C_{\nu2}e^{\lambda_2 t} + \ldots + C_{\nu i}e^{\lambda_i t} + \ldots + C_{\nu n}e^{\lambda_n t} \quad . \qquad (11.6)$$

Die Konstanten $C_{\nu i}$ werden über die Anfangsbedingungen aus (11.4) bestimmt. Aus der Lösung (11.6) des Systems lassen sich zwei wesentliche Schlußfolgerungen über dessen Stabilität ziehen:

- Wenn alle Wurzeln λ_i der charakteristischen Gleichung (11.5) negative Realteile besitzen, ist das lineare System asymptotisch stabil.

- Wenn unter den Wurzeln nur eine mit positivem Realteil ist, existiert in der Lösung von Gleichung (11.6) ein Term, der mit wachsender Zeit immer weiter wächst, was Instabilität bedeutet.

Zur besseren Abschätzung des Stabilitätsbereiches werden mehrere Stabilitätskriterien herangezogen, die ebenfalls auf der Auswertung der charakteristischen Gleichung beruhen. Das sollen hier das *Hurwitz*[1]-*Kriterium* und das *Kriterium von Cremer-Leonhardt* (in der russischen Literatur *Michailow-Leonhardt*) sein.

11.1.1   Das Hurwitz-Kriterium

Hier werden die Koeffizienten des charaktristischen Polynoms

$$a_0\lambda^n + a_1\lambda^{n-1} + a_2\lambda^{n-2} + \ldots + a_n\lambda^0 = 0 \tag{11.7}$$

wie folgt in ein Matrixschema eingeordnet:

$$\begin{pmatrix} a_1 & a_3 & a_5 & a_7 & \cdots & 0 & 0 & 0 \\ a_0 & a_2 & a_4 & a_6 & \cdots & 0 & 0 & 0 \\ 0 & a_1 & a_3 & a_5 & \cdots & 0 & 0 & 0 \\ \cdots\cdots\cdots\cdots\cdots\cdots\cdots\cdots\cdots\cdots\cdots\cdots\cdots\cdots \\ 0 & 0 & 0 & 0 & \cdots & a_{n-2} & a_n & 0 \\ 0 & 0 & 0 & 0 & \cdots & a_{n-3} & a_{n-1} & 0 \\ 0 & 0 & 0 & 0 & \cdots & a_{n-4} & a_{n-2} & a_n \end{pmatrix} \tag{11.8}$$

Nun bildet man alle Unterdeterminanten von (11.8), bezogen auf das Element a_1 der ersten Zeile und Spalte. Es entstehen die Ausdrücke

$$H_1 = a_1 \tag{11.9}$$

$$H_2 = \begin{vmatrix} a_1 & a_3 \\ a_0 & a_2 \end{vmatrix} \tag{11.10}$$

$$H_3 = \begin{vmatrix} a_1 & a_3 & a_5 \\ a_0 & a_2 & a_4 \\ 0 & a_1 & a_3 \end{vmatrix} \tag{11.11}$$

u.s.w. bis zur Determinante H_n von (11.8) selbst. Diese Determinanten heißen *Hurwitz-Determinanten*.

---

[1]Hurwitz, Adolf (26.3.1859 - 18.11.1919). Mathematiker. Wirkte hauptsächlich in Zürich. Bedeutende Arbeiten auf vielen Teilgebieten der Algebra und Funktionentheorie.

Stabilitätskriterium nach Hurwitz: Sind die Determinanten H_1 bis H_n sämtlich positiv, so liegen alle Nullstellen der charakteristischen Gleichung links der imaginären Achse, während andernfalls mindestens eine Nullstelle auf oder rechts der imaginären Achse gelegen ist. Ein System ist somit genau dann asymptotisch stabil, wenn alle H_ν, $\nu = 1, ..., n$ positiv sind.

11.1.2 Kriterium von Cremer-Leonhardt

In dem nach *L. Cremer* und *A. Leonhardt* benannten Kriterium wird in der charakteristischen Gleichung λ durch $p = j\omega$ ersetzt, um eine Darstellung in der komplexen Ebene zu erhalten. Es folgt aus (11.7)

$$a_0(j\omega)^n + a_1(j\omega)^{n-1} + a_2(j\omega)^{n-2} + \ldots + a_{n-1}(j\omega) + a_n = G(j\omega) \quad . \qquad (11.12)$$

Nach der Trennung in Real- und Imaginärteil erhält man

$$G(j\omega) = U(\omega) + jV(\omega) \quad . \qquad (11.13)$$

Damit das System stabil ist, muß die Ortskurve $G(j\omega)$ folgende Bedingungen erfüllen:

1. Die Kurve $G(j\omega)$ verläuft nicht durch den Ursprung der komplexen Ebene, und es gilt $G(j\omega) > 0$) für $\omega = 0$.

2. Der komplexe Vektor $G(j\omega)$ muß nacheinander n Quadranten im mathematisch positiven Sinn durchlaufen, wenn ω die Werte von Null nach plus Unendlich durchläuft.

   Dies ist gewährleistet, wenn

   - die Ausdrücke $U(\omega) = 0$ und $V(\omega) = 0$ nur relle Wurzeln besitzen,

   - die Ausdrücke $U(\omega)$ und $u'(\omega) = \frac{du(\omega)}{d\omega}$ für $\omega = 0$ gleiche Vorzeichen besitzen und die Nulldurchgänge von $U(\omega)$ und $V(\omega)$ mit wachsendem ω einander abwechseln.

Der Hauptvorteil des Kriteriums von *Cremer-Leonhardt* gegenüber dem *Hurwitzkriterium* liegt im geringeren rechnerischen Aufwand bei steigender Ordnung der charakteristischen Gleichung.

11.2   Berechnung elektrischer Systeme mit Elementen höherer Ordnung

11.2.1   Untersuchungen zu Netzwerken mit idealen Elementen höherer Ordnung

Zur Untersuchung des qualitativen Verhaltens eines idealen Elementes höherer Ordnung wird die Schaltung nach Abbildung 11.1 zugrunde gelegt:

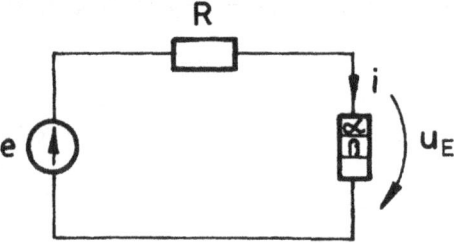

Abbildung 11.1: Elektrisches Netzwerk mit idealem Element höherer Ordnung

Für das Element höherer Ordnung (lineares ideales Element k-ter Ordnung) gelte die Definitionsgleichung

$$u_E = K \frac{d^k i}{dt^k} \quad .$$

(11.14)

Die charakteristische Gleichung, die der Stabilitätsuntersuchung zugrunde liegt, lautet

$$R + K \lambda^k = 0 \quad .$$

(11.15)

Die notwendige Bedingung für die Stabilität besagt, daß die charakteristische Gleichung als vollständiges Polynom vorliegen muß. Sobald eine Potenz fehlt, wird dasselbe instabil. Sobald $k > 1$ wird, geht das stabile Verhalten in ein instabiles Verhalten über. Schaltet man zum Widerstand R noch eine Induktivität L^* in Reihe hinzu (Abbildung 11.2), so wechselt das Stabilitätsverhalten erst für $k > 2$ zum Instabilen über.

Nun ist zu untersuchen, inwieweit ideale Elemente höherer Ordnung das Stabilitätsverhalten von Schaltungen mit realen Netzwerkelementen beeinflussen. Die Ausgangsschaltung hierfür ist Abbildung 11.3 zu entnehmen.

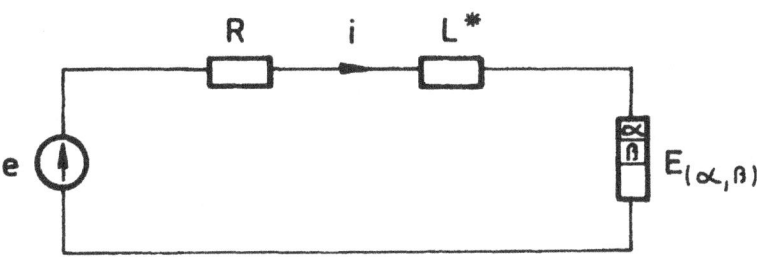

Abbildung 11.2: Netzwerk mit idealem Element höherer Ordnung und Induktivität

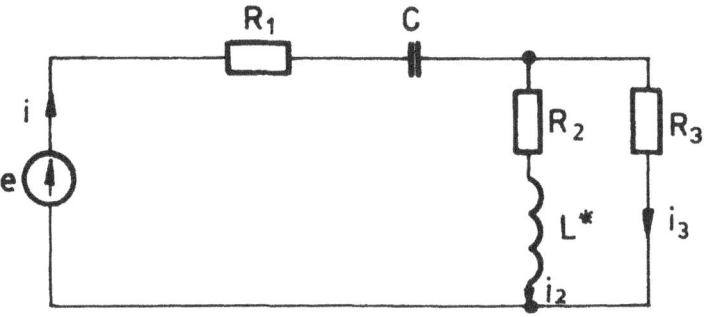

Abbildung 11.3: Erweitertes Netzwerk mit realen Netzwerkelementen

Für die Werte $R_1 = 100$ Ω, $R_2 = 1$ kΩ, $R_3 = 2$ kΩ, $C = 3,3$ nF, $L^* = 50$ μH lautet die charakteristische Gleichung dieser Schaltung

$$8,66 \cdot 10^{12} + 2,2 \cdot 10^7 \lambda + \lambda^2 = 0 \quad , \tag{11.16}$$

mit den negativen Wurzeln

$$\lambda_1 = -399924 \quad \text{und} \quad \lambda_2 = -2,16491 \cdot 10^7 \quad . \tag{11.17}$$

Das System arbeitet stabil, weil nach Gleichung (11.6) nur Summanden auftreten, die mit $t \to +\infty$ gegen Null streben. Mit dem Stabilitätskriterium nach *Cremer-Leonhardt* ist aus dem Verlauf der Ortskurve (2 Quadranten sind notwendig und werden auch wegen der zweiten Bedingung in 11.1.2 durchlaufen) das stabile Arbeiten der Schaltung erkennbar (Abbildung 11.4).

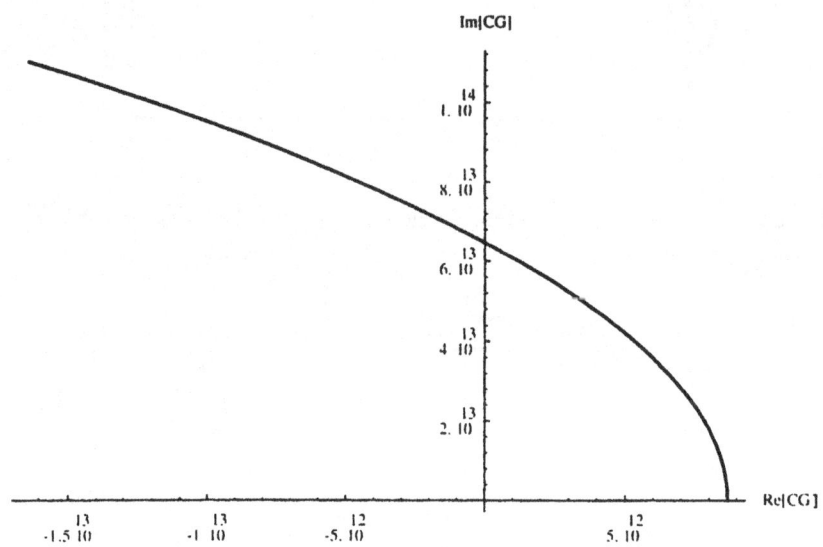

Abbildung 11.4: Ortskurve der Schaltung

Wird nun zum Widerstand R_3 in Abbildung 11.3 ein ideales Element höherer Ordnung mit $K = 1$ und $k = 3$ parallelgeschaltet, so folgt die Schaltung in Abbildung 11.5 .

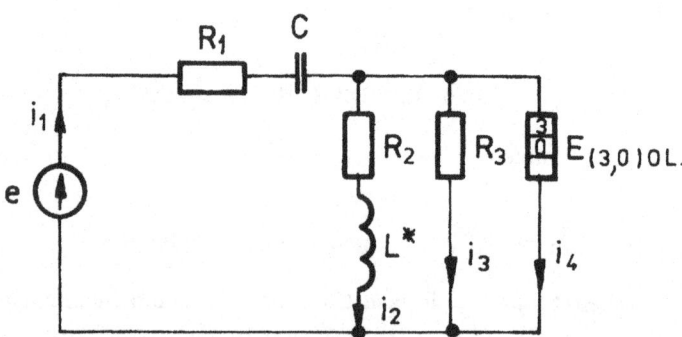

Abbildung 11.5: Erweitertes Netzwerk mit einem idealen Element dritter Ordnung

Die charakteristische Gleichung hat für dieses elektrische Netzwerk die Form

$$\lambda^5 + 2,21 \cdot 10^7 \, \lambda^4 + 8,66 \cdot 10^{12} \, \lambda^3 + 95,24 \, \lambda^2 + 2,19 \cdot 10^9 \lambda + 5,77 \cdot 10^{15} = 0 \quad (11.18)$$

mit den Werten für die Wurzeln

$$
\begin{aligned}
\lambda_1 &= -2,16 \cdot 10^7 \quad ; \quad \lambda_2 = -399924 \quad ; \quad \lambda_3 = -8,74 \\
\lambda_{4,5} &= 4,37 \pm 7,57 \, j \quad , \quad Re(\lambda_{4,5}) > 0 \quad .
\end{aligned}
\qquad (11.19)
$$

Aus dem Realteil von $\lambda_{4,5}$ leitet sich die Instabilität dieses Systems ab. Ein Vergleich mit dem Stabilitätskriterium nach *Cremer-Leonhardt* zeigt, daß die Ortskurve hier nur zwei Quadranten durchläuft, wo jedoch fünf Quadranten erforderlich sind. Auch durch eine Veränderung der anderen Bauelementewerte kann nicht der theoretisch geforderte Ortskurvenverlauf realisiert werden (Abbildung 11.6).

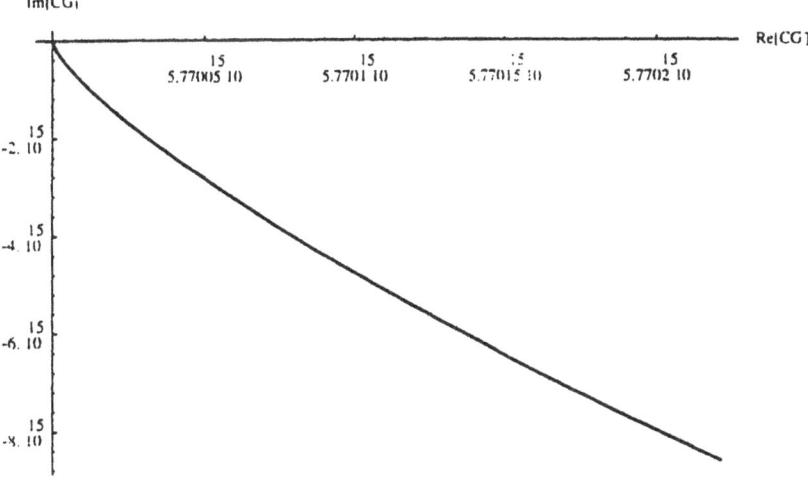

Abbildung 11.6: Ortskurve der Schaltung

Hieraus folgt, daß Systeme bzw. Netzwerke mit idealen Elementen höherer Ordnung, abgesehen von den Sonderfällen $k = 1$ bzw. $k = 2$ in Zusammenschaltungen mit einem Widerstand bzw. einer Induktivität kein stabiles Verhalten aufweisen. Da solche idealen Elemente höherer Ordnung schaltungstechnisch auch nicht realisierbar sind, ist zu Untersuchungen mit realen Elementen überzugehen.

11.2.2   Das Netzwerk mit realen linearen Elementen höherer Ordnung

Im folgenden werden für ein Netzwerk mit realen Elementen höherer Ordnung die Bewegungsgleichungen aufgestellt. Die Bewegungsgleichungen können über die erweiterte Euler-Lagrange-Differentialgleichung oder über die Hamilton-Funktion hergeleitet werden. Das zu analysierende Netzwerk ist in Abbildung 11.7 dargestellt.

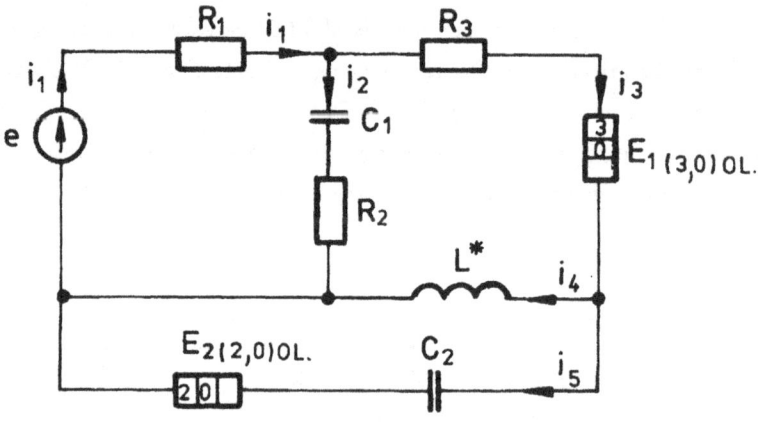

Abbildung 11.7: Netzwerk mit linearem Element höherer Ordnung in realer Formulierung

11.2.2.1   Aufstellen der Bewegungsgleichungen über die erweiterte Euler-Lagrange-Differentialgleichung

Voraussetzung hierfür bilden die $\{L, D\}$-Modelle der einzelnen Netzwerkelemente. Diese werden zum Gesamt-$\{L, D\}$-Modell des Systems aufsummiert, dann in die erweiterte Euler-Lagrange-Differentialgleichung eingesetzt, und die nachfolgende Bildung der Variationsableitung liefert die Bewegungsgleichungen . In Tabelle 11.1 sind die Netzwerkelemente und deren $\{L, D\}$-Modelle dargestellt.

Mit den Knotengleichungen

$$i_1 = i_2 + i_3 \qquad \text{und} \qquad i_4 = i_3 - i_5 \tag{11.20}$$

lautet das vollständige $\{L, D\}$-Modell dieser Schaltung:

Netzwerkelemente	L-Term	D-Term
u_Q	$u_Q\, q_1$	
R_1		$\dfrac{R_1}{2}\dot{q}_1^2$
R_2		$\dfrac{R_2}{2}\dot{q}_2^2$
R_2		$\dfrac{R_3}{2}\dot{q}_3^2$
C_1	$-\dfrac{1}{2C_1}q_2^2$	
C_1	$-\dfrac{1}{2C_2}q_5^2$	
L^*	$\dfrac{L^*}{2}\dot{q}_4^2$	
E_1	$\dfrac{3T}{2V_s}\dot{q}_3^2-\dfrac{T^3}{2V_s}\ddot{q}_3^2$	$\dfrac{1}{2V_s}\dot{q}_3^2-\dfrac{3T^2}{2V_s}\ddot{q}_3^2$
E_2	$\dfrac{T}{2V_s}\dot{q}_5^2$	$\dfrac{1}{2V_s}\dot{q}_5^2-\dfrac{T^2}{2V_s}\ddot{q}_5^2$

Tabelle 11.1: Netzwerkelemente und deren L- und D-Terme

$$
\begin{aligned}
L ={}& u_Q(q_2+q_3)-\frac{1}{2C_1}q_2^2-\frac{1}{2C_2}q_5^2+\frac{L^*}{2}(\dot{q}_3-\dot{q}_5)^2+\frac{3T}{2V_s}\dot{q}_3^2 \\
& -\frac{T^3}{2V_s}\ddot{q}_3^2+\frac{T}{2V_s}\dot{q}_5^2
\end{aligned}
\tag{11.21}
$$

$$
D = \frac{R_1}{2}(\dot{q}_2+\dot{q}_3)^2+\frac{R_2}{2}\dot{q}_2^2+\frac{R_3}{2}\dot{q}_3^2+\frac{1}{2V_s}\dot{q}_3^2-\frac{3T^2}{2V_s}\ddot{q}_3^2+\frac{1}{2V_s}\dot{q}_5^2-\frac{T^2}{2V_s}\ddot{q}_5^2 \tag{11.22}
$$

Nach Einsetzen dieser Funktionen in die erweiterte Euler-Lagrange-Differentialgleichung (9.11) folgen die Maschengleichungen des Netzwerkes:

$$
\text{bzgl.}\, q_2 \;:\; -u_Q+\frac{1}{C_1}q_2+R_1(\dot{q}_2+\dot{q}_3)+R_2\dot{q}_2=0 \tag{11.23}
$$

$$
\begin{aligned}
\text{bzgl.}\, q_3 \;:\;& \frac{T^3}{V_s}\overset{(4)}{q}_3+\frac{3T^2}{V_s}\overset{(3)}{q}_3+\frac{3T}{V_s}\dddot{q}_3+\frac{1}{V_s}\dot{q}_3+L^*(\ddot{q}_3-\ddot{q}_5)-u_Q \\
& +R_1(\dot{q}_2-\dot{q}_3)+R_3\dot{q}_3=0
\end{aligned}
\tag{11.24}
$$

$$
\text{bzgl.}\, q_5 \;:\; \frac{T^2}{V_s}\overset{(3)}{q}_5+\frac{T}{V_s}\ddot{q}_5+\frac{1}{V_s}\dot{q}_5+\frac{1}{C_2}q_5-L^*(\ddot{q}_3-\ddot{q}_5)=0 \tag{11.25}
$$

11.2.2.2 Aufstellung der Bewegungsgleichungen über die Hamilton-Funktion

Die Hamilton-Funktion nach (10.1) wird aus den verallgemeinerten Koordinaten, den verallgemeinerten Impulsen und der Lagrange-Funktion aufgebaut. Die Ordnung des Netzwerkes beträgt hier maximal drei. Daraus folgen zwei verallgemeinerte Koordinaten und zwei verallgemeinerte Impulse. Sie lauten nach Gleichung (10.2)

$$ {}^1q_k = q_k \quad , \quad {}^2q_k = \dot{q}_k \quad , \quad (k = 2, 3, 5) \tag{11.26}$$

und

$$ {}^1p_2 = 0 \tag{11.27}$$

$$ {}^1p_3 = L^*(\dot{q}_3 - \dot{q}_5) + \frac{3T}{V_s}\dot{q}_3 + \frac{T^3}{V_s}\overset{(3)}{q}{}_3 \tag{11.28}$$

$$ {}^1p_5 = -L^*(\dot{q}_3 - \dot{q}_5) + \frac{T}{V_s}\dot{q}_5 \tag{11.29}$$

mit

$$ {}^2p_2 = {}^2p_5 = 0 \tag{11.30}$$

$$ {}^2p_3 = -\frac{T^3}{V_s}\ddot{q}_3 \quad \Rightarrow \quad \ddot{q}_3 = -\frac{V_s}{T^3}{}^2p_3 \tag{11.31}$$

Anmerkung:

Die ${}^jp_k$ bauen sich nach Gleichung (10.2) auf.

Die Hamilton-Funktion nach Gleichung (10.1) erhält für $n = 2$ durch das Einsetzen der ${}^jq_k, {}^jp_k$ und der Ausführung der Summation somit folgende Gestalt:

$$
\begin{aligned}
H^2 &= H^2({}^1p_k, {}^2p_k, {}^1q_k, {}^2q_k, t) \\
&= {}^1p_3\,{}^2q_3 + {}^1p_5\,{}^2q_5 - \frac{V_s}{2T^3}{}^2p_3{}^2 - u_Q({}^1q_2 + {}^1q_3) + \frac{1}{2C_1}{}^1q_2{}^2 \\
&\quad + \frac{1}{2C_2}{}^1q_5{}^2 - \frac{L^*}{2}({}^2q_3 - {}^2q_5)^2 - \frac{3T}{2V_s}{}^2q_3{}^2 - \frac{T}{2V_s}{}^2q_5{}^2
\end{aligned}
\tag{11.32}
$$

Das System der kanonischen Gleichungen baut sich dann nach den Gleichungen (10.4), (10.5) und (10.6) wie folgt auf:

$$ {}^1\dot{q}_2 = 0 $$

$$
\begin{aligned}
{}^1\dot{q}_3 &= {}^2q_3 \\
{}^1\dot{q}_5 &= {}^2q_5 \\
{}^2\dot{q}_2 &= {}^2\dot{q}_5 = 0 \\
{}^2\dot{q}_3 &= -\frac{V_s}{T^3}{}^2p_3
\end{aligned}
\tag{11.33}
$$

Für die Impulse erster Ordnung gilt

$$
\begin{aligned}
{}^1\dot{p}_2 &= u_Q - \frac{1}{C_1}{}^1q_2 - R_1({}^2q_2 + {}^2q_3) - R_2{}^2q_2 \quad, \\
{}^1\dot{p}_3 &= u_Q + \frac{3T^2}{V_s}{}^2\ddot{q}_3 - R_1({}^2q_2 + {}^2q_3) - R_3{}^2q_3 - \frac{1}{V_s}{}^2q_3 \quad, \\
{}^1\dot{p}_5 &= -\frac{1}{C_2}{}^1q_5 - \frac{1}{V_s}{}^2q_5 - \frac{T^2}{V_s}\ddot{q}_5 \quad.
\end{aligned}
\tag{11.34}
$$

Für die Impulse zweiter Ordnung gilt

$$
\begin{aligned}
{}^2\dot{p}_2 &= 0 \quad, \\
{}^2\dot{p}_3 &= -{}^1p_3 + L^*({}^2q_3 + {}^2q_5) + \frac{3T}{2V_s}{}^2q_3 \quad, \\
{}^2\dot{p}_5 &= -{}^1p_5 - L^*({}^2q_3 - {}^2q_5) + \frac{T}{V_s}{}^2q_5 \quad.
\end{aligned}
\tag{11.35}
$$

Werden die Gleichungen (11.29) nach der Zeit t abgeleitet und in die Gleichungen (11.35) eingesetzt, so folgen wieder die Bewegungsgleichungen nach (11.25).

11.2.2.3 Aufstellung der Bewegungsgleichungen über die Funktion H^{*n} und Neudefinition der Impulse

Werden die neu definierten verallgemeinerten Impulse nun nach Gleichung (10.7) verwendet, so folgen

$$
\begin{aligned}
{}^1p_2 &= 0 \quad, \\
{}^1p_3 &= L^*(\dot{q}_3 - \dot{q}_5) + \frac{3T}{V_s}\dot{q}_3 + \frac{3T^2}{V_s}\ddot{q}_3 \quad, \\
{}^1p_5 &= -L^*(\dot{q}_3 - \dot{q}_5) + \frac{T}{V_s}\dot{q}_5 + \frac{T^2}{V_s}\ddot{q}_5
\end{aligned}
\tag{11.36}
$$

und

$$
\begin{aligned}
{}^2p_2 &= {}^2p_5 = 0 \quad, \\
{}^2p_3 &= -\frac{T^3}{V_s}\ddot{q}_3 \quad.
\end{aligned}
\tag{11.37}
$$

Die Funktion H^{*2} besitzt dann die Form

$$
\begin{aligned}
H^{*2} &= H^{*2}({}^1p_k, {}^2p_k, {}^1q_k, {}^2q_k, t) \\
&= {}^1p_3{}^2q_3 + {}^1p_5{}^2q_5 - \frac{V_s}{2T^3}{}^2p_3{}^2 - u_Q({}^1q_2 + {}^1q_3) + \frac{1}{2C_1}{}^1q_2{}^2 \\
&\quad + \frac{1}{2C_2}{}^1q_5{}^2 - \frac{L^*}{2}({}^2q_3 - {}^2q_5)^2 - \frac{3T}{2V_s}{}^2q_3{}^2 - \frac{T}{2V_s}{}^2q_5{}^2 \quad .
\end{aligned}
\tag{11.38}
$$

Aus Gleichung (11.39) leiten sich dann die modifizierten kanonischen Bewegungsgleichungen ab, indem die Funktion H^{*2} nach den neudefinierten verallgemeinerten Impulsen abgeleitet wird und so die kanonischen Bewegungsgleichungen ${}^j\dot{q}_k$ nach Gleichung (10.9) ergeben, bzw. indem die Funktion H^* und die Dissipations-Funktion D nach den verallgemeinerten Koordinaten und den jeweiligen Ableitungen der verallgemeinerten Koordinaten nach Gleichung (10.10) abgeleitet werden. Es ergeben sich die Ausdrücke

$$
\begin{aligned}
{}^1\dot{q}_2 &= 0 \\
{}^1\dot{q}_3 &= {}^2q_3 \\
{}^1\dot{q}_5 &= {}^2q_5 \\
{}^2\dot{q}_2 &= {}^2\dot{q}_5 = 0 \\
{}^2\dot{q}_3 &= -\frac{V_s}{T^3}{}^2p_3
\end{aligned}
\tag{11.39}
$$

und

$$
\begin{aligned}
{}^1\dot{p}_2 &= u_Q - \frac{1}{C_1}{}^1q_2 - R_1({}^2q_2 + {}^2q_3) - R_2{}^2q_2 \quad , \\
{}^1\dot{p}_3 &= u_Q - R_1({}^2q_2 + {}^2q_3) - R_3{}^2q_3 - \frac{1}{V_s}{}^2q_3 \quad , \\
{}^1\dot{p}_5 &= -\frac{1}{C_2}{}^1q_5 - \frac{1}{V_s}{}^2q_5
\end{aligned}
\tag{11.40}
$$

sowie

$$
\begin{aligned}
{}^2\dot{p}_2 &= 0 \quad , \\
{}^2\dot{p}_3 &= -{}^1p_3 + L^*({}^2q_3 + {}^2q_5) + \frac{3T}{V_s}{}^2q_3 + \frac{3T^2}{V_s}{}^2\dot{q}_3 \quad , \\
{}^2\dot{p}_5 &= -{}^1p_5 - L^*({}^2q_3 - {}^2q_5) + \frac{T}{V_s}{}^2q_5 + \frac{T^2}{V_s}{}^2\dot{q}_5 \quad .
\end{aligned}
\tag{11.41}
$$

Bei dieser Art der mathematischen Beschreibung dieses Systems entsteht ein Gleichungssystem, das maximal die erste zeitliche Ableitung der verallgemeinerten Koordinaten enthält. Im Vergleich zur klassischen Definition der verallgemeinerten Impulse nach

Gleichung (10.2) erscheinen dort mehrfache zeitliche Ableitungen der verallgemeinerten Koordinaten in den kanonischen Bewegungsgleichungen. Dadurch gestaltet sich die
mathematische Struktur wesentlich komplizierter. Der Vorteil der Neudefinition der verallgemeinerten Impulse nach Gleichung (10.7) besteht also in einfacheren modifizierten
kanonischen Bewegungsgleichungen $^j\dot{p}_k$.

11.2.2.4 Berechnung der Zweigströme der Schaltung

Zur anschaulicheren Darstellung werden im weiteren die Zweigströme durch die jeweiligen Bauelemente des Netzwerkes in Abbildung 11.7 berechnet. Dies geschieht für folgende
Werte der Netzwerkelemente:

$R_1 = 100\ \Omega$ $\qquad C_1 = 33\ \text{nF}$ $\quad T = 59 \cdot 10^{-4}\ \text{s}$

$R_2 = 1\ \text{k}\Omega$ $\qquad C_2 = 3,3\ \text{nF}$ $\quad V_s = 10^{-6}\ \text{A/V}$

$R_3 = 2\ \text{k}\Omega$ $\qquad L^* = 5\ \text{mH}$

$u_Q = 10\ \text{V} \sin \omega t$ $\quad f = 50\ \text{Hz}.$

Aus den Bewegungsgleichungen nach den Gleichungen (11.23), (11.24) und (11.25) des
Systems resultiert mit den Variablen

$$x_1 = i_2\ ,\quad x_2 = i_3\ ,\quad x_3 = i_5$$
$$x_4 = \frac{di_3}{dt}\ ,\quad x_5 = \frac{d^2 i_3}{dt^2}\ ,\quad x_6 = \frac{di_5}{dt}\ ,\quad x_7 = \frac{d^2 i_5}{dt^2} \tag{11.42}$$

ein Differentialgleichungssystem siebenter Ordnung in der Form:

$$\dot{x}_1 = -2,75 \cdot 10^4\, x_1 - 9,09 \cdot 10^{-2}\, x_2 + 2,86\, sin(100\,\pi\, t)$$
$$\dot{x}_2 = x_4$$
$$\dot{x}_3 = x_6$$
$$\dot{x}_4 = x_5 \tag{11.43}$$
$$\dot{x}_5 = -4,87 \cdot 10^2\, x_1 - 4,88 \cdot 10^6\, x_2 - 8,62 \cdot 10^4\, x_4 - 5,08 \cdot 10^2\, x_5$$
$$\qquad + 2,43\, 10^{-2}\, x_6 + 48,69\, sin(100\,\pi\, t)$$
$$\dot{x}_6 = x_7$$
$$\dot{x}_7 = -8,71 \cdot 10^6\, x_3 + 1,44 \cdot 10^{-4}\, x_5 - 2,87 \cdot 10^4\, x_6 - 3,39 \cdot 10^2\, x_7$$

Bevor das Differentialgleichungssystem gelöst werden kann, erfolgt eine Stabilitätsuntersuchung. Die charakteristische Gleichung dieses Systems lautet

$$\lambda^7 \; + \; 2,84 \cdot 10^4 \, \lambda^6 + 2,36 \cdot 10^7 \, \lambda^5 + 7,97 \cdot 10^9 \lambda^4 + 1,59 \cdot 10^{12} \lambda^3 + 2,37 \cdot 10^{14} \lambda^2$$
$$+ \; 2,46 \cdot 10^{16} \, \lambda + 1,17 \cdot 10^{18} = 0 \quad . \tag{11.44}$$

Die Wurzeln der charakteristischen Gleichungen sind:

$$\lambda_1 \;\; = \;\; -27548,2 \quad , \quad \lambda_3 = -159,64 - 18,79\,i \quad , \quad \lambda_6 = -3,72 - 162,0\,i$$
$$\lambda_5 \;\; = \;\; -331,53 \quad , \quad \lambda_4 = -159,64 + 18,79\,i \quad , \quad \lambda_7 = -3,72 + 162,0\,i \tag{11.45}$$
$$\lambda_2 \;\; = \;\; -191,19$$

Da alle Realteile der Wurzeln negativ sind, arbeitet das System für diese Bauelemente-werte stabil. Mit den Zeitkonstanten

$$\tau_1 = 3,63 \cdot 10^{-5}\,\text{s} \quad , \quad \tau_2 = 3,02 \cdot 10^{-3}\,\text{s} \quad , \quad \tau_3 = 5,23 \cdot 10^{-3}\,\text{s} \quad ,$$
$$\tau_4 = 6,3 \cdot 10^{-3}\,\text{s} \quad , \quad \tau_5 = 2,68\,10^{-1}\,\text{s}$$

lauten die Lösungen für die Zweigströme i_1 bis i_5:

$$i_1 \;\; = \;\; -0,1\,\text{mA}\,e^{-\frac{t}{\tau_1}} + 0,08\,\text{mA}\,e^{-\frac{t}{\tau_3}} - 0,08\,\text{mA}\,\cos(18,79\,t)\,e^{-\frac{t}{\tau_4}}$$
$$+0,16\,\text{mA}\,\sin(18,79\,t)\,e^{-\frac{t}{\tau_4}} + 0,1\,\text{mA}\,\cos(100\,\pi\,t)$$
$$i_2 \;\; = \;\; -0,1\,\text{mA}\,e^{-\frac{t}{\tau_1}} + 0,1\,\text{mA}\,\cos(100\,\pi\,t)$$
$$i_3 \;\; = \;\; 0,08\,\text{mA}\,e^{-\frac{t}{\tau_3}} - (0,08\,\text{mA}\,\cos(18,79\,t) - 0,16\,\text{mA}\,\sin(18,79\,t))\,e^{-\frac{t}{\tau_4}}$$
$$-1,07\,\mu\text{A}\,\sin(100\,\pi\,t) \tag{11.46}$$
$$i_4 \;\; = \;\; 0,08\,\text{mA}\,e^{-\frac{t}{\tau_3}} - (0,08\,\text{mA}\,\cos(18,79\,t) - 0,16\,\text{mA}\,\sin(18,79\,t))\,e^{-\frac{t}{\tau_4}}$$
$$-1,07\,\mu\text{A}\,\sin(100\,\pi\,t)$$
$$i_5 \;\; = \;\; -2,04 \cdot 10^{-12}\,\text{A}\,e^{-\frac{t}{\tau_2}} + 4,88 \cdot 10^{-11}\,\text{A}\,e^{-\frac{t}{\tau_3}} - 4,76 \cdot 10^{-11}\,\text{A}\,\cos(18,79\,t)\,e^{-\frac{t}{\tau_4}}$$
$$+5,61 \cdot 10^{-11}\,\text{A}\,\sin(18,79\,t)\,e^{-\frac{t}{\tau_4}} \approx 0$$

In Abbildung 11.8 sind die Zeitverläufe der Zweigströme grafisch dargestellt.

11.2.3   Netzwerk mit nichtlinearem Element höherer Ordnung

Im folgenden Beispiel wird ein nichtlineares Element höherer Ordnung in das Netzwerk einbezogen. Die Elementebeziehung dieses nichtlinearen Elementes soll so verlaufen, daß

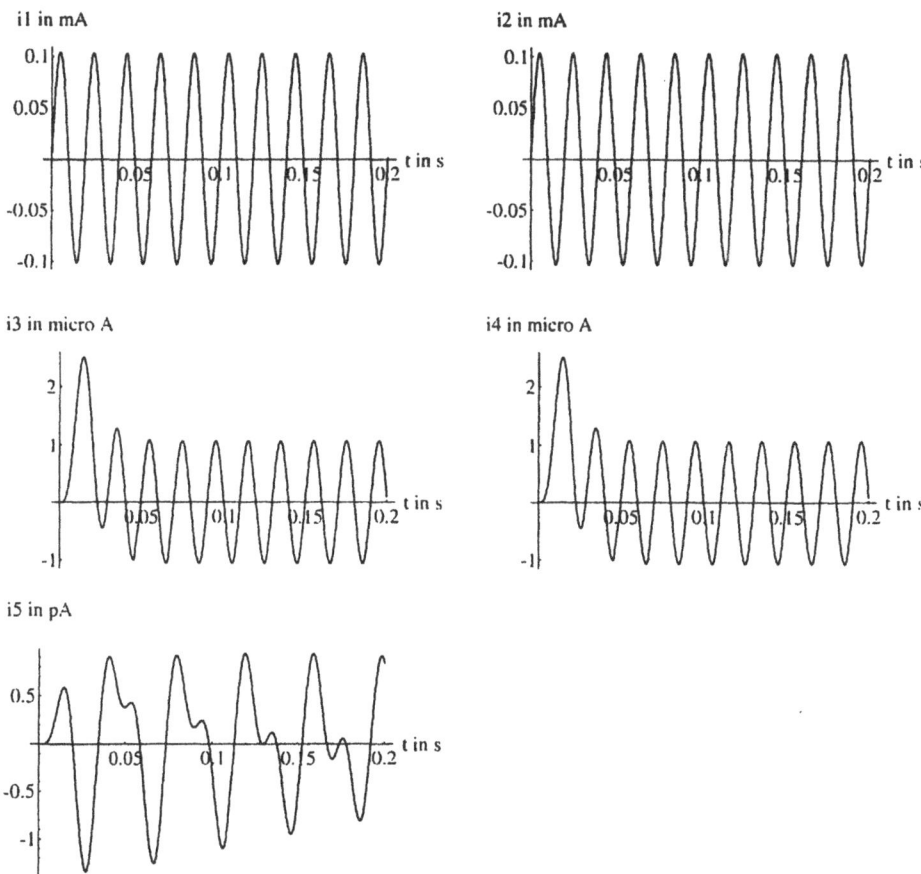

Abbildung 11.8: Verlauf der Zweigströme i_1 bis i_5 des Netzwerkes

das $\{L, D\}$-Modell ohne Kenntnis des zeitlichen Verlaufes des Stromes aufstellbar ist. Diese Forderung erfüllen nur ganz spezielle Elemente höherer Ordnung. Hierzu wird auf 9.3 verwiesen. Es sei das Netzwerk in Abbildung 11.9 gegeben.

11.2.3.1 Aufstellung der Bewegungsgleichungen über die Euler-Lagrange-Differentialgleichung

Neben den Elementen Widerstand, Induktivität und Spannungsquelle sind in der Schaltung ein lineares Element 5. Ordnung ($\alpha = 5, \beta = 0$) und ein nichtlineares Element mit $\alpha = 1$ und $\beta = -2$, woraus über $k = \alpha - \beta = 3$ ein Element 3. Ordnung folgt, enthalten.

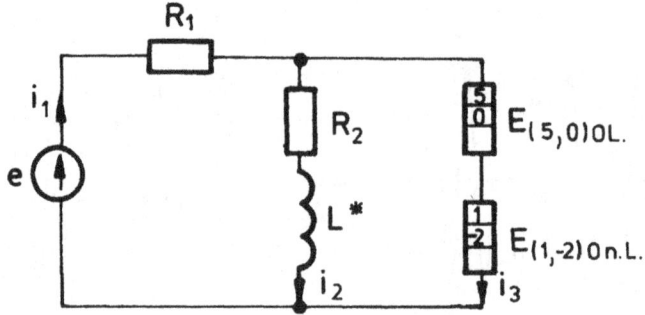

Abbildung 11.9: Netzwerk mit dem nichtlinearen Element höherer Ordnung

Das $\{L, D\}$-Modell des linearen Elementes 5. Ordnung ist der Tabelle A.2 in Anlage A.1 zu entnehmen.

Für das nichtlineare Element höherer Ordnung mit $\alpha = 1$ und $\beta = -2$

$$p^{-2}u = f(p^1 i) \quad \Rightarrow \quad u = p^2 f(p^1 i) \tag{11.47}$$

soll die Beziehung

$$u = \frac{d^2}{dt^2} f(\frac{d}{dt}\dot{q})^2 = \frac{d^2}{dt^2} f(\ddot{q})^2 = K \frac{d^2}{dt^2}(\ddot{q})^2 \tag{11.48}$$

gelten. Aus $\beta = -(\alpha + 1)$ resultiert nach Abschnitt 9.3:

$$L_{E_{(1,-2)nl.}} = (-1)^3 \int f(\ddot{q})d\ddot{q} = -\int K \ddot{q}^2 d\ddot{q} = -\frac{K}{3}\ddot{q}^3 \tag{11.49}$$

Mit der Beziehung für die Zweigströme

$$\dot{q}_1 = \dot{q}_2 + \dot{q}_3 \tag{11.50}$$

lautet das $\{L, D\}$-Modell des Netzwerkes :

$$L = u_Q(q_2 + q_3) + \frac{L^*}{2}\dot{q}_2^2 - \frac{K}{3}\ddot{q}_3^3 + \frac{5T}{2V_s}\dot{q}_3^2 - \frac{5T^3}{V_s}\ddot{q}_3^2 + \frac{T^5}{2V_s}\overset{(3)}{q_3}{}^2 \tag{11.51}$$

$$D = \frac{R_1}{2}(\dot{q}_2 + \dot{q}_3)^2 + \frac{R_2}{2}\dot{q}_2^2 + \frac{1}{2V_s}\dot{q}_3^2 - \frac{5T^2}{V_s}\ddot{q}_3^2 + \frac{5T^4}{2V_s}\overset{(3)}{q_3}{}^2 \tag{11.52}$$

Nach dem Einsetzen in die erweiterte Euler-Lagrange-Differentialgleichung (9.11) und der Ausführung der Differentiationen folgen die Bewegungsgleichungen

Netzwerkelemente	L-Term	D-Term
u_Q	$u_Q\, q_1$	
R_1		$\dfrac{R_1}{2}\,\dot{q}_1^2$
R_2		$\dfrac{R_2}{2}\,\dot{q}_2^2$
L^*	$\dfrac{L^*}{2}\,\dot{q}_2^2$	
$E_{(1,-2)nl.}$	$-\dfrac{K}{3}\,\ddot{q}_3^3$	
$E_{(5,0)l.}$	$\dfrac{5T}{2V_s}\dot{q}_3^2 - \dfrac{5T^3}{V_s}\ddot{q}_3^2 + \dfrac{T^5}{2V_s}\overset{(3)}{q}_3{}^2$	$\dfrac{1}{2V_s}\dot{q}_3^2 - \dfrac{5T^2}{V_s}\ddot{q}_3^2 + \dfrac{5T^4}{2V_s}\overset{(3)}{q}_3{}^2$

Tabelle 11.2: Netzwerkelemente und deren L- und D-Terme

$$q_2 \quad : \quad -u_Q + L\ddot{q}_2 + R_1(\dot{q}_2 + \dot{q}_3) + R_2\dot{q}_2 = 0 \quad , \tag{11.53}$$

$$q_3 \quad : \quad -u_Q + K\frac{d^2}{dt^2}\ddot{q}_3^2 + R_1(\dot{q}_2 + \dot{q}_3) + \frac{1}{V_s}\dot{q}_3 + \frac{5T}{V_s}\ddot{q}_3 + \frac{10T^2}{V_s}\overset{(3)}{q}_3$$

$$+\frac{10T^3}{V_s}\overset{(4)}{q}_3 +\frac{5T^4}{V_s}\overset{(5)}{q}_3 +\frac{T^5}{V_s}\overset{(6)}{q}_3 = 0 \quad , \tag{11.54}$$

die mit den Maschengleichungen des Netzwerkes identisch sind.

11.2.3.2 Aufstellung der Bewegungsgleichungen über die Hamilton-Funktion

Mit Gleichung (10.2) ergeben sich für die Lagrange-Funktion (11.50) drei verallgemeinerte Impulse und drei verallgemeinerte Koordinaten . Hierfür wird die Lagrange-Funktion L^3 in die Gleichung (10.2) eingesetzt und es werden die Differentiationen und Summationen ausgeführt. Da in der Lagrange-Funktion maximal die dritte zeitliche Ableitung der verallgemeinerten Koordinate enthalten ist, ergeben sich dementsprechend drei verallgemeinerte Impulse. Dabei muß beachtet werden, daß die Anzahl der verallgemeinerten Koordinaten und Impulse stets gleich ist. Die verallgemeinerten Koordinaten sind

$$^1q_k = q_k \quad , \quad ^2q_k = \dot{q}_k \quad , \quad ^3q_k = \ddot{q}_k \quad , \tag{11.55}$$

und die verallgemeinerten Impulse lauten

$$\begin{aligned}
{}^{1}p_2 &= L^* \dot{q}_2 \;, \\[2mm]
{}^{1}p_3 &= \frac{5T}{V_s} \dot{q}_3 + K \frac{d}{dt} \ddot{q}_3^2 + \frac{10T^3}{V_s} \overset{(3)}{q}_3 + \frac{T^5}{V_s} \overset{(5)}{q}_3 \;, \\[2mm]
{}^{2}p_2 &= 0 \;, \\[2mm]
{}^{2}p_3 &= -K \ddot{q}_3^2 - \frac{10T^3}{V_s} \ddot{q}_3 - \frac{T^5}{V_s} \overset{(4)}{q}_3 \;, \\[2mm]
{}^{3}p_2 &= 0 \;, \\[2mm]
{}^{3}p_3 &= \frac{T^5}{V_s} \overset{(3)}{q}_3 \quad \Rightarrow \quad \overset{(3)}{q}_3 = \frac{V_s}{T^5} \, {}^{3}p_3 \;.
\end{aligned} \qquad (11.56)$$

Die Impulse ${}^{2}p_2$ und ${}^{3}p_2$ sind Null, da in der Lagrange-Funktion L^3 keine verallgemeinerten Koordinaten $\ddot{q}_2$ und $\overset{(3)}{q}_2$ enthalten sind, nach denen differenziert hätte werden müssen.

Die Bildung der Hamilton-Funktion führt nach (10.1) auf den Ausdruck

$$\begin{aligned}
H^3 &= H^3({}^{1}p_2, {}^{1}p_3, {}^{2}p_2, {}^{2}p_3, {}^{3}p_2, {}^{3}p_3, {}^{1}q_2, {}^{1}q_3, {}^{2}q_2, {}^{2}q_3, {}^{3}q_2, {}^{3}q_3, t) \\[2mm]
&= {}^{1}p_2 \, {}^{2}q_2 + {}^{1}p_3 \, {}^{2}q_3 + {}^{2}p_2 \, {}^{3}q_2 + {}^{2}p_3 \, {}^{3}q_3 + \frac{V_s}{2T^5} \, {}^{3}p_3^2 - u_Q({}^{1}q_2 + {}^{1}q_3) \quad (11.57) \\[2mm]
&\quad - \frac{L^*}{2} \, {}^{2}q_2^2 + \frac{K}{3} \, {}^{3}q_3^3 - \frac{5T^2}{2V_s} \, {}^{2}q_3^2 + \frac{5T^3}{V_s} \, {}^{3}q_3^2 \;.
\end{aligned}$$

Das System der kanonischen Gleichungen findet man aus Gleichung (10.3) in der Form

$$\begin{aligned}
{}^{1}\dot{q}_2 &= {}^{2}q_2 \;, & {}^{2}\dot{q}_2 &= {}^{3}q_2 \;, & {}^{3}\dot{q}_2 &= 0 \;, \qquad (11.58) \\[2mm]
{}^{1}\dot{q}_3 &= {}^{2}q_3 \;, & {}^{2}\dot{q}_3 &= {}^{3}q_3 \;, & {}^{3}\dot{q}_3 &= \frac{V_s}{T^5} \, {}^{3}p_3 \;,
\end{aligned}$$

und

$$\begin{aligned}
{}^{1}\dot{p}_2 &= u_Q - R_1({}^{2}q_2 + {}^{2}q_3) - R_2 \, {}^{2}q_2 \;, \\[2mm]
{}^{1}\dot{p}_3 &= u_Q - R_1({}^{2}q_2 + {}^{2}q_3) - \frac{1}{V_s} \, {}^{2}q_3 - \frac{10T^2}{V_s} \, {}^{3}\dot{q}_3 - \frac{5T^4}{V_s} \, {}^{3} \overset{(3)}{q}_3 \;, \\[2mm]
{}^{2}\dot{p}_2 &= -{}^{1}p_2 + L^* \, {}^{2}q_2 \;, \\[2mm]
{}^{2}\dot{p}_3 &= -{}^{1}p_3 + \frac{5T^2}{V_s} \, {}^{2}q_3 \;, \qquad (11.59) \\[2mm]
{}^{3}\dot{p}_2 &= -{}^{2}p_2 \;, \\[2mm]
{}^{3}\dot{p}_3 &= -{}^{2}p_3 - K \, {}^{3}q_3^2 - \frac{10T^3}{V_s} \, {}^{3}q_3 \;.
\end{aligned}$$

Die kanonischen Gleichungen beschreiben die Bewegung im elektrischen Netzwerk vollständig. Leitet man zur Kontrolle des Ergebnisses die ersten beiden Gleichungen aus (11.55) nach der Zeit t ab und setzt sie in die ersten beiden Gleichungen von (11.59) ein, so folgen wieder die Maschengleichungen (11.52). Beide Methoden führen auf verschiedenen Wegen zu denselben Bewegungsgleichungen.

11.2.3.3 Aufstellung der kanonischen Bewegungsgleichungen über die Funktion H^{*n} mit der Neudefinition der Impulse

Mit der Neudefinition der verallgemeinerten Impulse nach Gleichung (10.7) gilt

$$
\begin{aligned}
{}^1p_2 &= L^* \dot{q}_2 \quad , \\
{}^1p_3 &= \frac{5T}{V_s}\dot{q}_3 + K\frac{d}{dt}\ddot{q}_3^2 + \frac{10T^3}{V_s}\overset{(3)}{q}_3 + \frac{T^5}{V_s}\overset{(5)}{q}_3 + \frac{10T^2}{V_s}\dddot{q}_3 + \frac{5T^4}{V_s}\overset{(4)}{q}_3 \quad , \\
{}^2p_2 &= 0 \quad , \\
{}^2p_3 &= -K\ddot{q}_3^2 - \frac{10T^3}{V_s}\dddot{q}_3 - \frac{T^5}{V_s}\overset{(4)}{q}_3 - \frac{5T^4}{V_s}\overset{(3)}{q}_3 \quad , \\
{}^3p_2 &= 0 \quad , \\
{}^3p_3 &= \frac{T^5}{V_s}\overset{(3)}{q}_3 \quad .
\end{aligned}
\tag{11.60}
$$

Die Funktion H^{*3} lautet

$$
\begin{aligned}
H^{*3} &= H^{*3}({}^1p_2,\,{}^1p_3,\,{}^2p_2,\,{}^2p_3,\,{}^3p_2,\,{}^3p_3,\,{}^1q_2,\,{}^1q_3,\,{}^2q_2,\,{}^2q_3,\,{}^3q_2,\,{}^3q_3,\,t) \\
&= {}^1p_2\,{}^2q_2 + {}^1p_3\,{}^2q_3 + {}^2p_3\,{}^3q_3 + \frac{V_s}{2T^5}{}^3p_3^2 - u_Q({}^1q_2 + {}^1q_3) - \frac{L^*}{2}{}^2q_2^2 \\
&\quad + \frac{K}{3}{}^3q_3^3 - \frac{5T^2}{2V_s}{}^2q_3^2 + \frac{5T^3}{V_s}{}^3q_3^2 \quad .
\end{aligned}
\tag{11.61}
$$

Hieraus leiten sich die modifizierten kanonischen Bewegungsgleichungen aus den Gleichungen (10.9) und (10.10) in den Formen

$$
\begin{aligned}
{}^1\dot{q}_2 &= {}^2q_2 \quad , & {}^2\dot{q}_2 &= {}^3q_2 \quad , & {}^3\dot{q}_2 &= 0 \quad , \\
{}^1\dot{q}_3 &= {}^2q_3 \quad , & 2\dot{q}_3 &= {}^3q_3 \quad , & {}^3\dot{q}_3 &= \frac{V_s}{T^5}{}^3p_3
\end{aligned}
\tag{11.62}
$$

und

$$
\begin{aligned}
{}^1\dot{p}_2 &= u_Q - R_1({}^2q_2 + {}^2q_3) - R_2\,{}^2q_2 \quad , \\
{}^1\dot{p}_3 &= u_Q - R_1({}^2q_2 + {}^2q_3) - \frac{1}{V_s}{}^2q_3 \quad , \\
{}^2\dot{p}_2 &= -{}^1p_2 + L^*\,{}^2q_2 \quad ,
\end{aligned}
\tag{11.63}
$$

$$
\begin{aligned}
{}^2\dot{p}_3 &= -\,{}^1p_3 + \frac{5T^2}{V_s}\,{}^2q_3 + \frac{10T^2}{V_s}\,{}^3q_3 \quad, \\
{}^3\dot{p}_2 &= -\,{}^2p_2 \quad, \\
{}^3\dot{p}_3 &= -\,{}^2p_3 - K\,{}^3q_3^2 - \frac{10T^3}{V_s}\,{}^3q_3 - \frac{5T^4}{V_s}\,{}^3\dot{q}_3
\end{aligned}
$$

ab. Im Gegensatz zu den kanonischen Bewegungsgleichungen nach Gleichung (10.5) und
(10.6), bei denen nur in den Impulsen $^1\dot{p}_k$ die im System auftretenden Verluste enthalten sind, beinhalten auch die Bewegungsgleichungen der Impulse $^j\dot{p}_k$ höherer Ordnung
Verluste.

Anmerkung:

An diesem Beispiel wird erneut deutlich, daß die zeitlichen Ableitungen der verallgemeinerten Koordinaten nur in der ersten zeitlichen Ableitung auftreten, und diese nur in den $^3\dot{p}_k$, also in den höchsten
Impulsableitungen vorkommen. Allgemein geschrieben haben die modifizierten kanonischen Bewegungsgleichungen die mathematische Struktur

$$
^j\dot{q}_k = {}^j\dot{q}_k({}^jq_k) \tag{11.64}
$$

und

$$
^{1,2}\dot{p}_k = {}^{1,2}\dot{p}_k({}^1p_k,\,{}^2p_k,\,{}^3p_k,\,{}^1q_k,\,{}^2q_k,\,{}^3q_k,) \quad. \tag{11.65}
$$

Nur die $^3\dot{p}_k$ enthalten die Abhängigkeiten von $^3\dot{q}_k$ (also die höchste der Impulsableitungsgleichungen)

$$
^3\dot{p}_k = {}^3\dot{p}_k({}^1p_k,\,{}^2p_k,\,{}^3p_k,\,{}^1q_k,\,{}^2q_k,\,{}^3q_k,\,{}^3\dot{q}_k)\,. \tag{11.66}
$$

Mit der Funktion H^{*3} wurde die Beschreibung eines nichtkonservativen Systems
vollständig vorgenommen.

11.2.3.4   Berechnung der Zweigströme

Für die angegebenen Bauelementewerte wird die Lösung des Systems berechnet:

$R_1 = 100\ \Omega$ $\qquad\quad$ $V_s = 10^{-6}$ A/V

$u_Q = 10$ V $\sin(\omega\,t)$ $\quad$ $f = 50$ Hz

$R_2 = 10$ kΩ $\qquad\quad$ $T = 59 \cdot 10^{-4}$ s

$L^* = 5$ mH $\qquad\quad$ $K = 1$ (Vs)^4/A^2

Das in Abbildung 11.9 dargestellte Netzwerk führt auf ein Gleichungssystem sechster
Ordnung. Aus den Maschengleichungen (11.52) folgt nach Umformungen, Einsetzen der

Bauelementewerte und der Normierung

$$i_2 = x_1 \quad , \quad i_3 = x_2 \quad , \quad \frac{di_3}{dt} = x_3 \quad , \quad \frac{d^2 i_3}{dt^2} = x_4 \quad , \quad \frac{d^3 i_3}{dt^3} = x_5 \quad , \quad \frac{d^4 i_3}{dt^4} = x_6$$
$$(11.67)$$

das Differentialgleichungssystem sechster Ordnung:

$$
\begin{aligned}
\dot{x}_1 &= 2,0 \cdot 10^3 \sin(100\,\pi\,t) - 4,0 \cdot 10^3 x_1 - 2,0 \cdot 10^3 x_2 \\
\dot{x}_2 &= x_3 \\
\dot{x}_3 &= x_4 \\
\dot{x}_4 &= x_5 \\
\dot{x}_5 &= x_6 \\
\dot{x}_6 &= 1,4 \cdot 10^6 \sin(\omega\,t) - 1,39 \cdot 10^7\,x_1 - 1,4 \cdot 10^{11}\,x_2 - 4,13 \cdot 10^9\,x_3 - 4,87 \cdot 10^7\,x_4 \\
& \quad -2,87 \cdot 10^5\,x_5 - 8,47 \cdot 10^2\,x_6 - 2,8 \cdot 10^5\,x_4^2 - 2,8 \cdot 10^5\,x_3\,x_5
\end{aligned}
$$
$$(11.68)$$

In Abbildung 11.10 sind die numerisch berechneten Lösungen für die Ströme i_1, i_2 und i_3 dargestellt.

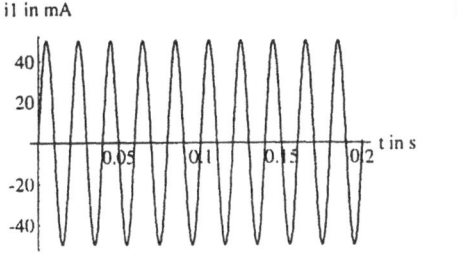

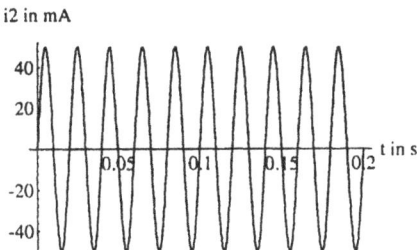

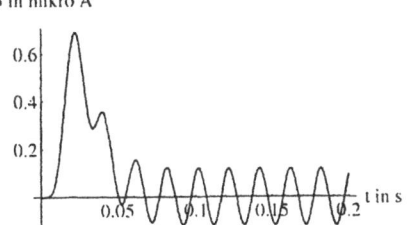

Abbildung 11.10: Verlauf der Ströme i_1, i_2 und i_3 des Netzwerkes in Abbildung 8.9

Die vorangegangenen Beispiele zeigen die Anwendung sowohl des Lagrange-Formalismus als auch des modifizierten Hamilton-Formalismus zur Aufstellung der Bewegungsgleichungen für Systeme mit linearen bzw. nichtlinearen Elementen höherer Ordnung. Die drei Methoden liefern gleiche Ergebnisse.

Kapitel 12

Technische Anwendungen für Elemente höherer Ordnung

In diesem Kapitel werden mehrere technische Anwendungen für Elemente höherer Ordnung vorgestellt. Zum einen benutzt man diese Elemente zur besseren Beschreibung des Verhaltens von Schaltungen in der Kryoelektronik und zum anderen gewinnen die Elemente höherer Ordnung als spezielle Bauelemente in der Filtertechnik an Bedeutung.

12.1 SQUID (Superconducting Quantum Interference Device)

12.1.1 Aufbau eines Zwei-Element-SQUID's und seine Ersatzschaltbilder

SQUID's sind supraleitende Strukturen, welche wesentlich schneller als Halbleiteranordnungen arbeiten und sich durch eine geringere Leistungsaufnahme auszeichnen. SQUID's gibt es in verschiedenen Varianten und für unterschiedlichste Aufgaben, z.B. als hochempfindliche Meßfühler zum Messen kleinster Magnetfelder, als schnelle Zähler, als A/D-Wandler sowie als Speicherelemente. Diese Strukturen zeigen in Abhängigkeit ihres Arbeitspunktes und ihrer Aussteuerung supra- oder normalleitendes Verhalten. Diese beiden grundsätzlich verschiedenen Zustände bilden die Grundlage für ihre Anwendungen in den verschiedensten Formen.

Ein SQUID besteht aus der Zusammenschaltung von einem oder mehreren Josephson-Tunnelelementen (JTE) und supraleitenden Streifenleitungen. Für die Beschreibung eines JTE wird das RCSJ-Modell (resistive and capacitive shunted junction) genutzt.

Hierbei wird der Strom durch das JTE in drei Teilströme aufgespalten. In Abbildung 12.1 ist ein JTE und sein Ersatzschaltbild dargestellt.

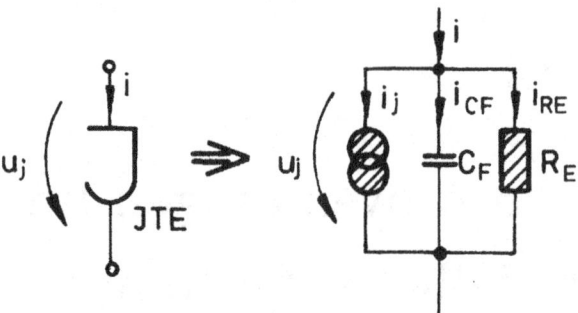

Abbildung 12.1: Josephson-Tunnelelement und sein Ersatzschaltbild

Zur physikalischen Beschreibung der Supraleitung und des RCSJ-Modells des JTEs sei hier auf die einschlägige Literatur verwiesen, in der diese Thematik ausführlich behandelt wird.

Zur Aufstellung der Bewegungsgleichungen und der Berechnung gelten folgende Bedingungen für ein SQUID:

Die Streifenleitungen werden als ideale Induktivitäten angenommen. Ihr Material ist so ausgewählt, daß sie bei Betriebstemperatur stets supraleitendes Verhalten zeigen. Das heißt, in diesen Induktivitäten treten keine ohmschen Verluste auf. Dieses Verhalten wird auch nicht durch die beiden unterschiedlichen Zustände der JTE beeinflußt. Das Tunnelelement und die Induktivität, in Form dieser Streifenleitung, sind in Reihe geschaltet. Durch die Parallelschaltung zweier solcher Anordnungen erhält man einen DJ-SQUID (double junction SQUID = Zwei-Elemente-SQUID; hier wird im weiteren nur die deutsche Bezeichung benutzt). Abbildung 12.2 zeigt schematisch einen möglichen Aufbau eines Zwei-Elemente-SQUID's und Abbildung 12.3 dessen Ersatzschaltbild.

Die beiden Knoten dieser Zusammenschaltung in Abbildung 12.3 sind mit der Stromquelle i_g verbunden, welche einen Strom liefert, der supraleitend durch das SQUID fließt ($i_g < i_k$ - kritischer Strom). Mit einem weiteren Strom i_c wird ein Steuerfluß Φ_c in das SQUID eingekoppelt. Dieser gestattet den gezielten Einfluß auf die Größe des verlustfrei fließenden Stromes i_g. Zur Vereinfachung der Berechnung des gesteuerten SQUID's wird die Gegeninduktivität zwischen den Streifenleitungen durch einen entsprechend dem Kopplungsverhältnis transformierten Strom i_c ersetzt.

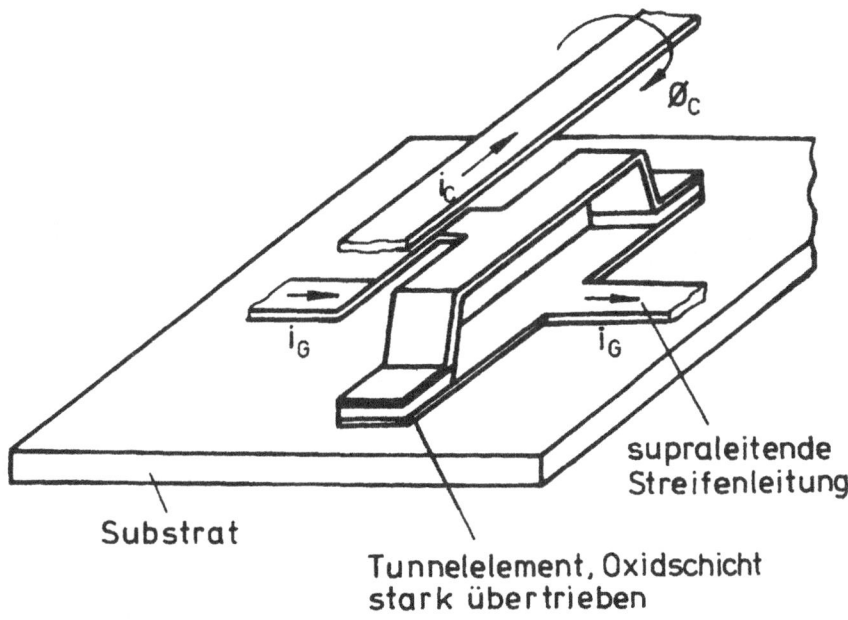

Abbildung 12.2: Schematischer Aufbau eines Zwei-Elemente-SQUID's

12.1.2 Schaltungstransformation   mit Josephson-Tunnelelementen

Im Unterschied zu gewöhnlichen elektrischen Netzwerken werden zur Berechnung supraleitender Netzwerke der Knotensatz und der Phasensatz herangezogen. Da im statischen Zustand alle Spannungen im supraleitenden Netzwerk verschwinden, liefert der Kirchhoffsche Maschensatz keine Aussage. Der Phasensatz sagt aus, daß die Summe der Phasendifferenzen aller Netzwerkelemente in der n-ten Masche $n \cdot 2\pi$ mit $n \in G$ beträgt. Um diese supraleitenden Netzwerke mittels Ladungs- bzw. Flußformulierung beschreiben zu können, ist es erforderlich, den Phasensatz in die Form des Kirchhoffschen Maschensatzes zu überführen. Diese Forderung läßt sich genau dann erfüllen, wenn das Netzwerk einer Transformation unterzogen wird. Diese erfolgt so, daß jede im Original-Netzwerk

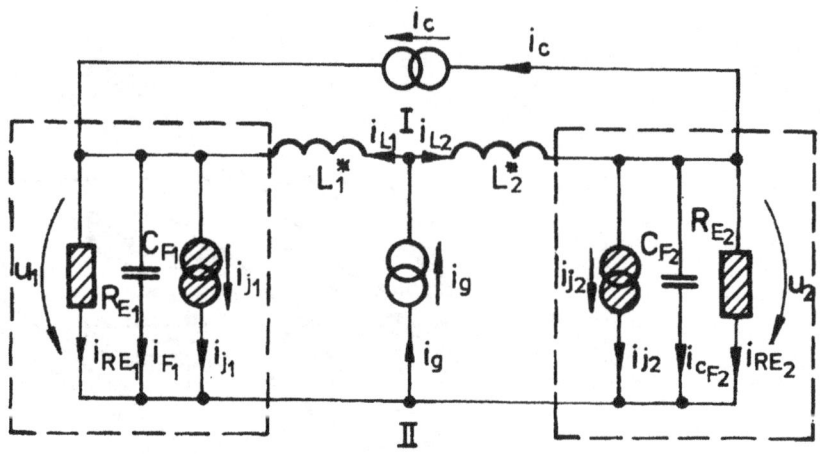

Abbildung 12.3: Elektrisches Ersatzschaltbild eines DJ-SQUID's

auftretende Phasendifferenz a_i einer entsprechenden elektrischen Spannung u_i im transformierten Netzwerk entspricht. In diesem Fall erhält der Phasensatz die Gestalt des
Kirchhoffschen Maschensatzes, und die Ladungs- bzw. Flußformulierung ist anwendbar.
Zu beachten ist, daß die Netzwerkelemente bei der Transformation ihren Charakter
verändern, das heißt, ihre u'-i-Beziehung unterscheidet sich wesentlich von ihrer ursprünglichen u-i-Beziehung. Während sich im Original-Netzwerk die elektrische Spannung u an einer Induktivität L^* proportional zur zeitlichen Ableitung des hindurchflie-
ßenden Stromes i verhält, herrscht nach der Transformation Proportionalität zwischen
u' und i, was dem Verhalten eines Widerstandes R' entspricht. In analoger Weise verwandelt sich ein Widerstand in eine Kapazität. Bei der Transformation einer Kapazität
entsteht ein Element zweiter Ordnung. Die Bestimmung der Werte der transformierten
Netzwerkelemente erfolgt sehr einfach durch Multiplikation mit bzw. Division durch die
Größe T_0 mit $T_0 = \Phi_0/2\,\Pi\,U_0$. Es gilt somit

$$R' = \frac{L^*}{T_0} \quad , \quad C' = \frac{T_0}{R} \quad , \quad E_{2.O.} = T_0 C_F \quad . \tag{12.1}$$

Die Stromquellen bleiben bei der Transformation unberührt. Sie ändern sich nur insofern,
daß die Phase a durch die Spannung u in ihren Beschreibungsgleichungen ersetzt wird.
Je nach Anwendungsgebiet der SQUIDs wird nur in ganz bestimmten Bereichen der u-
i-Kennlinie der JTE (z.B. im Bereich $u < u_g$) gearbeitet, so daß ein linearer Verlauf

der Kennlinie zur Berechnung angenommen werden kann. Es ist somit zulässig, den nichtlinearen Widerstand R_E in Abbildung 12.1 durch einen linearen Widerstand im RCSJ-Modell zu ersetzen. Das transformierte Netzwerk des SQUIDs aus Abbildung 12.3 ist in Abbildung 12.4 dargestellt.

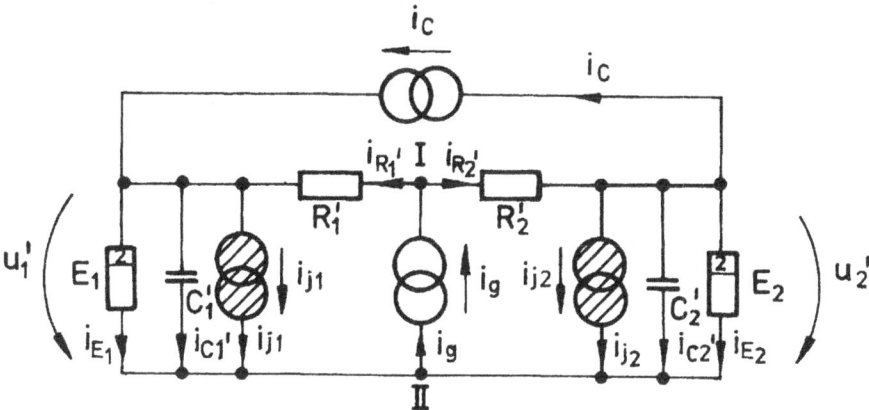

Abbildung 12.4: Transformiertes Netzwerk

Der Behandlung von Netzwerken mittels Lagrange-Formalismus liegen unter anderem reale Quellen zu Grunde, daß heißt, der Innenwiderstand der Quelle wird in der Schaltung nicht vernachlässigt. Somit müssen zur Behandlung dieses Netzwerks mittels Lagrange-Formalismus die Stromquellen i_c und i_g als reale Quellen angenommen werden.

Das transformierte Netzwerk nimmt dann eine Gestalt nach Abbildung 12.5 an.

12.1.3   Transformiertes Netzwerk eines Zwei-Elemente-SQUID'

Zur Analyse des Netzwerks in Abbildung 12.5 bietet sich die Flußformulierung an, weil mehr Knoten als Maschen mit mehr als drei Elementen im Netzwerk auftreten. In der Tabelle 12.1 sind die Netzwerkelemente, ihre Elementebeziehungen sowie ihre L- bzw. D-Terme zusammengestellt. Im Einzelnen wird zur Aufstellung der L- und D-Terme auf die vorangestellten Kapitel bzw. auf die Beispiele verwiesen.

Die Stromquellen i_{j1} und i_{j2} sind nicht in einem L- bzw. D-Term erfaßbar. Sie werden als verallgemeinerte Kräfte F_k auf der rechten Seite der Euler-Lagrange-Differentialgleichung zusammengefaßt. Für die Stromquellen in Abbildung 12.5 werden die Funktionen

$$F_{u_1'} = -J_{0_1} \sin\left(\frac{u_1'}{u_0}\right) \quad , \tag{12.2}$$

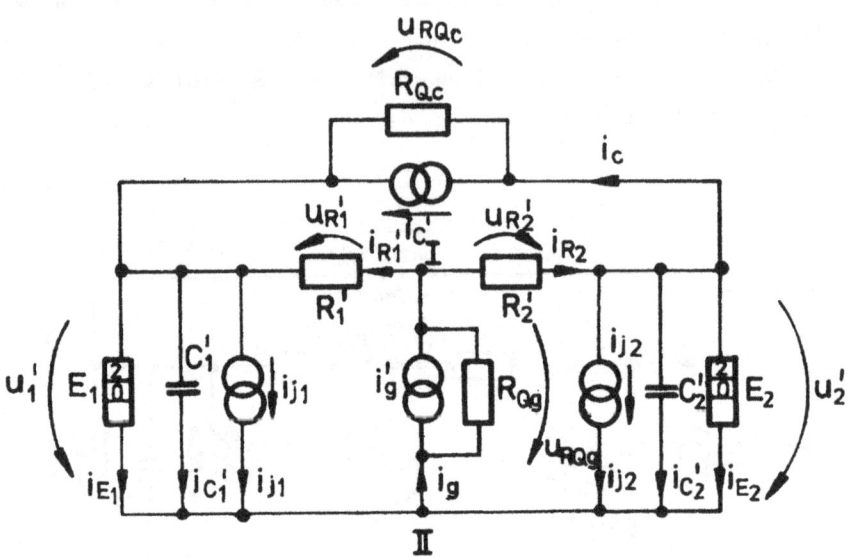

Abbildung 12.5: Transformiertes Netzwerk unter Berücksichtigung der Innenwiderstände der Quellen

$$F_{u_2'} = -J_{0_2} \sin(\frac{u_2'}{u_0}) \tag{12.3}$$

angesetzt. Mit den Spannungsbeziehungen

$$\begin{aligned}
u_{R_{Q_c}} &= u_1' - u_2' \ , \\
u_{R_1'} &= u_{R_{Q_g}} - u_1' \ , \\
u_{R_2'} &= u_{R_{Q_g}} - u_2'
\end{aligned} \tag{12.4}$$

folgt das $\{L, D, F\}$-Modell des SQUID's in der Form:

$$L = \frac{C_1'}{2}\dot{\psi}_1'^2 + \frac{C_2'}{2}\dot{\psi}_2'^2 + i_c'(\psi_1' - \psi_2') + i_g'\psi_{R_{Q_g}} \tag{12.5}$$

$$\begin{aligned}
D = {} & \frac{1}{2R_1'}(\dot{\psi}_{R_{Q_g}} - \dot{\psi}_1')^2 + \frac{1}{2R_2'}(\dot{\psi}_{R_{Q_g}} - \dot{\psi}_2')^2 + \frac{1}{2R_{Q_g}}\dot{\psi}_{R_{Q_g}}^2 + \frac{1}{2R_{Q_c}}(\dot{\psi}_1' - \dot{\psi}_2')^2 \\
& -\frac{E_1}{2}\ddot{\psi}_2'^2 - \frac{E_2}{2}\ddot{\psi}_2'^2
\end{aligned} \tag{12.6}$$

$$F_k = -J_{0_1} \sin(\frac{u_1'}{u_0}) - J_{0_2} \sin(\frac{u_2'}{u_0}) \tag{12.7}$$

Element	Elementebeziehung	L-Term	D-Term
R_1'	$i_{R_1'} = \dfrac{1}{R_1'}u_{R_1'}$		$\dfrac{1}{2R_1'}\dot{\psi}_{R_1'}^2$
R_2'	$i_{R_2'} = \dfrac{1}{R_2'}u_{R_2'}$		$\dfrac{1}{2R_2'}\dot{\psi}_{R_2'}^2$
R_{Q_g}	$i_{R_{Q_g}} = \dfrac{1}{R_{Q_g}}u_{R_{Q_g}}$		$\dfrac{1}{2R_{Q_g}}\dot{\psi}_{R_{Q_g}}^2$
R_{Q_c}	$i_{R_{Q_c}} = \dfrac{1}{R_{Q_c}}u_{R_{Q_c}}$		$\dfrac{1}{2R_{Q_c}}\dot{\psi}_{R_{Q_c}}^2$
E_1	$i_{E_1} = E_1\dfrac{d^2}{dt^2}u_1'$		$-\dfrac{E_1}{2}\ddot{\psi}_1'^2$
E_2	$i_{E_2} = E_2\dfrac{d^2}{dt^2}u_2'$		$-\dfrac{E_2}{2}\ddot{\psi}_2'^2$
C_1'	$i_{C_1'} = C_1'\dfrac{d}{dt}u_1'$	$\dfrac{C_1'}{2}\dot{\psi}_1'^2$	
C_2'	$i_{C_2'} = C_2'\dfrac{d}{dt}u_2'$	$\dfrac{C_2'}{2}\dot{\psi}_2'^2$	
i_c'	i_c'		$i_c'\psi_{R_{Q_c}}$
i_g'	i_g'		$i_g'\psi_{R_{Q_g}}$

Tabelle 12.1: Elementebeziehungen, L- und D-Terme in Flußformulierung

Nach Einsetzen in die Euler-Lagrange-Differentialgleichung (9.11) folgen die Bewegungs-gleichungen für die Ersatzschaltung in Abbildung 12.5 bezüglich

$$u_1' \;:\; C_1'\ddot{\psi}_1' - i_c' - \frac{1}{R_1'}(\dot{\psi}_{R_{Q_g}} - \dot{\psi}_1') + \frac{1}{R_{Q_c}}(\dot{\psi}_1' - \dot{\psi}_2') + E_1\overset{(3)}{\psi}{}_1' = -J_0\sin(\frac{u_1'}{u_0}) \quad (12.8)$$

$$u_2' \;:\; C_2'\ddot{\psi}_2' + i_c' - \frac{1}{R_2'}(\dot{\psi}_{R_{Q_g}} - \dot{\psi}_2') - \frac{1}{R_{Q_c}}(\dot{\psi}_1' - \dot{\psi}_2') + E_2\overset{(3)}{\psi}{}_2' = -J_0\sin(\frac{u_2'}{u_0}) \quad (12.9)$$

$$u_{R_{Q_g}} \;:\; -i_g' + \frac{1}{R_1'}(\dot{\psi}_{R_{Q_g}} - \dot{\psi}_1') + \frac{1}{R_2'}(\dot{\psi}_{R_{Q_g}} - \dot{\psi}_2') + \frac{1}{R_{Q_g}}\dot{\psi}_{RQ_g} = 0 \quad . \quad (12.10)$$

Aufgabe: Zeigen Sie, daß man über die Transformationsbeziehungen und die Beziehungen der zeitli-chen Änderung der Phase

$$\frac{da_1}{dt} = \frac{2\pi}{\Phi_0}u_1 \quad \text{und} \quad \frac{da_2}{dt} = \frac{2\pi}{\Phi_0}u_2 \quad\quad (12.11)$$

wieder die aus der Literatur bekannten Modellgleichungen eines Zwei-Elemente-SQUID's

$$\frac{du_1}{dt} = \frac{1}{C_{F_2}}(-\frac{1}{R_1}u_1 + i_{j_1} + i_c + \frac{a_2 - a_1}{2\pi L^*}\Phi_0 + \frac{L_2^*}{L^*}i_g) \quad ,$$

$$\frac{du_2}{dt} = \frac{1}{C_{F_2}}(-\frac{1}{R_2}u_2 + i_{j_2} - i_c - \frac{a_2 - a_1}{2\pi L^*}\Phi_0 + \frac{L_1^*}{L^*}i_g) \qquad (12.12)$$

unter Zuhilfenahme von

$$i_{L_1^*} = \frac{a_2 - a_1}{2\pi L^*}\Phi_0 + \frac{L_2^*}{L^*}i_g \quad (L^* = L_1^* + L_2^*) \quad ,$$

$$i_{L_2^*} = \frac{a_1 - a_2}{2\pi L^*}\Phi_0 + \frac{L_1^*}{L^*}i_g \quad (L^* = L_1^* + L_2^*) \qquad (12.13)$$

erhält.

Lösung: Mit den Gleichungen (12.1) und (12.4) erhält man die Knotengleichungen des Original-Netzwerkes nach Abbildung 12.3

$$\frac{1}{R_1}u_1 - i_c - i_{L_1^*} + C_{F_1}\frac{d}{dt}u_1 - i_{j_1} = 0 \quad ,$$

$$\frac{1}{R_2}u_2 - i_c - i_{L_2^*} + C_{F_2}\frac{d}{dt}u_2 - i_{j_2} = 0 \quad ,$$

$$-i_g + i_{L_{11}^*} + i_{L_2^*} = 0 \quad . \qquad (12.14)$$

Die Ströme $i_{L_1^*}$ und $i_{L_2^*}$ werden durch die Beziehung (12.13) ersetzt, was auf die Ausdrücke (12.12) führt.

Für eine Schaltung mit einem Zwei-Elemente-SQUID ist ein elektrisches Ersatzschaltbild gefunden worden, wobei bei dessen Transformation Elemente zweiter Ordnung entstehen. Die Bewegungsgleichungen können mit Hilfe des Lagrange-Formalismus in Flußformulierung aufgestellt werden.

Anmerkung:

Eine gesonderte Modellierung der Elemente höherer Ordnung entfällt, weil aus deren Charakteristik über die Energiebeziehung unmittelbar die D-Terme folgen.

12.2   Filter

Elektrische Filter spielen eine entscheidende Rolle in Anlagen und Geräten der Nachrichten-, Meß- und Regelungstechnik. Filter sind frequenzselektierende Netzwerke, welche Signale in einem oder mehreren Frequenzbändern übertragen bzw. sperren. Je nach Charakteristik der Übertragungsfunktion spricht man von Hoch-, Tief- und

Allpässen. Die Wirkungsweise passiver Filternetzwerke beruht auf den frequenzabhängigen Eigenschaften der Spule und des Kondensators. Die Untersuchung und betrachtung von Filtern geschieht im Bildbereich . Das heißt, die zeitabhängige Beschreibungsfunktion wird über die Laplace-Transformation mit $p = \delta + j\omega$ in den Bildbereich überführt. Da hier nur der stationäre Fall betrachtet wird, reduziert sich p zu $p = j\omega$. Zur Beurteilung von Filtern und deren Charakteristik wird die Übertragungsfunktion $H(p)$ herangezogen. Sie gibt das Verhältnis von Ausgang- zu Eingangsgröße der Filterschaltung

$$H(p) = \frac{A(p)}{E(p)} \qquad (12.15)$$

an. In Filterschaltungen sind die Eingangs- und Ausgangsgrößen die Eingangs- und Ausgangsspannung $U_2(p)$ und $U_1(p)$, die dann die Übertragungsfunktion

$$H(p) = \frac{U_2}{U_1} \qquad (12.16)$$

ergeben. Durch die Entwicklung mikroelektronisch realisierbarer Netzwerke besteht in vielen Fällen die Notwendigkeit, LC-Filter in den Schaltungen zu eliminieren, was durch den Einsatz aktiver Filter, bestehend aus Kombinationen von ohmschen Widerstand, Kapazität und gesteuerten Quellen, technisch vorgenommen wird. Somit werden technisch schwer realisierbare Induktivitäten umgangen.

Aktive Filternetzwerke erreichen vergleichbare oder bessere Filtercharakteristiken als LC-Filter im klassischen Sinne. Eine Entwurfsmethode aktiver Filter besteht in der LC-Filter-Simulation. Hierbei wird die ursprüngliche Filterstruktur durch den Einsatz allgemeiner Impedanzkonverter (General Impedanz Converter, GIC), frequenzabhängigen Widerständen und sogenannten Superkapazitäten (Elemente zweiter Ordnung) transformiert.

12.2.1   Bruton-Transformation

Bei der unter diesem Namen bekannt gewordenen Transformation wird die Übertragungsfunktion $H(p)$ einer passiven RLC-Filterschaltung mit dem dimensionslosen Faktor $(p\tau)^{-1}$ im Zähler und Nenner erweitert. Die Zeitkonstante τ ist dabei eine frei wählbare Normierungsgröße, deren Wert unter praktischen Aspekten festgelegt werden kann. Die so entstehende Übertragungsfunktion $H(p)$ weist das gleiche Frequenzverhalten wie die Ausgangsübertragungsfunktion auf. Die einzelnen Terme der Funktion $H(p)$ werden danach jeweils neuen Bauelementen zugeordnet. Dabei entsteht ein Element zweiter Ordnung .

Die durch die Bruton-Transformation neu entstehenden Impedanzen sind wie folgt charakterisiert:

Ohmsche Impedanz:

$$R \xrightarrow{\frac{1}{j\omega\tau}} \frac{R}{j\omega\tau} = \frac{1}{j\omega\frac{\tau}{R}} = \frac{1}{j\omega C^*} \qquad \text{(kapazitives Verhalten)} \qquad (12.17)$$

Der ohmsche Widerstand geht durch diese Transformation in eine Kapazität über.

Induktive Impedanz:

$$L^* \xrightarrow{\frac{1}{j\omega\tau}} \frac{L^*}{\tau} = R^* \qquad \text{(frequenzunabhängiger reeller Widerstand)}$$
$$(12.18)$$

Kapazitive Impedanz:

$$C \xrightarrow{\frac{1}{j\omega\tau}} -\frac{1}{\omega^2\tau C} = -\frac{1}{\omega^2 D^*} \; . \qquad (12.19)$$

Die Gleichung (12.19) stellt die Impedanz eines Elementes zweiter Ordnung mit der Charakteristik eines frequenzabhängigen, negativen Widerstandes (frequency dependent negative resistor, FDNR) dar.

Beispiel:

Die Übertragungsfunktion des passiven RLC-Tiefpasses in Abbildung 12.6 soll aufgestellt werden.

Da die Spannungsabfälle U_1 und U_2 proportional zur Impedanz sind, stellt das Aufstellen der Übertragungsfunktion $H(p)$ kein Problem dar. Zur Spannung $U_2(p)$ gehört die Impedanz $Z_2 = 1/pC$, sowie zur Spannung $U_1(p)$ gehört die von der Reihenschaltung von R, C und L^* gebildete Impedanz $Z_1 = R + 1/pC + pL^*$. Somit ergibt sich die Übertragungsfunktion

$$H(p) = \frac{U_2(p)}{U_1(p)} = \frac{\dfrac{1}{pC}}{R + \dfrac{1}{pC} + pL^*} \; . \qquad (12.20)$$

Durch die *Bruton-Transformation* geht diese dann in den Ausdruck

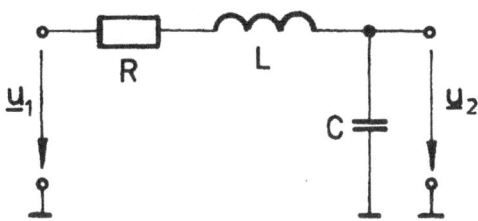

Abbildung 12.6: RLC-Tiefpass (passiv)

$$H(p) = \frac{\dfrac{1}{p^2\tau C}}{\dfrac{R}{p\tau} + \dfrac{1}{p^2\tau C} + \dfrac{L^*}{\tau}} \quad , \tag{12.21}$$

oder mit $p = j\omega$ in die Form

$$H(j\omega) = \frac{-\dfrac{1}{\omega^2 D^*}}{\dfrac{1}{j\omega C^*} - \dfrac{1}{\omega^2 D^*} + R^*} \tag{12.22}$$

über. Die Schaltung mit den transformierten Bauelementen gibt die Abbildung 12.7 wieder. Sie enthält keine Induktivitäten mehr, aber ein frequenzabhängiges Element zweiter Ordnung. Aus dem passiven Tiefpaß wurde ein aktiver Tiefpaß.

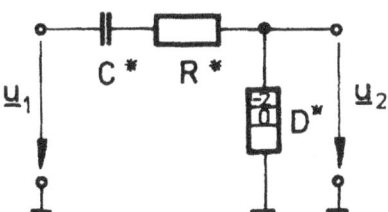

Abbildung 12.7: Nach *Bruton* transformierter aktiver Tiefpass mit einem aktiven frequenzabhängigen Element zweiter Ordnung

12.2.2 Technische Realisierung eines Elementes zweiter Ordnung und Berechnung des Filters

Die technische Realisierung des Elementes zweiter Ordnung erfolgt durch einen allgemeinen Impedanzkonverter nach Abbildung 12.8. Die Impedanz des Elementes zweiter

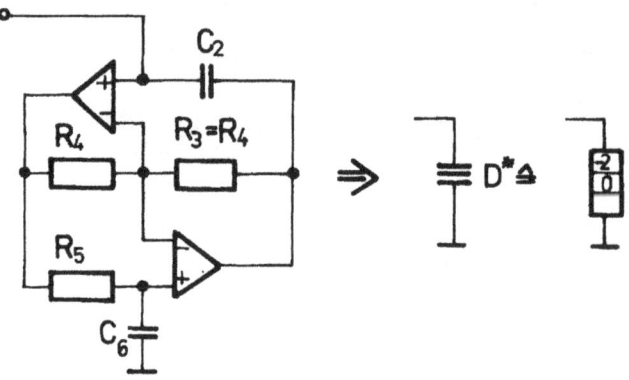

Abbildung 12.8: Impedanzkonverter zur Realisierung eines Elementes zweiter Ordnung

Ordnung in Abbildung 12.8 hat die Form

$$Z_{D^*} = -\frac{1}{\omega^2 D^*} = \frac{R_4}{\omega^2 C_2 C_6 R_3 R_5} \quad . \tag{12.23}$$

Für die konkreten Werte des RLC-Tiefpasses: $R = 141,42\ \Omega$, $L^* = 20\ \mu$ H, $C = 2$pF folgen die transformierten Netzwerkelemente (mit $\tau = 1$s und der Skalierung $K = 10^7$): $C^* = 0,0707$ nF, $R^* = 200\ \Omega$, $D^* = 2 \cdot 10^{-16}$ As^2/V. Aus dem errechneten Wert für $D^* = 2 \cdot 10^{-16}$ As^2/V ergeben sich für die Widerstände nach Abbildung 12.8 die Bauelementewerte $R_3 = R_4 = R_5 = 200\ \Omega$ und die Kapazitäten $C_2 = C_6 = 1$ nF. In der Abbildung 12.9 sind die Beträge der Übertragungsfunktion $H(p)$ sowie die Phasengänge der passiven bzw. aktiven Filterschaltung dargestellt. Aus ihnen geht hervor, daß sowohl die Übertragungs- als auch die Phasencharakteristik erhalten bleiben.

Durch Änderung der Werte von R^* und D^* (über R_1, R_3, R_5, C_2, C_6) sind so verschiedene Filtercharakteristiken realisierbar. Dazu sind in Tabelle 12.2 einige Werte für aktive Tiefpaßschaltungen zusammengestellt.

Die aus diesen Bauelementeparametern resultierenden Übertragungs- bzw. Phasencharakteristiken veranschaulicht Abbildung 12.10.

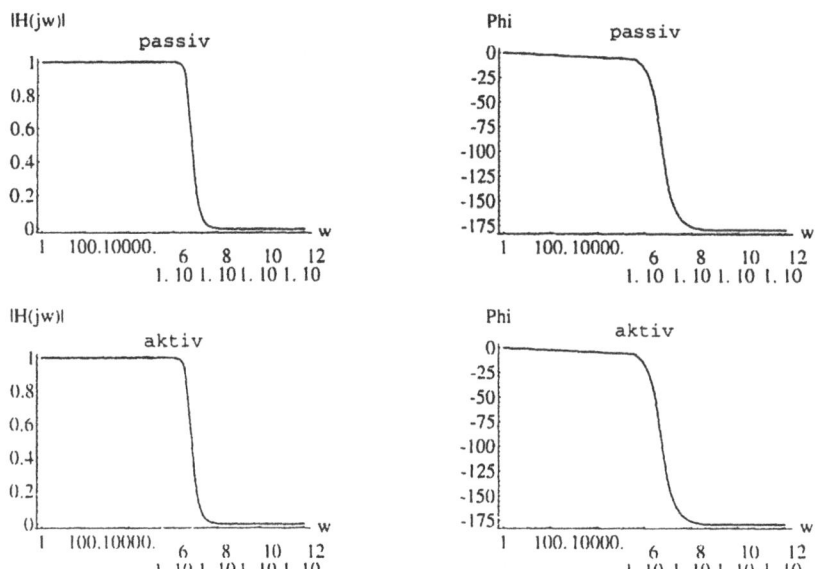

Abbildung 12.9: Amplituden- und Phasengang der passiven bzw. aktiven Filterschaltung (Tiefpass)

Kurve	R^* in Ω	C^* in As/V	D^* in As^2/V
1	40000	$5 \cdot 10^{-10}$	$60 \cdot 10^{-15}$
2	4000	$5 \cdot 10^{-10}$	$6 \cdot 10^{-15}$
3	400	$5 \cdot 10^{-10}$	$600 \cdot 10^{-18}$
4	40	$5 \cdot 10^{-10}$	$60 \cdot 10^{-18}$
5	4	$5 \cdot 10^{-10}$	$6 \cdot 10^{-18}$

Tabelle 12.2: Bauelementeparameter des aktiven Tiefpasses

12.2.3 Vergleich von passivem und aktivem Hochpaß

In einer weiteren Schaltungsanordnung soll ein passiver Hochpaß mit einem Hochpaß, der ein Element zweiter Ordnung ($k = +2$) enthält, verglichen werden. Die zugehörigen Schaltungen sind in den Abbildungen 12.11 und 12.12 zu sehen.

Die Übertragungsfunktion des passiven Hochpasses lautet

$$H(p) = \frac{U_2(p)}{U_1(p)} = \frac{pL^*}{R_1 + \frac{1}{pC_1} + pL^*} \quad , \tag{12.24}$$

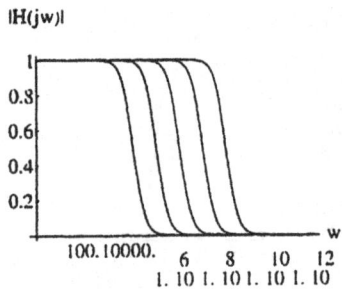
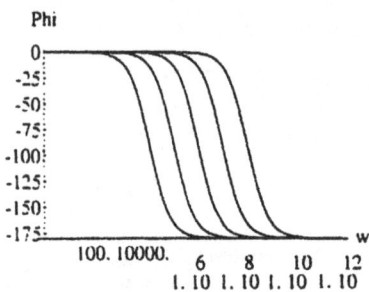

Abbildung 12.10: Übertragungs- und Phasencharakteristiken eines Tiefpasses mit einem Element zweiter Ordnung für verschiedene Bauelementewerte

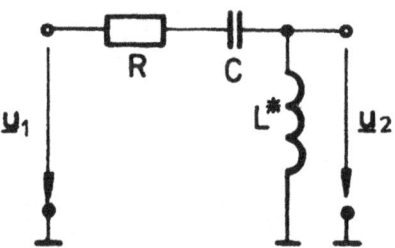

Abbildung 12.11: Passiver Hochpaß

und die des aktiven Hochpasses

$$H(p) = \frac{U_2(p)}{U_1(p)} \frac{\frac{1}{V_s}(1 + pT)^2}{R_2 + \frac{1}{pC_2} + \frac{1}{V_s}(1 + pT)^2} \quad , \tag{12.25}$$

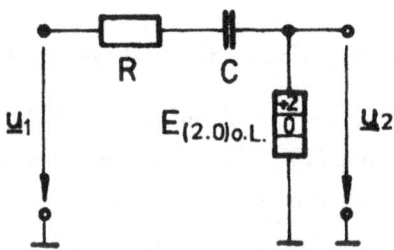

Abbildung 12.12: Aktiver Hochpaß

wenn das Element zweiter Ordnung nach Gleichung (8.23) durch den Ausdruck

$$F(p) = \frac{1}{V_s}(1 + pT)^2 \qquad (12.26)$$

approximiert wird. Der Vergleich der Gleichungen (12.24) und (12.25) führt auf ein unterschiedliches Phasenverhalten beider Schaltungen. Über der Verlauf der Übertragungsfunktion $H(p)$ läßt sich feststellen, daß der Durchlaßbereich des Filters mit dem Element
zweiter Ordnung "schneller" bezüglich der Frequenz ω erreicht wird, weil in der Übertragungsfunktion $H(p)$ der Operator p mit der zweiten Potenz eingeht und somit der
Ausdruck schneller wächst und gegen 1 konvergiert. Für die Werte des

RLC-Hochpasses: Hochpasses mit dem Element zweiter Ordnung:

$R_1 = 200\ \Omega$ $R_2 = 200\ \Omega$

$L^* = 50\ \mu\mathrm{H}$ $C_2 = 500\ \mathrm{nF}$

$C_1 = 10\ \mathrm{nF}$ $V_s = 10^{-6}\ \mathrm{A/V}$

                  $T = 59 \cdot 10^{-4}\ \mathrm{s}$

sind der Verlauf des Betrages der Übertragungsfunktion sowie die Phasencharakteristik
beider Hochpaßschaltungen berechnet und in Abbildung 12.13 dargestellt.

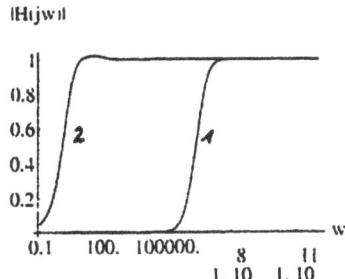 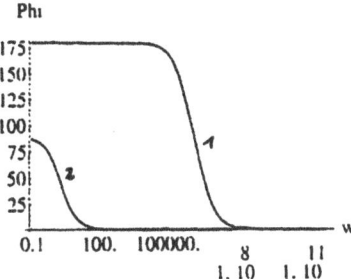

Abbildung 12.13: Übertragungsfunktion und Phasencharakteristik des RLC-Hochpasses
und des Hochpasses mit dem Element zweiter Ordnung

Kurve 1 stellt die Charakteristik des RLC-Hochpaßfilters und Kurve 2 die des Hochpasses mit dem Element zweiter Ordnung dar. Die Abbildung 12.13 verdeutlicht, daß der
Durchlaßbereich beim Filter mit dem Element zweiter Ordnung schon bei sehr niedrigen
Frequenzen erreicht wird und der Übergangsbereich sehr schmal verläuft (≈ 100 Hz).
Während der prinzipielle Verlauf der Übertragungsfunktion beider Hochpaßschaltungen
adäquat ist, haben beide ein völlig anderes Phasenverhalten. Gegenüber einer Phasendrehung von 180° beim RLC-Filter steht die Phasendrehung von nur 90° bei dem Filter

mit dem Element zweiter Ordnung. Die geringe Phasendrehung hat seine Ursache in der schaltungstechnischen Realisierung dieses Elementes.

Welchen Einfluß hat nun eine Erhöhung der Ordnung des Elementes auf das Phasen- und Übertragungsverhalten eines Filters? Um Aussagen zu diesem Problem herzuleiten, werden nacheinander Filter mit einem realen Element zweiter, sechster bzw. zehnter Ordnung untersucht (Abbildung 12.14). Die Beträge der Übertragungsfunktion $H(p)$

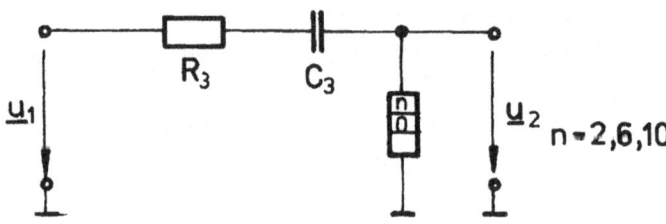

Abbildung 12.14: Hochpaß mit einem Element zweiter, sechster bzw. zehnter Ordnung

und die Phasengänge gibt Abbildung 12.15 wieder.

Es bleibt zusammenfassend festzustellen:

Werden Elemente der Ordnung $n > 2$ in Filterschaltungen eingebaut, so verbessert sich die Übertragungscharakteristik (Betrag und Phase) nur in sehr geringem Maße. Eine Erhöhung der Ordnung $n > 2$ und der damit verbundene höhere schaltungstechnische Aufwand ist kaum vertretbar. Um einen steileren Übergangsbereich zu realisieren, ist der Einsatz eines Elementes zweiter Ordnung gegenüber der Ausgangsschaltung völlig ausreichend.

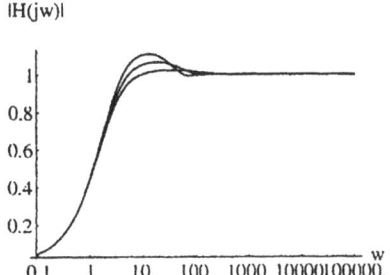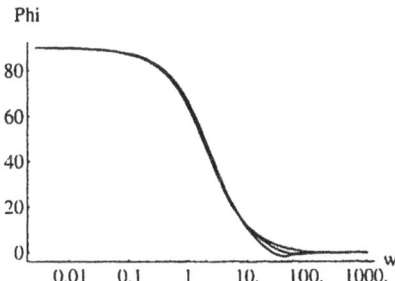

Abbildung 12.15: Übertragungsfunktion und Phasenverhalten der Hochpässe mit einem realen Element zweiter, sechster bzw. zehnter Ordnung

Kapitel 13

Umsetzung auf dem Computer

13.1 Das Paket Lagrange'

Die Behandlung konkreter technischer Systeme, insbesondere elektromechanischer Systeme oder elektrischer Netzwerke erfordert einen zum Teil erheblichen Rechenaufwand. Deshalb wird nun ein *Mathematica*-Paket [1] namens Lagrange' [2] vorgestellt, das die Aufstellung und Lösung der Bewegungsgleichungen automatisiert. Außerdem können weiterführende tensorielle Berechnungen unter Verwendung der gewonnenen Größen innerhalb *Mathematica* unmittelbar ausgeführt werden.

Der prinzipielle Ablauf der Aufstellung und Lösung der Bewegungsgleichungen mit diesem Paket ist in Abbildung 13.1 gezeigt, der Quelltext dazu ist in Anhang B zu finden. Es handelt sich um eine Anregung für den Leser, der eigene Erweiterungen und Verbesserungen nachrüsten kann.

Bei der Konzeption wurde der Schwerpunkt auf die allgemeine Verwendbarkeit und Offenheit des Systems gelegt. Das heißt, die Übergabe von Parametern und Bauelementekennwerten kann auf vielfältige Art und Weise erfolgen, je nach den jeweiligen Erfordernissen. Dies bedeutet allerdings für den Nutzer, daß er mit den Grundlagen von *Mathematica* und dem entsprechenden Betriebssystem vertraut sein muß, um die Möglichkeiten dieses offenen Konzepts ausschöpfen zu können. In der folgenden Beschreibung des Paketes werden deshalb Grundkenntnisse über das Algebraprogramm *Mathematica* vorausgesetzt. Eine detaillierte Abhandlung über dieses Programm würde den Rahmen dieses Lehrbuches sprengen und ist in [38] nachzulesen.

---

[1] *Mathematica* ist für viele Computersysteme verfügbar (auch als Studentenversion) und auf vielen Unix-Rechnern an Universitäten bereits vorinstalliert.

[2] Erweiterungspakete für *Mathematica* repräsentieren sogenannte Kontexte. Sie werden durch einen Apostroph gekennzeichnet.

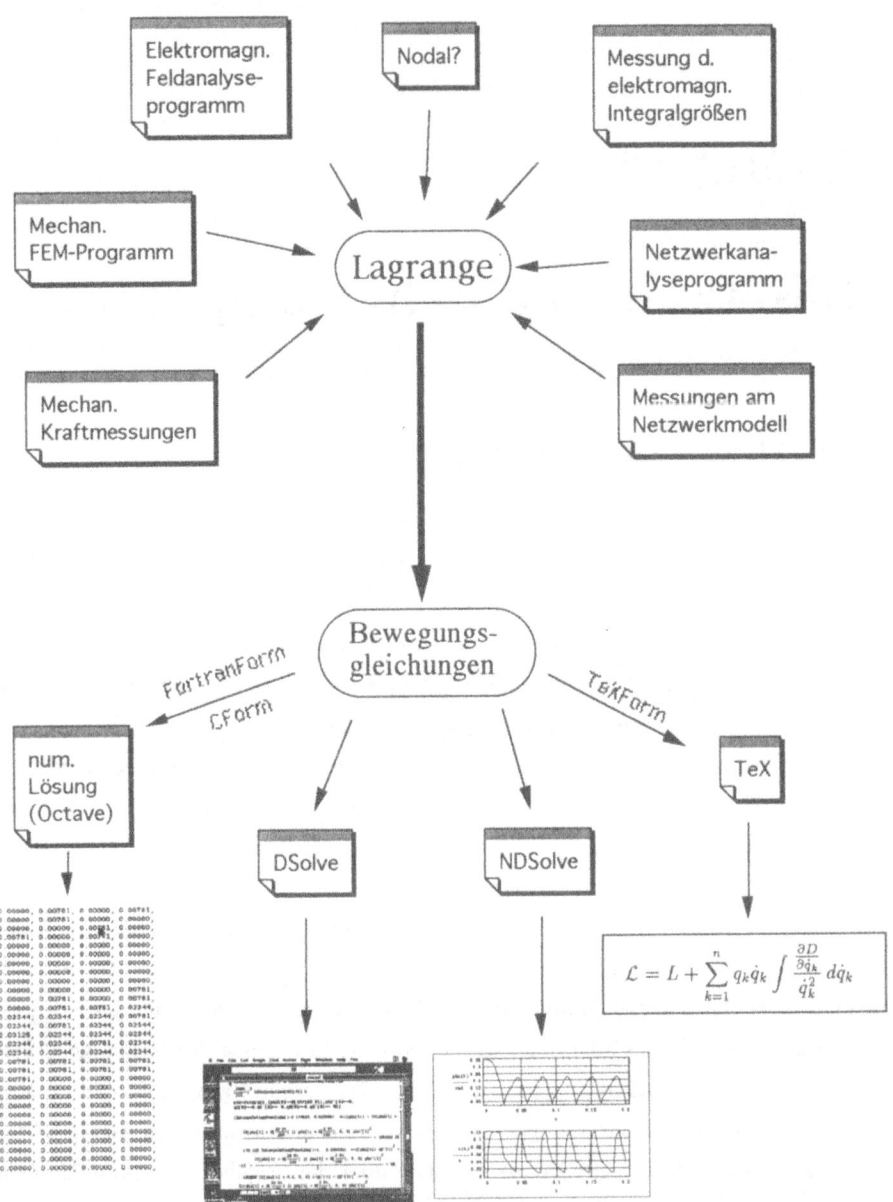

Abbildung 13.1: Verwendungsmöglichkeiten für Lagrange'

Die Vorgehensweise bei der Anwendung des Paketes Lagrange' besteht prinzipiell aus vier Schritten:

1. Aufstellung einer Liste der Bauelemente und der zugehörigen verallgemeinerten Lagekoordinaten.

2. Aufstellung der L- und D-Funktion mit Hilfe dieser Liste.

3. Aufstellung der erweiterten Euler-Lagrange-Gleichung unter Verwendung der L- und D-Funktion aus Schritt 2 und Bildung der Variationsableitungen.

4. Lösung dieser Gleichung bzw. dieses Gleichungssystems.

Schritt 2 und 3 können auch zu einem Schritt zusammengefaßt werden, sie sollen jedoch zunächst aus Gründen der Systematik getrennt behandelt werden. Die Liste der Bauelemente ist immer eine Liste aus Listen, die als erstes Element die Bauelementeart, als zweites Element etwaige Parameter des Bauelementes oder Kennlinienfunktionen und als weitere Elemente die mit diesem Bauelement verknüpften verallgemeinerten Lagekoordinaten enthalten. So wird zum Beispiel ein ohmscher Widerstand von $20\,\Omega$ im Zweig 1 durch die Liste

```
{daempfer,20,q1}
```

dargestellt. Das Bauelement heißt `daempfer`, weil es sich bei einem ohmschen Widerstand um einen linearen Dämpfer im allgemeinen Sinne handelt. Das zweite Element ist der einzige Parameter, die Dämpfungskonstante. Er könnte auch in allgemeiner Form als Variable stehenbleiben, wenn nur die Bewegungsgleichung in algebraischer Form ausgegeben und nicht gelöst werden soll. Selbst im zweiten Fall könnte der Parameter als Variable zunächst stehenbleiben und erst unmittelbar vor der Lösung der Gleichung einen konkreten Wert zugewiesen bekommen. Abschnitt 13.3 zeigt hierzu einige Anwendungen. Auf diese Weise werden alle Bauelemente des Systems in einer Liste zusammengefaßt. Je nach Formulierungsart stellt zum Beispiel ein Kondensator in der Flußformulierung eine allgemeine Masse dar und in der Ladungsformulierung eine Feder. Dies gilt analog für alle Bauelemente. Die Bezeichnungen der Bauelemente, die dem System bereits bekannt sind, orientieren sich an der Mechanik, um die allgemeine Verwendbarkeit zu verdeutlichen. Welche Bauelemente das Paket bereits kennt, möge der Leser dem Quelltext in Anhang B entnehmen. Die `usage`-Meldungen der jeweiligen Bauelemente geben darüber Auskunft, wie die Beschreibungslisten aussehen müssen. Die Liste der Bauelemente für einen einfachen Gleichstromkreis mit einer Spannungsquelle und einem Widerstand hat demnach folgende Gestalt:

```
{{quelle,U,q1},{daempfer,R,q1}}
```

Im zweiten Schritt wird eine Funktion namens `mkld` auf die Liste der Bauelemente angewendet. Sie benutzt eine Funktion `bauel`, die auf jede dieser Unterlisten angewendet wird. Sie ist für die gebräuchlichsten Bauelemente bereits vordefiniert. Ihre Definition kann, wie in Abschnitt 13.3.1 gezeigt, für noch unbekannte $\{L, D\}$-Modelle erweitert werden. Für die Funktion `bauel` ist vereinbart, daß sie eine Liste aus zwei Elementen zurückliefert. Das erste Element ist der L-Term und das zweite der D-Term des Bauelements. Wenn nur Bauelemente verwendet werden, deren $\{L, D\}$-Modell dem System bereits bekannt ist, braucht sich der Nutzer nicht um die Funktion `bauel` zu kümmern. Die Anwendung von `mkld` auf die Liste der Bauelemente ergibt nun eine Liste, deren erstes Element die L-Funktion und deren zweites Element die D-Funktion des Gesamtsystems ist. Dieses Ergebnis von `mkld` wird nun von der Funktion `mkeuler` benutzt, um die Bewegungsgleichung(en) aufzustellen. Die Argumente von `mkeuler` sind das Ergebnis von `mkld`, die Gleichungen, die die Zwangsbedingungen darstellen (7.33), die Liste der abhängigen Lagekoordinaten, die Liste der unabhängigen Lagekoordinaten und die Variable für die Zeit (meist `t`). Die Beziehung (7.34) wird innerhalb von `mkeuler` automatisch berechnet. Die Eingabe könnte also folgende Form haben:

```
mkeuler[mkld[blist],{a+b==c,a-d==0},{a,b},{c,d},t]
```

Hierbei wurden die Schritte 2 und 3 zusammengefaßt, indem `mkld` als Argument erscheint. Die Gleichungen für die Zwangsbedingungen sind in der für *Mathematica* üblichen Form dargestellt. Bei Netzwerken sind es beispielsweise die unabängigen Knoten- oder Maschengleichungen.

Der Rückgabewert von `mkeuler` sind schließlich die Bewegungsgleichungen. Sie können nun in `TeXForm` dargestellt und in Dokumente übernommen werden. Außerdem können sie numerisch (`NDSolve`) oder, wenn möglich, analytisch (`DSolve`) gelöst werden.

An dieser Stelle sei angemerkt, daß `mkeuler` die erweiterte Euler-Lagrange-Gleichung für Elemente n-ter Ordnung aufstellt. Es werden zuerst die abhängigen durch die unabhängigen Variablen [3] substituiert, dann werden L- und D-Funktion nach der höchsten Ablei-

---

[3]Die L- und D-Funktion nach der Substitution heißen im Quelltext `lzwang` und `dzwang`.

tung der Lagekoordinaten nach der Zeit durchsucht. Danach wird die Euler-Lagrange-Gleichung für Elemente höherer Ordnung

$$\sum_{l=0}^{m}(-1)^{l+1}\frac{d^l}{dt^l}\frac{\partial L}{\partial \overset{(l)}{q}} + \sum_{s=0}^{n-1}(-1)^s\frac{d^s}{dt^s}\frac{\partial D}{\partial \overset{(s+1)}{q}} = 0 \qquad (13.1)$$

aufgestellt, mit m als höchster Ableitung in der L-Funktion[4] und n als höchster Ableitung in der D-Funktion[5]. Für $m = 1$ und $n = 1$ ergibt sich wie gewohnt Gleichung 3.50.

Lagrange' enthält noch eine weitere Funktion `mkfirst`, die nicht unmittelbar für die Realisierung des Lagrange-Formalismus benötigt wird. Da *Mathematica* aufgrund seiner LISP-artigen Struktur für aufwendige numerische Rechnungen nicht geeignet ist, kann diese Funktion dazu benutzt werden, um aus einem DGLS höherer Ordnung ein nach den $\dot{q}$ aufgelöstes DGLS erster Ordnung zu machen. Dabei werden neue Variablen mit den Namen `hilf1`, `hilf2`, ... eingeführt.

Das von `mkfirst` generierte DGLS könnte nun über MathLink oder spezielle temporäre Dateien an ein Programm übergeben werden, daß eine effizientere Lösung des DGLS gestattet. Eine Möglichkeit wäre das GNU-Programm Octave. Die Funktion `mkfirst` ist im Quelltext beschrieben und wird im Beispiel nicht verwendet, da alle Lösungen der Einfachheit halber mit *Mathematica* selbst durchgeführt werden.

13.2   Implementation neuer Bauelemente

Unter der Implementation eines neuen Bauelementes verstehen wir die Definition der Funktion `bauel` für das neue Bauelement. Wichtig ist nur, daß `bauel` auf die Unterliste mit dem neuen Element angewendet wird und daß das Ergebnis dieser Anwendung die Liste aus L- und D-Funktion des Bauelements ist.

Bei der Programmierung von `bauel` hat der Nutzer freie Hand. Es stehen alle Möglichkeiten offen, über das Einlesen von Zahlentabellen oder die Definition spezieller Funktionen neue Modelle zu erstellen. Die Zahlentabellen können berechnete oder gemessene Strom-Spannungs-Kennlinien, Kraft-Weg-Kennlinien oder andere Zusammenhänge verkörpern, die z.B. mit elektrischen oder mechanischen FEM-Programmen gewonnen wurden.

In einem Beispiel in Abschnitt 13.3.1 wird eine Energie-Winke$L$-Kennlinie von einem Fremdprogramm berechnet und dann für die Programmierung von `bauel` verwendet. Denkbar wäre auch die Übergabe von Zwangsbedingungen in Form der Topologie des

---

[4]im Quelltext `lord`

[5]im Quelltext `dord`

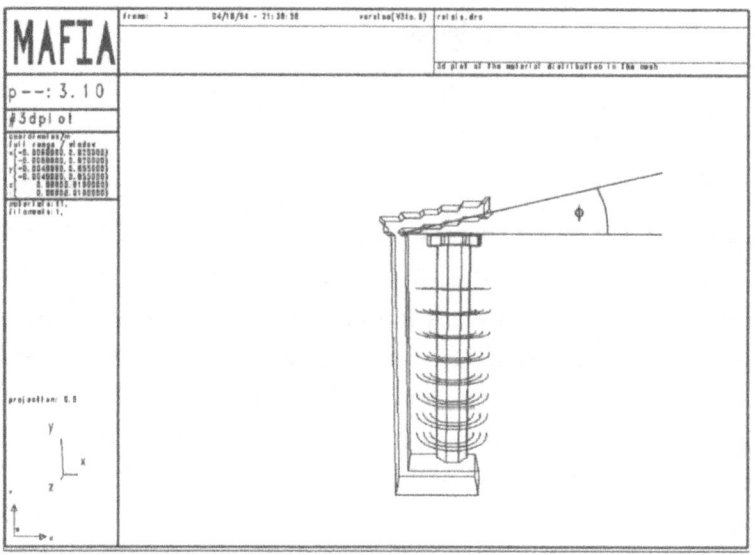

Abbildung 13.2: Computermodell des Relais bei geöffnetem Anker

Netzwerkes mit Hilfe des *Mathematica*-Schaltungsanalysators Nodal an die Funktion
mkeuler sowie das Aufstellen von $\{L, D\}$-Modellen kompletter Teilschaltungen.

13.3 Anwendungsbeispiele

13.3.1 Aufstellung des $\{L, D\}$-Modells für ein Relais

Zunächst soll ein Relais vom Typ 56[6] in Ladungsformulierung[7] modelliert werden, das
später in verschiedenen Beschaltungen untersucht werden soll. Hierbei wird gleichzeitig
die Implementation eines neuen Bauelements in Lagrange' demonstriert, da das Relais
ein neues, dem System unbekanntes Bauelement darstellt. Die Struktur mit ϕ als Öff-
nungswinkel des Ankers ist in Bild 13.2 gezeigt. Es ist nur eine Hälfte der Relais zu sehen,
weil die Schnittebene bei der späteren Feldberechnung eine Symmetrieebene darstellt,
an der die Normalkomponente der magnetischen Feldstärke verschwindet und somit die
Berechnung einer Hälfte des Relais ausreicht. Das Relais kann Energie in drei Formen
speichern:

---

[6]Hierbei handelt es sich um ein Rundrelais, wie es z.B. in Fernmeldeanlagen verwendet wird.

[7]siehe Abschnitt 6.2

- Kinetische Energie des Ankers infolge seiner Masse

- Potentielle Energie des Ankers infolge der Kontaktfederkräfte und der magnetischen Kräfte

- Gespeicherte Energie des Magnetfeldes

Außerdem sollen Reibungskräfte der mechanischen Elemente und Dämpfung durch die Bewegung in Luft berücksichtigt werden. Die kinetische Energie des Ankers ergibt sich aus der Beziehung

$$W_k = \frac{J_A}{2}\dot{\phi}^2 \quad , \tag{13.2}$$

mit J_A als Massenträgheitsmoment des Ankers im Aufhängungspunkt und $\dot{\phi}$ als Winkelgeschwindigkeit. Um J_A zu berechnen, muß zunächst das Massenträgheitsmoment im Schwerpunkt J_S berechnet werden, um dann mit Hilfe des Satzes von Steiner J_A zu erhalten.

Der Anker stellt einen Quader dar. Sein Massenträgheitsmoment ergibt sich gemäß Abbildung 13.3 zu

$$J_S = \int r^2 \, dm = \frac{m(a^2 + b^2)}{12} \tag{13.3}$$

Mit der Dichte von Eisen von $\varrho = 7860$ kgm^{-3} und gemäß Abbildung 13.3 mit den Parametern $a = 2$ mm, $b = 15$ mm und der Tiefe $c = 10$ mm errechnet sich das Massenträgheitsmoment zu $J_S = 4.45 \cdot 10^{-8}$ kgm^2.

Mit dem Satz von Steiner muß nun noch die Rotationsachse vom Schwerpunkt[8] in den Aufhängungspunkt verschoben werden. Es gilt

$$J_A = J_S + ms^2 \tag{13.4}$$

mit s als Weglänge vom Schwerpunkt zum Aufhängungspunkt. Der Anker liegt nach Abbildung 13.3 einen Millimeter vor der Kante auf dem Joch, woraus $s = 6.58$ mm folgt und $J_A = 1.466 \cdot 10^{-7}$ kgm^2 ist.

Nun kann der erste L-Term angegeben werden. Es handelt sich um eine freie Masse in *allgemeiner* Form, weil die Rotationsenergie betrachtet wird. Sie wird in das System integriert, indem man der Liste der Bauelemente das Listenelement {masse,ja,phi} anfügt. Der Variablen ja wird der oben berechnete Wert erst später zugewiesen, damit bei der Aufstellung der Bewegungsgleichungen das Massenträgheitsmoment noch als Variable erkennbar ist.

---

[8]in Bild 13.3 mit J_s gekennzeichnet.

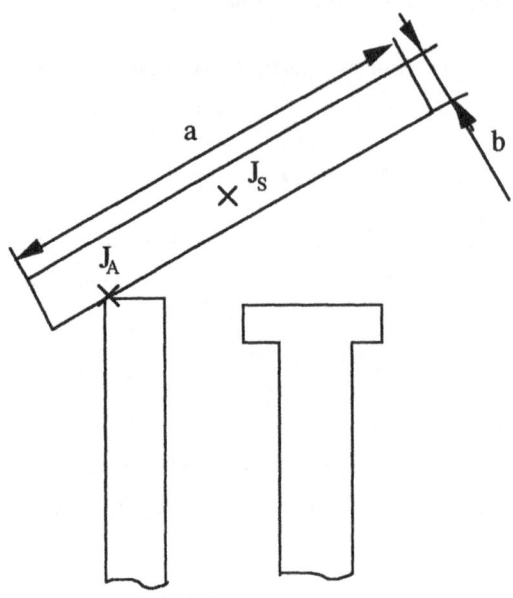

Abbildung 13.3: Maße bei der Berechnung des Massenträgheitsmoments

Die potentielle Energie in der Lagekoordinate ϕ wird von den Kontaktfedern und den durch den Relaisstrom hervorgerufenen magnetischen Kräften bestimmt. Zunächst sollen die magnetischen Kräfte über eine Feldmodellierung mit dem elektromagnetischen CAD-Programm MAFIA[9] berechnet werden. Dieses Programm diente ursprünglich zur Berechnung der Schwingungsmoden in Hohlraumresonatoren für Teilchenbeschleuniger, ist aber inzwischen zu einem universellen Werkzeug für das gesamte Gebiet der Elektromagnetik geworden.

Im folgenden wird die prinzipielle Vorgehensweise beschrieben, ohne detailliert auf die Interna von MAFIA einzugehen, denn die Berechnung der Feldenergie kann ebensogut mit jedem anderen geeigneten Feldanalyseprgramm erfolgen. Die Wahl fiel in diesem Fall auf MAFIA, weil dieses Programm im universitären Bereich gut verfügbar ist.

Das Feld konzentriert sich im wesentlichen auf den oberen Teil und den Luftspalt zwischen Anker und Kern (Abbildung 13.4).

Das Drehmoment, welches infolge des Magnetfeldes auf den Anker wirkt, hängt von der Ankerstellung ϕ und vom Strom durch die Relaiswicklung $i = \dot{q}$ ab. Der Energieträger

---

[9]siehe T. Weiland et al.; DESY Report M86-07(1986).

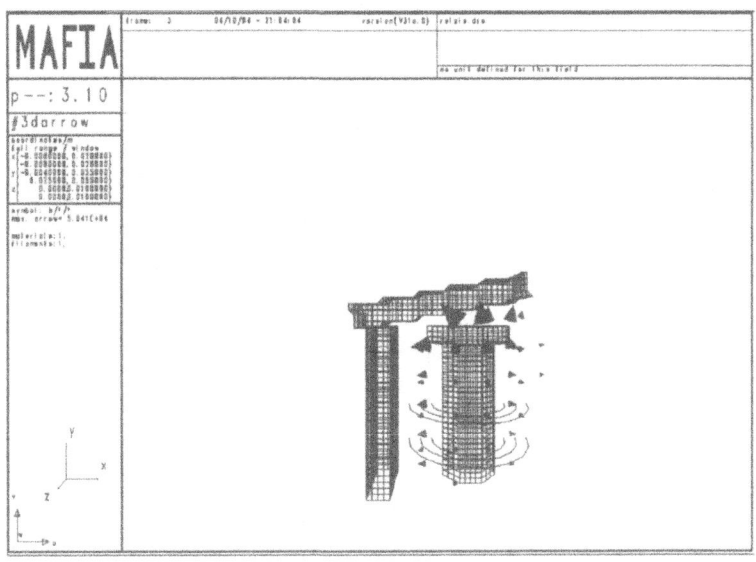

Abbildung 13.4: Feldstärkeverteilung bei $\phi = 20°$

ist in diesem Falle das magnetische Feld. Die Beziehung zwischen dem Drehmoment am
Anker M_m und der gespeicherten magnetischen Energie W_m lautet

$$M_m = \frac{\partial W_m(\dot{q}, \phi)}{\partial \phi}. \tag{13.5}$$

Die Berechnung von $W_m(\dot{q}, \phi)$ wird wegen der sehr hohen Rechenzeiten[10] über die Beziehung

$$W_m = \frac{L_0(\phi)}{2}\Theta^2 \tag{13.6}$$

durchgeführt, das heißt, es wird eine lineare Magnetisierungskennlinie des Eisens angenommen. Hierbei ist L_0 die auf eine Windung normierte Induktivität und Θ die magnetische Durchflutung bzw. MMK. Somit kann die Abhängigkeit von $\Theta = n \cdot \dot{q}$ über
die Proportionalität zum Quadrat des Stromes dargestellt werden. Außerdem braucht
nur eine eindimensionale Abtastung der möglichen Zustände über $L_0(\phi)$ bei festem Θ zu
erfolgen. Bei entsprechender Rechenkapazität kann man natürlich auch die nichtlineare
Magnetisierungskennlinie des Eisens berücksichtigen und zweidimensional über ϕ und Θ
abtasten.

---

[10]In jedem Schritt ist ein Gleichungssystem ca. 120000. Ordnung zu lösen.

Mit Hilfe eines Shellskripts, der MAFIA mit den den entsprechenden Eingabedaten „füttert" und iterativ aufruft, wird nun

$$W_{m0}(\phi) = \frac{L_0(\phi)}{2}\Theta_0^2 \tag{13.7}$$

gewonnen. Hierzu wird die für das Rundrelais 56 angegebene Ansprechdurchflutung (Ampèrewindungszahl) mit $\Theta_0 = n \cdot \dot{q}_0 = 115A$ verwendet. Nach Beendigung des Shellskripts liegt nun die magnetische Energie bei Θ_0 in Abhängigkeit von ϕ tabellarisch im File **ergebnis** vor. Die Abtastung erfolgte von 40° bis 0° in 5°-Schritten. Diese Tabelle kann nun mit dem *Mathematica*-Kommando **ReadList** in *Mathematica* integriert werden, oder wegen ihrer Kürze über Copy-Paste in ein Notebook integriert werden. In diesem Beispiel wurde der Einfachheit halber die letztere Variante gewählt, man erhält schließlich

```
w0={{0.698132, 0.000500976}, {0.610865, 0.000504215},
    {0.523599, 0.00050874}, {0.436332, 0.000515986},
    {0.349066, 0.0005262790000000000001}, {0.261799, 0.000542456},
    {0.174533, 0.000570261}, {0.139626, 0.0005868359999999999999},
    {0.10472, 0.000614167}, {0.0872665, 0.000627727},
    {0.0698132, 0.000639131}, {0, 0.000896552}, {-0.1, 0.000896552}}
```

Hierbei ist der Winkel im Bogenmaß angegeben. Der höheren Auflösung wegen wurde zwischen 10° und 0° eine feinere Abstufung gewählt. Der letzte Wert für −0.1 rad wurde per Hand angefügt. Er entspricht exakt dem Wert für 0° und dient nur der Erweiterung des Bereichs der Interpolationsfunktion, die später aus dieser Tabelle gewonnen wird. Das heißt nicht, daß der Anker wegen des negativen Winkels in den Spulenkern hineingedrückt wird. Dies ist nötig, weil die Funktion **NDSolve**, die später die Bewegungsgleichungen löst, ein adaptives Verfahren einsetzt, das bei der Prüfung auf Steifheit der Differentialgleichung über den eigentlichen Definitionsbereich hinaus abtastet. Wenn die Bewegungsgleichungen von einem Fremdprogramm gelöst werden, ist dies nicht nötig.

w0 ist nunmehr eine Liste aus Listen, deren erstes Element den Winkel im Bogenmaß und deren zweites Element die dazugehörige Energie W_{m0} enthält. Das Ziel besteht jetzt darin, die magnetische Energie des Relais in Abhängigkeit von einem beliebigen Strom zu berechnen. Dazu wird L_0 aus (13.7) über

$$L_0^* = 2\frac{W_{m0}(\phi)}{\Theta_0^2} \tag{13.8}$$

gewonnen. Damit kann die magnetische Energie für beliebige Ströme mit Hilfe der Ampèrewindungszahl $n \cdot \dot{q}$ über

$$W_m = \frac{L_0^*}{2}n^2\dot{q}^2 = \underbrace{\frac{W_{m0}(\phi)}{\Theta_0^2}n^2}_{w_n}\dot{q}^2 = w_n(\phi)\dot{q}^2 \tag{13.9}$$

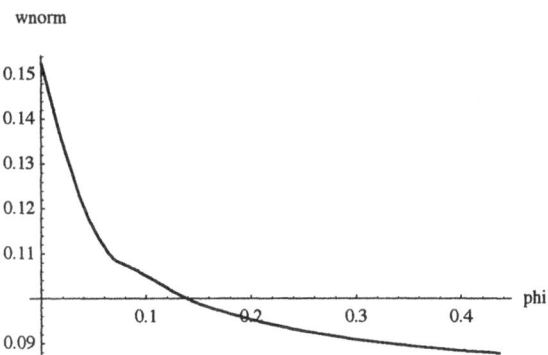

Abbildung 13.5: Auf den Strom normierte gespeicherte magnetische Energie [J/A²] des Relais in Abhängigkeit vom Ankerschließwinkel [rad]

berechnet werden. Somit stellt $w_n(\phi)$ die auf das Quadrat des Stromes normierte magnetische Energie in Abhängigkeit vom Strom dar. In *Mathematica* wird $w_n(\phi)$ durch wnorm[phi] dargestellt. Für das Beispiel soll eine Windungszahl von 1500 gelten. Also kann jetzt mit Hilfe der Liste w0

```
wnorm=(1500./115.)^2 Interpolation[w0][#]&
```

---

geschrieben werden. Damit steht die magnetische Energie in Abhängigkeit vom Strom und von der Ankerstellung für *Mathematica* zur Verfügung. Abbildung 13.5 zeigt die graphische Darstellung von wnorm[phi].

Nun benötigen wir den entsprechenden L-Term für den Wandler, der die Wechselwirkung zwischen ϕ und $\dot{q}$ beschreibt. Dazu ist es erforderlich, die verallgemeinerten Kräfte[11] in Abhängigkeit von ϕ und $\dot{q}$ aufzuschreiben. Für die elektrische Spannung an der Wicklung erhält man

$$u = Q_1 = \frac{d\Psi}{dt} = \frac{d}{dt}\left(\frac{\partial W_m}{\partial \dot{q}}\right) = \frac{d}{dt}(2w_n(\phi)\dot{q}) = \frac{d}{dt}f_1(\dot{q},\phi) \quad . \qquad (13.10)$$

Anmerkung:

In Abschnitt 13.3.4 wird gezeigt, daß Ψ mit dem kovarianten Impuls identisch ist und seine Ableitung nach der Zeit wie in der Newtonschen Mechanik die Kraft (hier Spannung) ergibt.

---

[11]Drehmoment am Anker und Spannung an der Wicklung des Relais

Für das Drehmoment gilt

$$M_m = Q_2 = -\frac{\partial W_m}{\partial \phi} = -\frac{\partial}{\partial \phi}(w_n(\phi)\dot{q}^2) = -\frac{\partial w_n(\phi)}{\partial \phi}\dot{q}^2 = -f_2(\dot{q}, \phi) \quad . \tag{13.11}$$

Das negative Vorzeichen ergibt sich, weil das Drehmoment in ϕ-Richtung gezählt wird und ein Anzugsmoment deshalb positiv sein muß ($\partial w_n/\partial \phi$ ist negativ). Mit den Gleichungen (13.10) und (13.11) ist erkennbar, daß es sich um einen Wandler vom Typ Nr. 7 aus Tabelle 6.5 handelt.

Im nächsten Schritt sind nun die Integrabilitätsbedingungen zu überprüfen. Nach Tabelle 6.5 muß also

$$\frac{\partial f_1}{\partial \phi} = \frac{\partial f_2}{\partial \dot{q}} \tag{13.12}$$

sein. Dies ist der Fall, also kann das $\{L, D\}$-Modell nach Tabelle 6.5 aufgestellt werden. Es gilt nach Gleichung (6.54)

$$L = \int \vec{f}\, d(\tilde{q}, \tilde{\phi})^T = \int f_2\big|_{\tilde{q}=\dot{q}}\, d\tilde{\phi} = w_n(\phi)\dot{q}^2 \quad , \tag{13.13}$$

das heißt, der L-Term ist identisch mit der gespeicherten Energie des magnetischen Feldes.

Das Relais als Wandler vom Typ 7 ist *Mathematica* noch unbekannt, wie aus dem Quelltext in Anhang B ersichtlich ist. Also muß das $\{L, D\}$-Modell des Wandlers dem System noch implementiert werden. Dazu wird zunächst für den Wandler der Name `relaiswandler` festgelegt. Der Wandler soll später in der Liste der Bauelemente in der Form

---

```
{relaiswandler,phi,q}
```

---

erscheinen. Also muß die Anwendung der Funktion `bauel` auf diese Liste die Liste aus L- und D-Term zurückliefern. Somit ist ihre Definition sehr einfach:

```
bauel[relaiswandler,q1_,q2_]:=
{wnorm[q1] q2'^2,0}
```

Damit ist der Wandler, der die Wechselwirkung zwischen ϕ und $\dot{q}$ beschreibt, implementiert.

Die Kräfte der Kontaktfedern könnten in ähnlicher Weise mit einem FEM-Programm wie TPC-10 oder LUSAS berechnet werden. Hierbei müßten die die Kräfte in Abhängigkeit vom Federweg in wieder Listenform ausgegeben und mit Hilfe des *Mathematica*-Kommandos `ReadList` eingelesen werden. Der Einfachheit halber sollen diese Federn jedoch als ideal angesehen werden, was angesichts der kurzen Federwege berechtigt ist. Das

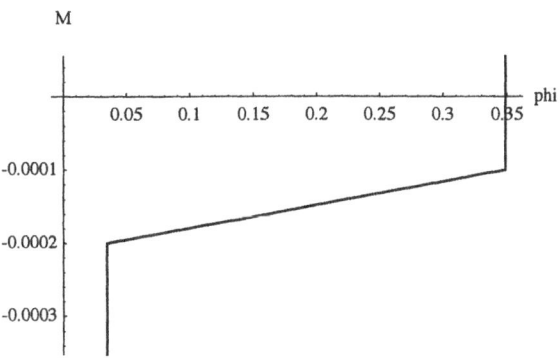

Abbildung 13.6: Am Anker wirkende Federkräfte durch Kontaktfedern und Anschläge

aus den Federkräften resultierende Drehmoment hängt davon ab, welche Kontaktsätze am Relais Verwendung finden. Für dieses Beispiel soll es um etwa eine Zehnerpotenz niedriger angesetzt werden, als die magnetischen Kräfte. Es wird also eine Momentverteilung über den Winkel wie in Abbildung 13.6 festgelegt. Hierbei sind die senkrechten Abschnitte der Kennlinie in Wahrheit sehr steile Anstiege, die die beidseitigen Anschläge des Ankers darstellen. Der mittlere Abschnitt rührt von den Kontaktfedern her und ist negativ, weil der Anker vom Kern weggedrückt wird. Die Implementation in *Mathematica* erfolgt mittels stückweise linearer Interpolation. Die Momentenfunktion soll durch `mm[phi]` dargestellt werden und wird durch

```
mm=Interpolation[{
    {N[-10/180 Pi],-1.},{N[2/180 Pi],-2. 10^-4},
    {N[20/180 Pi],-1. 10^-4},{N[30/180 Pi],1.}},
    InterpolationOrder->1]
```

implementiert. Man sieht, daß die Anschläge bei 2° und 20° liegen. Durch die Knicke in der Federkennlinie müssen die Federkräfte als *allgemeine* Feder betrachtet werden und auch als solche implementiert werden. Dies geschieht durch Anfügen des Listenelements

```
{allgfeder,mm[phi],phi}
```

an die Liste der Bauelemente.

Schließlich sollen noch die Verluste berücksichtigt werden. Es existieren Reibungsverluste der mechanischen Bauteile untereinander und die Dämpfung des Ankers durch

Luftreibung, sowie im ohmschen Widerstand der Relaiswicklung. Die Berechnung der mechanischen Dämpfung hängt wiederum vom gewählten Kontaktfedersatz ab und kann sehr kompliziert werden. Am zweckmäßigsten wäre hier eine Messung am physikalischen Modell und die anschließende Implementation der Meßwerte wie bei der Feldberechnung. Deshalb soll hier wird ein empirisch gefundener Wert verwendet werden, der die Anzugs- und Abfallzeit um etwa 10% gegenüber dem dämpfungsfreien Fall verlängert. Wenn der Anker über die Anschläge hinaus gedrückt wird, soll aufgrund der Anschlagstücke (Molekularreibung) eine etwa zehnmal höhere Dämpfung angesetzt werden. Mit anderen Worten, der Wert der Dämpfungskonstante hängt von der Ankerstellung ϕ ab. Somit ergibt sich ein allgemeiner Dämpfer, der mit

```
{allgdaempfer,If[phi > N[20/180 Pi] || phi < N[2/180 Pi],
1. 10^-4,1.5 10^-5] phi',phi}
```

implementiert wird. Der ohmsche Widerstand der Relaiswicklung soll $20\,\Omega$ betragen und wird als ein einfacher linearer Dämpfer durch das Listenelement

```
{daempfer, 20, q}
```

implementiert.

Damit ist die Modellierung des Relais abgeschlossen. Das gesamte Relais wird, nachdem das Bauelement **relaiswandler** dem System durch Definition von **bauel** bekanntge- macht wurde, mit der Liste

```
{{masse,ja,phi},{allgdaempfer,If[phi > N[20/180 Pi] || phi <
N[2/180Pi], 1. 10^-4,1.5 10^-5] phi',phi},{allgfeder,
mm[phi],phi},{relaiswandler,phi,q},{daempfer,20,q}}
```

implementiert. Nach anfügen weiterer Bauelemente wie Relaiskontakte, Spannungsquel- len oder Schalter kann die Funktion **mkld** auf diese Liste angewendet werden und stellt die Gesamt-L- und -D-Funktion des elektromechanischen Systems auf. Die Funktion **mkeuler** erzeugt dann aus dem Rückgabewert von **mkld** die Bewegungsgleichungen des Systems.

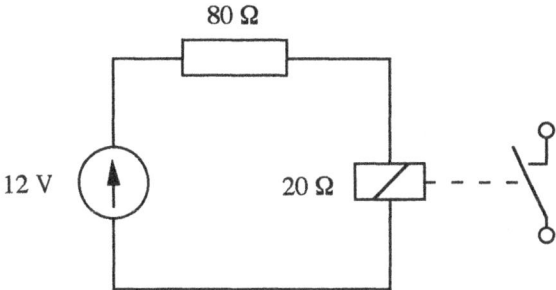

Abbildung 13.7: Beschaltung des Relais

13.3.2   Modellierung einer Relaisschaltung

Mit dem im vorigen Abschnitt gewonnenen $\{L, D\}$-Modell des Relais ist beispielsweise
das Zurückschnippen und Nachschwingen des Ankers vollständig simulierbar. Nun soll
noch die elektrische Komponente des Systems hinzugenommen werden. Um die Berechnungen in den folgenden zwei Abschnitten nicht zu kompliziert werden zu lassen, wird
das Relais an eine einfache Gleichspannungsquelle mit Vorwiderstand angeschlossen (Abbildung 13.7).

Nach der Vorgehensweise aus Abschnitt 13.1 muß nun die Gleichspannungsquelle und
der Vorwiderstand an die im vorangegangenen Abschnitt aufgestellte Liste der Elemente
des Relais angehängt werden. Die vollständige Bauelementeliste lautet also

```
blist={{masse,ja,phi},{allgdaempfer,If[phi > N[20/180 Pi] || phi <
N[2/180Pi], 1. 10^-4,1.5 10^-5] phi',phi},{allgfeder,
mm[phi],phi},{relaiswandler,phi,q},{daempfer,20,q},{daempfer,
80,q},{quelle,12,q}}
```

Sie wurde der Variablen blist zugewiesen. Nachdem der Wert für die Funktion bauel
für das Argument relaiswandler dem System bekanntgemacht wurde, kann die L- und
D-Funktion nun mit

```
LDFunkt=mkld[blist]
```

aufgestellt werden, das System antwortet mit

```
                                              ja phi'
{-Integrate[mm[phi], {phi, 0, phi}] + -------- +
                                         2

      2
   wnorm[phi] q' ,
                   20 Pi           2 Pi    1.    1.5        2
      If[phi > N[-----] || phi < N[----], ---, ---] phi'
                  180              180     4     5
                                        10    10
   -----------------------------------------------------------  -
                                 2

              2
   12 q' + 50. q' }
```

Die Variable LDFunkt entält nun eine Liste aus zwei Elementen, nämlich der *L*- und *D*-
Funktion. Wenn man die kryptischen Variablennamen wie z.B. wnorm in W[n] umwan-
delt, kann das Ergebnis über TeXForm in technische Dokumente wie dieses übernommen
werden und nimmt die Form

$$\{L, D\} = \left\{-\int_0^\phi M_m(\tilde\phi)\,d\tilde\phi + \frac{J_a\dot\phi^2}{2} + w_n(\phi)\dot q^2 \, , \, \frac{D_d(\phi)\dot\phi^2}{2} - 12\dot q + 50\dot q^2\right\} \qquad (13.14)$$

an. Hierbei wurde für die winkelabhängige Dämpfung die Definition

$$D_d = \text{If}(\phi > N\left(\frac{20\pi}{180}\right) \vee \phi < N\left(\frac{2\pi}{180}\right), 10^{-4}, 1.5 \cdot 10^{-5}) \qquad (13.15)$$

verwendet. Die Aufstellung der Bewegungsgleichungen erfolgt in einfacher Weise mit
mkeuler. Weil keine Zwangsbedingungen zwischen den verallgemeinerten Lagekoordinaten ϕ und q existieren, bleiben die Listen für die Zwangsbedingungen und die abhängigen
Variablen leer:

```
Bewgln=mkeuler[LDFunkt,{},{},{phi,q},t]
```

Das System hat nun in der Variablen Bewgln das Bewegungsgleichungssystem für ϕ und
q abgelegt:

```
                           20 Pi              2 Pi    1.
{mm[phi[t]] + If[phi[t] > N[-----] || phi[t] < N[----], ---,
                           180               180     4
                                                    10
      1.5        2
      ---] phi'[t] - q'[t]  wnorm'[phi[t]] + ja phi''[t] == 0 ,
       5
     10
     -12 + 100. q'[t] + 2 phi'[t] q'[t] wnorm'[phi[t]]
     + 2 wnorm[phi[t]] q''[t] = 0}
```

Dieses Gleichungssystem kann jetzt mittels `NDSolve` numerisch gelöst werden. In den Beispielschaltungen der Abschnitte 13.3.5 bis 13.3.8 müssen sie numerisch gelöst werden, weil die Abhängigkeit der magnetischen Energie vom Ankerwinkel nur durch die Interpolationsfunktion `wnorm` dargestellt werden kann.

An dieser Stelle sei auf zwei Bugs in der aktuellen *Mathematica* Version 2.2 hingewiesen, die auf allen Computersystemen auftreten.

- Wenn die verallgemeinerten Lagekoordinaten in der Form `q[x]` indiziert werden, so muß q das Attribut `NProtectedAll` erhalten, das nicht im Handbuch dokumentiert ist. Dies ist erforderlich, weil `Solve` das Argument fälschlicherweise in den Typ `Real` verwandelt und q[1] $\neq$ q[1.0] ist.

- Alle Interpolationsfunktionen dürfen erst nach dem Aufstellen der Bewegungsgleichungen zugewiesen werden, weil die Funktion `InterpolatingFunction` von der Routine für die totale Differentiation ignoriert wird. Bis zur Aufstellung der Bewegungsgleichungen müssen sie ihre allgemeine Form (z.B. `wnorm[phi]`) behalten.

Eine Rücksprache mit dem Hersteller Wolfram Research Inc. ergab, daß die Behebung des ersten Fehlers für die nächste Version von *Mathematica* vorgesehen ist. Der zweite Fehler wird kurzfristig nicht behoben, er läßt sich jedoch wie beschrieben umgehen.

13.3.3 Demonstration der Koordinatentransformation

Im vorigen Abschnitt wurden die Bewegungsgleichungen in der Variablen `Bewgln` abgelegt. In der anschaulicheren `TeXForm` nehmen sie folgende Gestalt an:

$$0 \;=\; J_a\ddot{\phi} + D_d(\phi)\dot{\phi} + M_m(\phi) - \dot{q}^2\frac{\partial w_n(\phi)}{\partial \phi} \tag{13.16}$$

$$0 \;=\; 2w_n(\phi)\ddot{q} + 2\dot{q}\dot{\phi}\frac{\partial w_n(\phi)}{\partial \phi} + 100\dot{q} - 12 \tag{13.17}$$

Nun soll die Transformation von Koordinaten im Riemannschen Raum und die Forminvarianz gegenüber dem Wechsel des Koordinatensystems am Beispiel dieser Bewegungsgleichungen demonstriert werden. Wir wollen die Koordinaten so transformieren, daß für den Ankerwinkel ein logarithmischer Maßstab entsteht. Die alten Koordinaten sind also

$$x^1 \;=\; \phi \;\; , \tag{13.18}$$

$$x^2 \;=\; q \;\; . \tag{13.19}$$

Die neuen Koordinaten nach der Transformation sollen demnach

$$\bar{x}^1 = \ln x^1 \quad , \tag{13.20}$$

$$\bar{x}^2 = x^2 \tag{13.21}$$

sein. Dabei müssen die Bewegungsgleichungen ihre Form behalten und nur durch die Transformationskoeffizienten gemäß (7.72) in Abschnitt 7.8 transformiert werden, da das Schaltverhalten des Relais nicht vom gewählten Koordinatensystem abhängen kann. Es ergeben sich nach Abschnitt (7.8) nun die Transformationskoeffizienten[12]

$$\begin{pmatrix} \bar{a}_1^1 & \bar{a}_2^1 \\ \bar{a}_1^2 & \bar{a}_2^2 \end{pmatrix} = \begin{pmatrix} \frac{\partial \bar{x}^1}{\partial x^1} & \frac{\partial \bar{x}^1}{\partial x^2} \\ \frac{\partial \bar{x}^2}{\partial x^1} & \frac{\partial \bar{x}^2}{\partial x^2} \end{pmatrix} = \begin{pmatrix} \frac{1}{x^1} & 0 \\ 0 & 1 \end{pmatrix} \quad . \tag{13.22}$$

Da die Gleichungen (7.72) kovariante Koordinaten verknüpfen, müssen zu deren Transformation die a_β^α gebildet werden. Dies geschieht durch einfache Matrixinversion:

$$\begin{pmatrix} a_1^1 & a_2^1 \\ a_1^2 & a_2^2 \end{pmatrix} = \begin{pmatrix} \bar{a}_1^1 & \bar{a}_2^1 \\ \bar{a}_1^2 & \bar{a}_2^2 \end{pmatrix}^{-1} = \begin{pmatrix} x^1 & 0 \\ 0 & 1 \end{pmatrix} \tag{13.23}$$

Die Lagrange- und Dissipationsfunktion lauten gemäß (13.14)

$$L = \frac{J_a}{2}\dot{x}^{1^2} - \int M_m(x^1)\,dx^1 + w_n(x^1)\dot{x}^{2^2} \quad , \tag{13.24}$$

$$D = \frac{D_d(x^1)}{2}\dot{x}^{1^2} + 50\dot{x}^{2^2} - 12\dot{x}^2 \quad . \tag{13.25}$$

Sie sind nun in $\bar{L}$ und $\bar{D}$ umzuwandeln, indem die x^α durch $\bar{x}^\alpha$ ersetzt werden. Dazu muß nur (13.20) zu

$$x^1 = e^{\bar{x}^1} \tag{13.26}$$

invertiert werden. Die transformierten Funktionen lauten nun

$$\bar{L} = \frac{J_a}{2}\dot{\bar{x}}^{1^2} e^{2\bar{x}^1} - \int M_m(e^{\bar{x}^1})\,de^{\bar{x}^1} + w_n(e^{\bar{x}^1})\dot{\bar{x}}^{2^2} \quad , \tag{13.27}$$

$$\bar{D} = \frac{D_d(e^{\bar{x}^1})}{2}\dot{\bar{x}}^{1^2} e^{2\bar{x}^1} + 50\dot{\bar{x}}^{2^2} - 12\dot{\bar{x}}^2 \quad . \tag{13.28}$$

Wegen $a_2^2 = 1$ und $a_2^1 = 0$ bleibt die zweite Bewegungsgleichung in x^2 bzw. $\bar{x}^2$ gemäß (7.72) unverändert. Es gilt

$$\frac{d}{dt}(\bar{L}_{,\dot{\bar{x}}^2}) - \bar{L}_{,\bar{x}^2} + \bar{D}_{,\dot{\bar{x}}^2} = \frac{d}{dt}(L_{,\dot{x}^2}) - L_{,x^2} + D_{,\dot{x}^2} \quad . \tag{13.29}$$

---

[12]siehe Band 1, S. 66

Wegen $\underline{a}_1^1 = x^1$ und $\underline{a}_1^2 = 0$ muß auch

$$\frac{d}{dt}(\bar{L}_{,\dot{\bar{x}}^1}) - \bar{L}_{,\bar{x}^1} + \bar{D}_{,\dot{\bar{x}}^1} = x^1 \left[\frac{d}{dt}(L_{,\dot{x}^1}) - L_{,x^1} + D_{,\dot{x}^1} \right] \tag{13.30}$$

gelten. Dies kann überprüft werden, indem man die erweiterte Euler-Lagrange-Gleichung für $\bar{L}$ aufstellt und dann mittels (13.20) rücksubstituiert. Das führt auf das Ergebnis

$$
\begin{aligned}
\frac{d}{dt}(\bar{L}_{,\dot{\bar{x}}^1}) - \bar{L}_{,\bar{x}^1} + \bar{D}_{,\dot{\bar{x}}^1} &= J_a \frac{d}{dt}\left(\dot{\bar{x}}^1 e^{2\bar{x}^1} \right) - J_a \dot{\bar{x}}^{1^2} e^{2\bar{x}^1} + e^{\bar{x}^1} M_m(e^{\bar{x}^1}) \\
&\quad - e^{\bar{x}^1} \frac{\partial w_n(e^{\bar{x}^1})}{\partial e^{\bar{x}^1}} \dot{\bar{x}}^{2^2} + D_d(e^{\bar{x}^1}) \dot{\bar{x}}^1 e^{2\bar{x}^1} \tag{13.31} \\[2mm]
&= J_a \frac{d}{dt}\left(\frac{1}{x^1} \dot{x}^1 x^{1^2} \right) - J_a \left(\frac{1}{x^1} \dot{x}^1 \right)^2 x^{1^2} + x^1 M_m(x^1) \\
&\quad - x^1 \frac{\partial w_n(x^1)}{\partial x^1} \dot{x}^{2^2} + D_d(x^1) \frac{1}{x^1} \dot{x}^1 x^{1^2} \tag{13.32} \\[2mm]
&= J_a x^1 \ddot{x}^1 + J_a \dot{x}^{1^2} - J_a \dot{x}^{1^2} + x^1 M_m(x^1) \\
&\quad - x^1 \frac{\partial w_n(x^1)}{\partial x^1} \dot{x}^{2^2} + D_d(x^1) x^1 \dot{x}^1 \tag{13.33} \\[2mm]
&= x^1 \left[J_a \ddot{x}^1 + M_m(x^1) - \frac{\partial w_n(x^1)}{\partial x^1} \dot{x}^{2^2} + D_d(x^1) \dot{x}^1 \right] \tag{13.34} \\[2mm]
&= x^1 \left[\frac{d}{dt}(L_{,\dot{x}^1}) - L_{,x^1} + D_{,\dot{x}^1} \right] \quad . \tag{13.35}
\end{aligned}
$$

Wie erwartet stellt (13.34) die um $x^1 = \phi$ erweiterte Gleichung (13.16) dar. Damit ist für diese spezielle Transformation gezeigt worden, daß die erweiterte Euler-Lagrange-Gleichung der Relaisschaltung im Riemannschen Raum forminvariant gegenüber dem verwendeten Koordinatensystem ist.

13.3.4 Ermittlung der Metrik und der kovarianten Impulse

Um tensorielle Berechnungen im Riemannschen Raum durchführen zu können und um Indizes herauf- oder herunterzuziehen, ist es zunächst erforderlich, die Metrik des Raumes zu bestimmen. Dazu werden die metrischen Koeffizienten gemäß Gleichung 7.32 gewonnen. Sie werden auch beim Übergang vom Lagrange- zum Hamilton-Formalismus gebraucht, um die verallgemeinerten Geschwindigkeiten in die kovarianten Impulse mittels Gleichung (7.68) umzurechnen. Die Impulse können dann unmittelbar verwendet werden, um über ihre Ableitung nach der Zeit analog der Newtonschen Mechanik die jeweiligen Beschleunigungskräfte zu erhalten.

Zunächst wird die komplette *Mathematica*-Sitzung wiedergegeben, mit der die kovarianten Imulse und die metrischen Koeffizienten von Schaltung 13.7 gewonnen werden:

```
In[1]:=
<<Lagrange'
In[2]:=
bauel[relaiswandler,q1_,q2_]:=
  {wnorm[q1] q2'^2,0}
In[3]:=
blist={{masse,ja,phi},{allgdaempfer,If[phi > N[20/180 Pi] ||
phi < N[2/180 Pi],1. 10^-4,1.5 10^-5] phi',phi},{allgfeder,mm[phi],phi},
{relaiswandler,phi,q},{daempfer,100.,q},{quelle,12 ,q}}
Out[3]=
{{masse, ja, phi}, {allgdaempfer,
            20 Pi              2 Pi    1.    1.5
   If[phi > N[-----] || phi < N[----], ---, ---] phi', phi}\
            180                180      4     5
                                      10    10
   , {allgfeder, mm[phi], phi}, {relaiswandler, phi, q},
   {daempfer, 100., q}, {quelle, 12, q}}
In[4]:=
Lfunkt=mkld[blist][[1]]
Out[4]=
                                            ja phi'
   -Integrate[mm[phi], {phi, 0, phi}] + -------- +
                                           2
            2
   wnorm[phi] q'
In[5]:=
p1=D[Lfunkt,phi']
Out[5]=
ja phi'
In[6]:=
p2=D[Lfunkt,q']
Out[6]=
2 wnorm[phi] q'
In[7]:=
D[p1/. phi'->phi'[t],t]
Out[7]=
ja phi''[t]
In[8]:=
D[p2/. {q'->q'[t],phi->phi[t]},t]
Out[8]=
2 phi'[t] q'[t] wnorm'[phi[t]] + 2 wnorm[phi[t]] q''[t]
In[9]:=
g11=2 Coefficient[Lfunkt,phi'^2]
Out[9]=
ja
In[10]:=
g22=2 Coefficient[Lfunkt,q'^2]
Out[10]=
2 wnorm[phi]
In[11]:=
g12=2 Coefficient[Lfunkt,q'phi']
Out[11]=
0
```

Sie beginnt wie auch die folgenden Beispielschaltungen mit dem Einlesen des Paketes
Lagrange'. Danach wird dem System das $\{L, D\}$-Modell des Relaiswandlers implemen-

tiert. In der dritten Eingabe wird die Liste aller Bauelemente der Variablen bauel zugewiesen. Dabei wurden der Innenwiderstand der Spannungsquelle und der Wicklungswi-
derstand des Relais zusammengefaßt. Die vierte Eingabe weist der Variablen Lfunkt die
Lagrange-Funktion des Systems zu. Man beachte, daß mit mkld[blist][[1]] nur das
erste Element der Liste aus L- und D-Funktion Verwendung findet, da die Dissipations-
funktion hierbei uninteressant ist.

Die Ableitungen der Lagrange-Funktion nach phi' und q' in den Eingaben 5 und 6
ergeben die kovarianten Imulse, die mit dem Drehimpuls des Ankers und dem verketteten Fluß der Relaiswicklung identisch sind. Ihre Ableitungen nach der Zeit in den
Eingaben 7 und 8 sind erwartungsgemäß das Beschleunigungsmoment des Ankers und
die durch Selbstinduktion und Ankerbewegung entstehende Induktionsspannung an der
Relaiswicklung.

Die Eingaben 9 bis 11 führen den Koeffizientenvergleich gemäß Abschnitt 7.5 durch. Der
Faktor 2 vor der Funktion Coefficient resultiert aus der Vereinbarung (7.30). Man
erhält

$$\begin{pmatrix} g_{11} & g_{12} \\ g_{21} & g_{22} \end{pmatrix} = \begin{pmatrix} J_a & 0 \\ 0 & 2w_n(\phi) \end{pmatrix} \quad . \tag{13.36}$$

Die Koeffizienten g_{12} und g_{21} müssen wegen der Symmetrie des Skalarproduktes gleich
sein. Wegen $g_{12} = g_{21} = 0$ handelt es sich um ein orthogonales Bezugssystem und
wegen $g_{22} = f(\phi)$ um ein ortsabhängiges Bezugssystem. Durch Inversion der Matrix
der kovarianten metrischen Koeffizienten   erhält man die kontravarianten metrischen
Koeffizienten

$$\begin{pmatrix} g_{11} & g_{12} \\ g_{21} & g_{22} \end{pmatrix}^{-1} = \begin{pmatrix} g^{11} & g^{12} \\ g^{21} & g^{22} \end{pmatrix} = \begin{pmatrix} \frac{1}{J_a} & 0 \\ 0 & \frac{1}{2w_n(\phi)} \end{pmatrix} \quad . \tag{13.37}$$

Die $g^{\alpha\beta}$ können nun mit Hilfe der Gleichung 7.68 dazu verwendet werden, um beim Übergang zum Hamilton-Formalismus die Geschwindigkeiten durch die Impulse darzustellen.
Wenn man $m_0 = 1$ festlegt, ergibt Gleichung (7.68) für diesen konkreten Fall

$$\begin{pmatrix} \dot{x}^1 \\ \dot{x}^2 \end{pmatrix} = \begin{pmatrix} g^{11} & g^{12} \\ g^{21} & g^{22} \end{pmatrix} \cdot \begin{pmatrix} p_1 \\ p_2 \end{pmatrix} = \begin{pmatrix} \frac{1}{J_a} & 0 \\ 0 & \frac{1}{2w_n(\phi)} \end{pmatrix} \cdot \begin{pmatrix} J_a\dot{\phi} \\ 2w_n(\phi)\dot{q} \end{pmatrix} = \begin{pmatrix} \dot{\phi} \\ \dot{q} \end{pmatrix} \quad . \tag{13.38}$$

Unter Verwendung dieser metrischen Koeffizienten   können nun kontravariante in kovariante Größen und umgekehrt umgewandelt werden.

Anmerkung:

Diese Größen könnten jetzt innerhalb *Mathematica* in Tensorpakete wie *Ricci* oder *MathTensor* übernommen werden, um beliebige tensorielle Berechnungen durchzuführen.

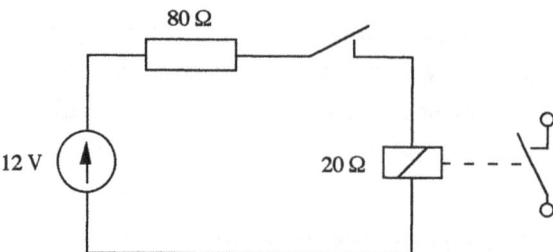

Abbildung 13.8: Schaltung zur Untersuchung des Schaltverhaltens und der Ankerrückwirkung

13.3.5   Ankerrückwirkung und Kontaktprellen

Im folgenden soll nun eine konkrete Schaltung simuliert werden, bei der das Zusammenspiel zwischen mechanischen und elektrischen Größen möglichst originalgetreu nachgebil-
det werden soll. Es wird untersucht, inwieweit die Ankerbewegung auf den Relaisstrom
zurückwirkt und wie stark der Anker beim Anzug und beim Abfallen nachfedert.
Um einen Schaltvorgang zu simulieren, wird zusätzlich zu den Bauelementen in Abbildung 13.7 noch ein Schalter benötigt, der das Relais einmal ein- und ausschaltet (siehe
Abbildung 13.8). Dieser Schalter wird am zweckmäßigsten durch einen Widerstand modelliert, der im ausgeschalteten Zustand sehr hoch ist und im eingeschalteten Zustand
Null. Dazu wird zuerst eine Impulsfunktion definiert, die in Abhängigkeit von der Zeit
1 oder 0 ergibt:

```
Impuls[t_,y_,z_]:=If[t>y && t<z,1,0]
```

Hierbei sind die Ein- und Ausschaltzeit über die Parameter y und z frei wählbar. Wenn
man für den Ausschaltwiderstand den Wert 200000 Ω ansetzt und $t_{\text{ein}} = 0.03$ s sowie
$t_{\text{aus}} = 0.1$ s setzt, so erhält man für den Schalter mit

---

```
Rschalt = 200000 (1-Impuls[t,0.03,0.1])
```

---

den Widerstandswert

$$R_{\text{schalt}} = \begin{cases} 0 & \text{wenn } 0.03 < t < 0.1 \\ 200000 & \text{sonst.} \end{cases} \tag{13.39}$$

Die Eingabe der Gesamtschaltung ist damit sehr einfach. Die Liste der Bauelemente
blist aus Abschnitt 13.3.2 wird nur um diesen Schalter erweitert, also

```
AppendTo[blist,{daempfer,Rschalt,q}]
```

Damit ist die Bauelementeliste komplett. Weil die Topologie des Netzwerkes durch den
Schalter nicht verändert wurde, ergeben sich auch keine neuen Zwangsbedingungen und
man kann die Bewegungsgleichungen wie gewohnt mit

```
Bewgln = mkeuler[mkld[blist],{},{},{phi,q},t]
```

aufstellen. *Mathematica* gibt daraufhin die Bewegungsgleichungen zurück:

```
                       20 Pi            2 Pi   1.
{mm[phi[t]] + If[phi[t] > N[-----] || phi[t] < N[----], ---,
                        180              180    4
                                               10
   1.5        2
   ---] phi'[t] - q'[t] wnorm'[phi[t]] + ja phi''[t] == 0\
   5
  10
 , -12 + 100. q'[t] + 200000
   (1 - If[t > 0.03 && t < 0.1, 1, 0]) q'[t] +
   2 phi'[t] q'[t] wnorm'[phi[t]] + 2 wnorm[phi[t]] q''[t] =\
 = 0}
```

Die Werte für ja, mm und wnorm dürfen wegen der in Abschnitt 13.3.2 erwähnten Bugs
in *Mathematica* erst jetzt gemäß Abschnitt 13.3.1 zugewiesen werden.
Nun können die in der Variablen Bewgln gespeicherten Bewegungsgleichungen gelöst
werden. Dies ist nur numerisch möglich, deshalb kommt nun die Funktion NDSolve zum
Einsatz. Sie benötigt natürlich Anfangsbedingungen, die wiederum an die Liste der Bewegungsgleichungen angehängt werden:

```
AppendTo[Bewgln,{phi[0]==0.349083, phi'[0]==0, q[0]==0, q'[0]==0}]
```

Hierbei repräsentiert $\phi(0) = 0.349083$ den Wert für den Anschlag des Ankers im Bogenmaß im stromlosen Zustand. Die Lösung erfolgt nun mit der Kommandozeile

```
Ergebnis = NDSolve[Bewgln,{phi,q},{t,0,0.2},MaxSteps->4000,
                   PrecisionGoa$L$->4] ;
```

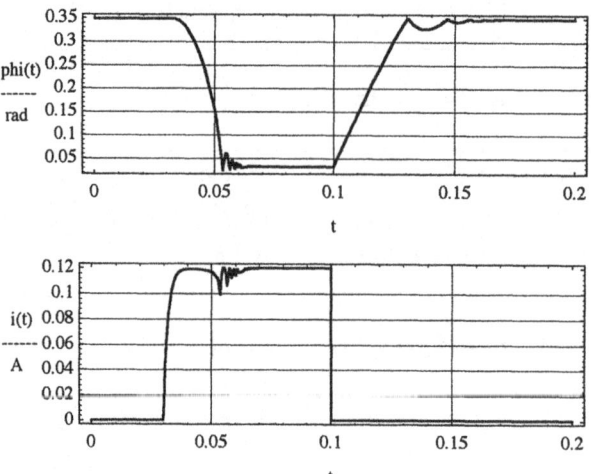

Abbildung 13.9: Stromverlauf und Winkelstellung des Ankers während eines Schaltvorgangs

Jetzt enthält die Variable Ergebnis eine Liste von Regeln, die die Variablen phi und q durch die entsprechenden InterpolatingFunction-Objekte substituiert. Man erhält somit den Strom durch die Ableitung von q nach der Zeit mit

```
i = q' /. Ergebnis;
phi = phi /. Ergebnis;
```

Nunmehr liegen Strom und Winkel in Abhängigkeit von der Zeit vor und können weiter verarbeitet werden. Abbildung 13.9 zeigt die graphische Darstellung dieser Größen.

Man erkennt, wie der Strom zunächst nach einer e-Funktion mit niedriger Zeitkonstante ansteigt und sich auf den Wert $i = 0.12$ A einstellt. Gleichzeitig wird der Anker beschleunigt und zeigt erst kurz vor dem Anschlag eine merkliche Rückwirkung auf den Relaisstrom. Die Anzugszeit beträgt etwa 20 ms und stimmt damit gut mit dem in Datenblättern angegebenen Werten überein. Das Nachschwingen des Ankers von etwa 10 ms muß nicht mit dem Kontaktprellen identisch sein, da die Kontaktfedern meist in der Mitte des Ankerweges schalten.

Nach dem Abschalten des Stromes fällt der Anker mit nahezu konstanter Winkelge-

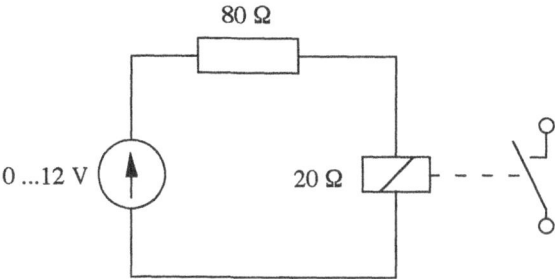

Abbildung 13.10: Schaltung zur Ermittlung des Anzugs- und Abfallstromes

schwindigkeit ab. Dies liegt in der Linearität der rücktreibenden Federkraft[13] und der mechanischen Dämpfung begründet. Die Abfallzeit liegt bei etwa 30 ms, sie ist in Datenblättern mit $8 \ldots 250$ ms angegeben. Die hohen Werte für die Abfallzeit werden in der Fernmeldetechnik meist durch Kurzschlußwicklungen erzielt. Das Nachfedern beim Abfallen geschieht mit einer größeren Periodendauer als beim Anzug, weil die die Periodendauer bestimmende Federkraft viel geringer ist als die Magnetkraft beim Anzug.

13.3.6 Ermittlung des Anzugs- und Abfallstromes

Zur Ermittlung des Anzugs- und Abfallstromes wird der Schalter aus dem vorigen Abschnitt nicht benötigt. Dafür soll der Relaisstrom wie bei einer realen Messung bei laufender Simulation allmählich erhöht werden, bis der Anker anzieht. Dies geschieht der Einfachheit halber mit einer zeitabhängigen Spannungsquelle, die eine Rampenfunktion realisiert. Abbildung 13.10 zeigt die zugehörige Schaltung.

Der Schalter wird also wieder aus der Liste der Bauelemente eliminiert. Dafür muß die Spannungsquelle neu definiert werden. Dies kann in einfacher Weise geschehen, indem man statt eines konstanten Wertes für die Spannung in der Unterliste {quelle, 12, q} eine Funktion von der Zeit angibt. Dabei darf der Anstieg der Spannung nicht zu steil sein, um eine genaue Bestimmung des Anzugsstromes zu gewährleisten. Er darf aber auch nicht zu flach sein, da das DGLS sonst zu steif wird und das adaptive Verfahren, das NDSolve verwendet, zu große Rechenkapazitäten in Anspruch nimmt. Nach einer probeweisen Simulation auf einem leistungsstarken Rechner ergibt sich als optimale

---

[13]Die magnetische Anzugskraft ist im Gegensatz dazu progressiv.

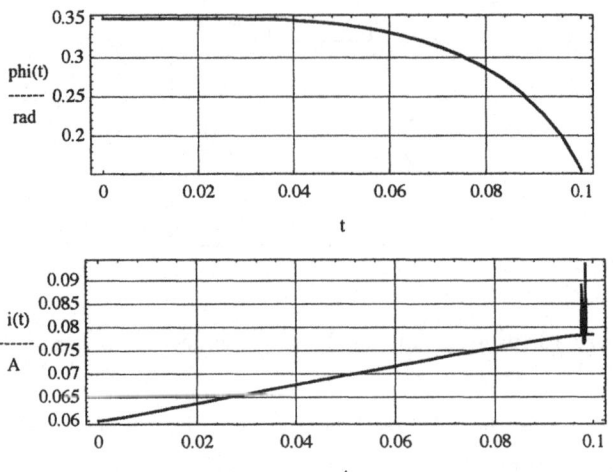

Abbildung 13.11: Stromverlauf und Winkelstellung des Ankers während der Ermittlung des Anzugsstromes

Spannungs-Zeit-Funktion

$$u(t) = 20\frac{\mathrm{V}}{\mathrm{s}}t + 6\mathrm{V} \quad . \tag{13.40}$$

Somit heißt die neue Definition für die Spannungsquelle

```
{quelle, 20 t + 6, q}
```

Die Aufstellung und Lösung der Bewegungsgleichungen erfolgt wieder wie im vorigen Abschnitt, man gewinnt in der graphischen Darstellung den Winkel- und Stromverlauf in Abbildung 13.11. Hieraus läßt sich nun der Anzugsstrom von

$$i_{\mathrm{an}} = 0.067 \text{ A} \tag{13.41}$$

ablesen. Mit der auf Seite 213 festgelegten Windungszahl von 1500 ergibt sich eine Anzugsdurchflutung von 100.5 A. Somit besteht bis zur angegebenen Ansprechdurchflutung von 115 A noch eine Sicherheit von 14.5 A≙14.4 %. Dieser Wert entspricht der Forderung für die Ansprechsicherheit von $s_{\mathrm{an}} = 10\ldots20\,\%$ für Relais ohne Zeitbedingungen in der Fernmeldetechnik.

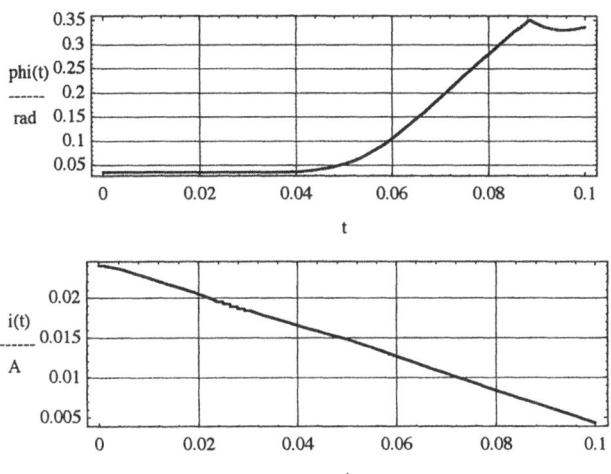

Abbildung 13.12: Stromverlauf und Winkelstellung des Ankers während der Ermittlung des Abfallstromes

Auf die gleiche Weise wird nun der Abfallstrom ermittelt. Hier ergibt sich nach der Probesimulation der optimale Zeitverlauf zu

$$u(t) = 2.4\text{V} - 20\frac{\text{V}}{\text{s}}t \quad .\tag{13.42}$$

Bei der Definition der Anfangsbedingungen ist hier jedoch zu beachten, daß der Anker sich im angezogenen Zustand befindet. Der Wert für diesen Gleichgewichtszustand muß aus einer Simulation gewonnen werden, bei der eine Gleichspannungsquelle mit $u = u(0) = 2.4$ V zum Einsatz kommt. Somit betragen die Anfangswerte hier

$$\phi(0) = 0.0349 \tag{13.43}$$
$$\dot{q}(0) = \frac{2.4\text{ V}}{100\Omega} = 0.024\text{ A}.\tag{13.44}$$

Das Ergebnis der Ermittlung des Abfallstromes ist in Bild 13.12 zu sehen. Der Abfallstrom beträgt demnach

$$i_{\text{ab}} = 0.016\text{ A}.\tag{13.45}$$

Das Verhältnis von i_{ab} zu i_{an} entspricht mit $v_{\text{ab/an}} = 0.24$ den aus der Praxis bekannten Werten.

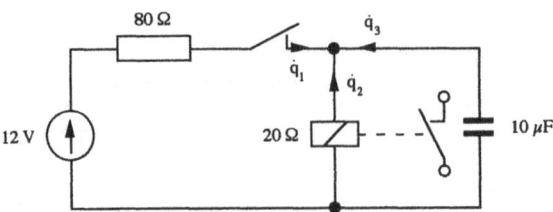

Abbildung 13.13: Schaltung mit Kondensator zur Verzögerung

13.3.7 Verzögerungschaltung mit Kondensator

Verzögerungen der Anzugs- und Abfallzeit werden in der Praxis entweder durch Kurzschlußwicklungen oder durch Parallelschaltung kapazitiver oder resistiver Bauelemente
erzielt. Die Verzögerung mittels Kurzschlußwicklung kann modelliert werden, indem man
eine dritte Lagekoordinate q_v einführt, die durch das Bauelement relaiswandler mit
ϕ und durch das Bauelement trafo[14] mit q verkoppelt wird. Zusätzlich muß noch der
ohmsche Widerstand der Kurzschlußwicklung an die Bauelementeliste angefügt werden.

Im folgenden soll jedoch die zweite Variante beschrieben werden, um die Einführung von
Zwangsbedingungen zu demonstrieren. Abbildung 13.13 zeigt nun die Beschaltung des
Relais. Das einzige Bauelement, das gegenüber Abschnitt 13.3.5 hizugekommen ist, ist
der Kondensator. Also wird der Bauelementeliste aus Abschnitt 13.3.5 der Kondensator
mittels

```
AppendTo[blist,{feder,1/(10*10^-6),q3}]
```

angefügt, weil der Kondensator in Ladungsformulierung eine verallgemeinerte Feder darstellt. Dabei ist die verallgemeinerte Federkonstante wegen $u = q/C$ das Reziproke der
Kapazität.

Mit dem Einfügen des Kondensators wurde jedoch auch die Topologie des Netzwerkes
verändert. Es existiert nun eine unabhängige Knotengleichung, die eine Zwangsbedingung repräsentiert, da sie die verallgemeinerten Geschwindigkeiten (Ströme)—oder bei
Integration die verallgemeinerten Lagekoordinaten (Ladungen)—miteinander verknüpft.
Deshalb sieht der Aufruf von mkeuler diesmal so aus:

---

[14]Nach Tabelle 6.5 Typ 2.

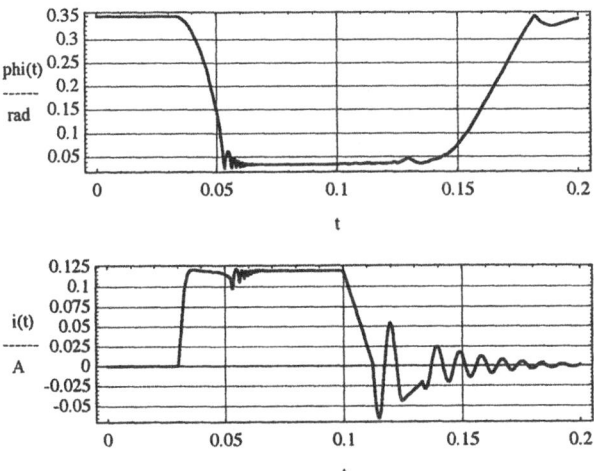

Abbildung 13.14: Stromverlauf und Winkelstellung des Ankers während eines verzögerten Schaltvorganges

```
mkeuler[mkld[blist],{q1+q2+q3==0},{q3},{phi,q1,q2},t]
```

Man erkennt die Knotengleichung als Zwangsbedingung und q3 als abhängige Koordinate. Die Anfangsbedinungen sind die gleichen wie in Abschnitt 13.3.5, nur daß hier $\dot{q}_3(0) = 0$ hinzukommt (der Schalter ist zu Beginn aus).

In Abbildung 13.14 ist der Verlauf von $\dot{q}_2$ und ϕ zu sehen. Man sieht, daß aufgrund der niedrigen Zeitkonstante zwischen dem Innenwiderstand der Spannungsquelle und dem Kondensator die Anzugszeit praktisch nicht beeinflußt wird. Die Abfallzeit jedoch wird durch diese Maßnahme mit $t_{ab} = 82$ ms fast verdreifacht, weil die Energie im Schwingkreis Relais-Kondensator noch eine Weile gespeichert wird.

Zum Zeitpunkt $t = 0.13$ s sieht man, wie der Anker abfallen will, aber durch das Überschwingen des Stromes nocheinmal „zurückgeholt" wird und dabei wiederum auf den Strom zurückwirkt. Wenn der Anker losgelassen wurde, ist der Einfluß des Stromes geringer, aber immer noch erkennbar, denn für den gleichen Weg benötigte der Anker in Abschnitt 13.3.5 etwa 10 ms weniger.

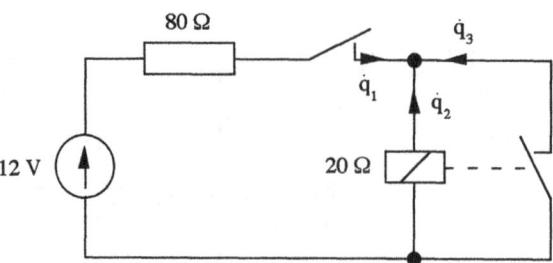

Abbildung 13.15: Zerhackerschaltung mit Verzögerung durch Kurzschluß

13.3.8 Parameteroptimierung einer Zerhackerschaltung

Im letzten Schaltungsbeispiel soll gezeigt werden, wie Relaiskontakte in das System einbezogen werden können. Gegenüber der Schaltung im vorigen Abschnitt wird nun gemäß Abbildung 13.15 statt des Kondensators ein Relaiskontakt eingefügt. Also schreibt man diesmal unter Zuhilfenahme der Bauelementeliste aus dem vorigen Abschnitt

```
AppendTo[blist,{relaiskontakt, phi, q3}]
```

Das Bauelement `relaiskontakt` ist dem System allerdings noch nicht bekannt, d.h. es muß noch implementiert werden. Wie aus der Bauelementeliste ersichtlich, verkoppelt der Relaiskontakt ϕ und q_3. Er soll nun analog zum Schalter durch einen Widerstand modelliert werden, der je nach Ankerstellung sehr groß oder Null ist. Das gewünschte Verhalten sei

$$R_r = \begin{cases} 0 & \text{wenn } \phi < 0.2 \\ 2000000 & \text{sonst.} \end{cases} \tag{13.46}$$

Da es sich um einen linearen Widerstand handelt, der unter der angegebenen Bedingung in Erscheinung tritt, kann man ihn mit einem D-Term darstellen. Somit wird der Relaiskontakt dem System mit der Eingabe

```
bauel[relaiskontakt,x_,y_]:=
    {0,10^6 If[x<0.2,0,1]/2 y'^2}
```

bekanntgemacht. Die Parameter des Schalters werden so eingestellt, daß er während der gesamten Simulation eingeschaltet ist. Man könnte ihn ebensogut aus der Liste der Bauelemente entfernen, aber er stört in diesem Falle nicht und kann bei weiteren Untersuchungen wieder zum Einsatz kommen.

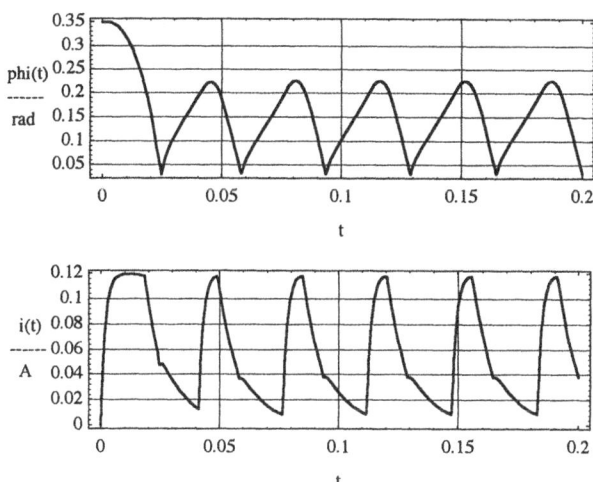

Abbildung 13.16: Stromverlauf und Winkelstellung des Ankers der Zerhackerschaltung

Da sich die Topologie des Systems nicht geändert hat, können jetzt mit der gleichen Eingabe wie im vorigen Abschnitt die Bewegungsgleichungen aufgestellt und gelöst werden. Das Ergebnis ist in Abbildung 13.16 zu sehen.

Wie erwartet führt das auf einen periodischen Vorgang. Da das Relais nicht vom Stromkreis abgetrennt sondern kurzgeschlossen wird, tritt eine Verzögerungswirkung wie bei einer Kurzschlußwicklung ein, und der Strom kann nach der jeweiligen Abschaltung weiterfließen. Deshalb ergeben sich immer dann, wenn der Anker die 0.2-Grenze unterschreitet exponetiell abklingende Ströme. Beim Ankeranschlag erkennt man wieder deutlich die Ankerrückwirkung in Form von leichten Knicken im Stromverlauf.

Durch Biegen an den Kontaktfedern—respektive verändern der 0.2-Grenze—kann nun die Frequenz der Zerhackerschaltung eingestellt werden. Auch die Auswirkungen der Veränderung des Massenträgheitsmoments, der Federkraft oder der Dämpfung können nun untersucht werden.

Literaturverzeichnis

[1] ABEL, T.; RHEINHARD, M.: Lagrangesche Modelle für eine Klasse nichtlinearer Wandler. Wissenschaftliche Zeitschrift der TH Ilmenau, **34**(1988)3, S. 73-80.

[2] ABEL, T.: Zur Synthese elektromechanischer Systeme mittels Lagrange-Funktion. Dissertation (A), Technische Hochschule Ilmenau, 1989.

[3] BATTLE, C.; GOMIS, J.; PONS, J.M.; ROMAN-ROY, N.: Lagrangian and Hamiltonian constraints for second-order singular Lagrangians. J. Phys. A (London): Math. Gen., **21**(1988)12, S. 1693-2703.

[4] BERTIN, M.; FAROUX, J.P.; RENAULT, J.: Elektromagnétisme. BORDAS, Paris, 1986.

[5] BRUTON, L.T.: Network transfer function using the Concept of Frequency Dependent Negative Resistance. IEEE Transactions on Circuit Theory, CT-**16**(1969), S. 406-408.

[6] CHUA, L.: Device modeling via basic nonlinear circuit elements. IEEE, (1980), S. 10-19.

[7] CHUA, O.; DOUGLAS, G.: Synthesis of nonlinear periodic systems. IEEE Transactions on Circuits and Systems, **21** , S. 286–294.

[8] CHUA, L.; DESOR, C.; KUH, E.: Linear and nonlinear circuits. McGraw-Hill, New York, 1987.

[9] DIEMAR, U.: Analyse und Synthese von Systemen mittels erweitertem Lagrange- und Hamilton-Formalismus unter Einbeziehung von Elementen höherer Ordnung. Dissertation, Technische Universität Ilmenau, 1994.

[10] FRANCAVIGLIA, M.; KRUPKA, D.: The Hamiltonian formalism in higher order variational problems. Ann. Inst. Henri Poincarè, Sect. A, **37**(1882)3, S. 295-315.

[11] GARCIA, X.; PONS, J.M.; ROMAN-ROY, N.: Higher-order Lagrangian systems: Geometric structures, dynamics and constraints. J. Math. Phys., **32**(1991)10, S. 2744-2763.

[12] HEBDA, P.W.: Treatment of higher-order Lagrangian via the construction of dynamical equivalent first-order Lagrangians. J. Math. Phys., **31**(1990)9, S. 2116-2125.

[13] JAKUBENKO, W.: Ein Beitrag zur Verwendung von Elementen höherer Ordnung bei der Modellierung bipolarer Transistoren. Dissertation (A), Technische Hochschule Ilmenau, 1984.

[14] KÄSTNER, S.: Vektoren, Tensoren, Spinoren. Akademie-Verlag, Berlin, 1964.

[15] KATSCHAN, W.: Ein Beitrag zur Untersuchung von Elementen höherer Ordnung und ihre Anwendung in Regelsystemen. Dissertation (A), Technische Hochschule Ilmenau, 1983.

[16] LEON, M. DE; RODRIGUES, P.R. Generalized classical mechanics and Fieldtheory. Elsevier Science Publishers B.V., North-Holland, Amsterdam, New York, Oxford, 1985.

[17] MAISSER, P.; STEIGENBERGER, J.: Zugang zur Theorie elektromechanischer Systeme mittels der klassischen Mechanik. Teil 1-4. Wissenschaftliche Zeitschrift der TH Ilmenau, **20**(1974)–**23**(1977).

[18] MEYER, M.: Verfahren der Modellierung und Simulation von kryoelektronischen Schaltungen und ihr Einsatz zum Entwurf einer Ultrakurzzeitschaltung. Dissertation (A), Technische Hochschule Ilmenau, 1986.

[19] MOORE, R.A.; SCOTT, T.C.: Quantization of second-order Lagrangians: Modell Problem. Physical Review A, **44**(1991)3, S. 1477-1484.

[20] MOSCHYTZ, G.S.; HORN, P.:   Handbuch zum Entwurf aktiver Filter. R. Oldenbourg Verlag, München/Wien, 1983.

[21] NESTERENKO, V.V.: The singular Lagrangians with higher derivatives. Dubna preprint E2-87-9, 1987.

[22] OSTROGRADSKY, M.:   Mémoire sur les équations différentielles relatives aux problèmes des isopérimètres. Mém. Acad. Sc. St. Peterburg, (1850)6, S. 385-517.

[23] PAGANI, E.; TECCHIOLLI, G.; ZERBINI, S.: On the Problem of Stability for Higher-Order Derivative Lagrangian Systems. Letters in Mathematical Physics, 31(1987)9, S. 311-319.

[24] PHILIPPOW, E.:   Nichtlineare Elektrotechnik. Akademische Verlagsgesellschaft Geest & Portig K.G., Leipzig, 2. bearbeitete und erweiterte Auflage, 1971.

[25] PHILIPPOW, E.; REINHARDT, M.: Beitrag zur Theorie der künstlichen Elemente höherer Ordnung. 26. Internationales Wissenschaftliches Kolloquium. Technische Hochschule Ilmenau, 1981.

[26] PONS, J.M.: Ostrogradski's Theorem for Higher-Order Singular Lagrangians. Letters in Mathematical Physics, 17(1989)3, S. 181-189.

[27] SCHMUTZER, E.: Grundlagen der Theoretischen Physik, Teil1. Deutscher Verlag der Wissenschaften, Berlin, 1991.

[28] SCHMUTZER, E.:   Grundlagen der Theoretischen Physik, in zwei Teilen. VEB Deutscher Verlag der Wissenschaften, Berlin, 1989.

[29] SIMONYI, K.: Theoretische Elektrotechnik. VEB Deutscher Verlag der Wissenschaften, Berlin, 9. Auflage, 1989.

[30] SOMMERFELD, A.: Vorlesungen über Theoretische Physik, Band I, Mechanik. Akademische Verlagsgesellschaft Geest & Portig KG, Leipzig, 1968.

[31] STOCKMAYER, E.; SÜSSE, R.: Über Extremalprinzipien nichtlinearer Gleichstromnetzwerke. Wissenschaftliche Zeitschrift der TH Ilmenau, 21(1975).

[32] SÜSSE, R.; MARX, B.: Theoretische Elektrotechnik, Band 1: Variationsrechnung und Maxwellsche Gleichungen. B · I · Wissenschaftsverlag, Mannheim · Leipzig · Wien · Zrich, 1994.

[33] SÜSSE, R.: Das Kompensationsprinzip. Zeitschrift für elektrische Informations- und Energietechnik, 10(1980)5, S. 461–468.

[34] SÜSSE, R.:   Zur Theorie der nichtlinearen Netzwerksynthese und der Äquivalenz nichtlinearer Schaltungen.   Dissertationsschrift zum Dr. sc. techn., Technische Hochschule Ilmenau, Ilmenau, 1978.

[35] SÜSSE, R.:   Emploi de l'intégrale d'action et du formalisme de Lagrange en électrotechnique théorique. The international conference on applied theoretical electrotechnics. University of Craiova, Craiova, Romania, 1991.

[36] WANGENHEIM, L. VON: Aktive Filter in RC-und SC-Technik. Hüthig Buch Verlag GmbH, Heidelberg, 1991.

[37] WHITTAKER, E.T.: Analytische Dynamik der Punkte und starren Körper. Verlag Julius Springer, Berlin, 1924.

[38] WOLFRAM, S.: Mathematica—Ein System für Mathematik auf dem Computer. Addison Wesley, 1992.

[39] ЗЮССЕ, Р.: К положению интеграла действия в теоретической электротехнике и применение функций лагранжа и гамильтона в электрических цепях с потерями. Зарубежная радиоэлектроника. 11/12(1994), с. 29-31.

Anhang A

$\{L, D\}$-Modelle

A.1 Modelle in verallgemeinerten Koordinaten

k	Zweipolrelation	L-Term	D-Term
1	$F = K_1 \frac{d}{dt}\dot{q}$	$L = \frac{K_1}{2}\dot{q}^2$	
2	$F = K_2 \frac{d^2}{dt^2}\dot{q} = K_2 \frac{d}{dt}\ddot{q}$		$D = -\frac{K_2}{2}\ddot{q}^2$
3	$F = K_3 \frac{d^3}{dt^3}\dot{q} = K_3 \frac{d^2}{dt^2}\ddot{q}$	$L = -\frac{K_3}{2}\ddot{q}^2$	
4	$F = K_4 \frac{d^4}{dt^4}\dot{q} = K_4 \frac{d^2}{dt^2}\overset{(3)}{q}$		$D = \frac{K_4}{2}\overset{(3)}{q}{}^2$
5	$F = K_5 \frac{d^5}{dt^5}\dot{q} = K_5 \frac{d^3}{dt^3}\overset{(3)}{q}$	$L = \frac{K_5}{2}\overset{(3)}{q}{}^2$	
6	$F = K_6 \frac{d^6}{dt^6}\dot{q} = K_6 \frac{d^3}{dt^3}\overset{(4)}{q}$		$D = -\frac{K_6}{2}\overset{(4)}{q}{}^2$
7	$F = K_7 \frac{d^7}{dt^7}\dot{q} = K_7 \frac{d^4}{dt^4}\overset{(4)}{q}$	$L = -\frac{K_7}{2}\overset{(4)}{q}{}^2$	
8	$F = K_8 \frac{d^8}{dt^8}\dot{q} = K_8 \frac{d^4}{dt^4}\overset{(5)}{q}$		$D = \frac{K_8}{2}\overset{(5)}{q}{}^2$

Tabelle A.1: L- und D-Funktionen für Elemente erster bis achter Ordnung mit verallgemeinerten Koordinaten

k	Zweipolrelation	L-Term	D-Term	Bauelementebezeichnung
1	$u = K_1 \frac{d}{dt}\dot{q}$	$L = \frac{K_1}{2}\dot{q}^2$		Induktivität
2	$u = K_2 \frac{d^2}{dt^2}\dot{q}$		$D = -\frac{K_2}{2}\ddot{q}^2$	neg. freq.-abh. Widerstand
3	$u = K_3 \frac{d^3}{dt^3}\dot{q}$	$L = -\frac{K_3}{2}\ddot{q}^2$		freq.-abh. Kapazität
4	$u = K_4 \frac{d^4}{dt^4}\dot{q}$		$D = \frac{K_4}{2}\overset{(3)}{q}{}^2$	freq.-abh. Widerstand
5	$u = K_5 \frac{d^5}{dt^5}\dot{q}$	$L = \frac{K_5}{2}\overset{(3)}{q}{}^2$		freq.-abh. Induktivität
6	$u = K_6 \frac{d^6}{dt^6}\dot{q}$		$D = -\frac{K_6}{2}\overset{(4)}{q}{}^2$	neg. freq.-abh. Widerstand
7	$u = K_7 \frac{d^7}{dt^7}\dot{q}$	$L = -\frac{K_7}{2}\overset{(4)}{q}{}^2$		freq.-abh. Kapazität
8	$u = K_8 \frac{d^8}{dt^8}\dot{q}$		$D = \frac{K_8}{2}\overset{(5)}{q}{}^2$	freq.-abh. Widerstand

Tabelle A.2: L- und D-Funktionen für Elemente erster bis achter Ordnung in Ladungsformulierung

k	Zweipolrelation	L-Term	D-Term	Bauelementebezeichnung
1	$i = K_1 \frac{d}{dt}\dot{\psi}$	$L = \frac{K_1}{2}\dot{\psi}^2$		Kapazität
2	$i = K_2 \frac{d^2}{dt^2}\dot{\psi}$		$D = -\frac{K_2}{2}\ddot{\psi}^2$	neg. freq.-abh. Leitwert
3	$i = K_3 \frac{d^3}{dt^3}\dot{\psi}$	$L = -\frac{K_3}{2}\ddot{\psi}^2$		freq.-abh. Induktivität
4	$i = K_4 \frac{d^4}{dt^4}\dot{\psi}$		$D = \frac{K_4}{2}\overset{(3)}{\psi}{}^2$	freq.-abh. Leitwert
5	$i = K_5 \frac{d^5}{dt^5}\dot{\psi}$	$L = \frac{K_5}{2}\overset{(3)}{\psi}{}^2$		freq.-abh. Kapazität
6	$i = K_6 \frac{d^6}{dt^6}\dot{\psi}$		$D = -\frac{K_6}{2}\overset{(4)}{\psi}{}^2$	neg. freq.-abh. Leitwert
7	$i = K_7 \frac{d^7}{dt^7}\dot{\psi}$	$L = -\frac{K_7}{2}\overset{(4)}{\psi}{}^2$		freq.-abh. Induktivität
8	$i = K_8 \frac{d^8}{dt^8}\dot{\psi}$		$D = \frac{K_8}{2}\overset{(5)}{\psi}{}^2$	freq.-abh. Leitwert

Tabelle A.3: L- und D-Funktionen für Elemente erster bis achter Ordnung in Flußformulierung

k	Zweipolrelation	L-Term	D-Term	Bauelementebezeichnung
1	$F = K_1 \frac{d}{dt}\dot{x}$	$L = \frac{K_1}{2}\dot{x}^2$		Masse
2	$F = K_2 \frac{d^2}{dt^2}\dot{x}$		$D = -\frac{K_2}{2}\ddot{x}^2$	neg. freq.-abh. Dämpfung
3	$F = K_3 \frac{d^3}{dt^3}\dot{x}$	$L = -\frac{K_3}{2}\ddot{x}^2$		freq.-abh. Richtgröße
4	$F = K_4 \frac{d^4}{dt^4}\dot{x}$		$D = \frac{K_4}{2}\overset{(3)}{x}{}^2$	freq.-abh. Dämpfung
5	$F = K_5 \frac{d^5}{dt^5}\dot{x}$	$L = \frac{K_5}{2}\overset{(3)}{x}{}^2$		freq.-abh. Masse
6	$F = K_6 \frac{d^6}{dt^6}\dot{x}$		$D = -\frac{K_6}{2}\overset{(4)}{x}{}^2$	neg. freq.-abh. Dämpfung
7	$F = K_7 \frac{d^7}{dt^7}\dot{x}$	$L = -\frac{K_7}{2}\overset{(4)}{x}{}^2$		freq.-abh. Richtgröße
8	$F = K_8 \frac{d^8}{dt^8}\dot{x}$		$D = \frac{K_8}{2}\overset{(5)}{x}{}^2$	freq.-abh. Dämpfung

Tabelle A.4: L- und D-Funktionen für Elemente erster bis achter Ordnung in Wegformulierung

k	Zweipolrelation	L-Term	D-Term	Bauelementebezeichnung
1	$v = K_1 \frac{d}{dt}\dot{p}$	$L = \frac{K_1}{2}\dot{p}^2$		Federkonstante
2	$v = K_2 \frac{d^2}{dt^2}\dot{p}$		$D = -\frac{K_2}{2}\ddot{p}^2$	neg. freq.-abh. Dämpfung
3	$v = K_3 \frac{d^3}{dt^3}\dot{p}$	$L = -\frac{K_3}{2}\ddot{p}^2$		freq.-abh. Masse
4	$v = K_4 \frac{d^4}{dt^4}\dot{p}$		$D = \frac{K_4}{2}\overset{(3)}{p}{}^2$	freq.-abh. Dämpfung
5	$v = K_5 \frac{d^5}{dt^5}\dot{p}$	$L = \frac{K_5}{2}\overset{(3)}{p}{}^2$		freq.-abh. Richtgröße
6	$v = K_6 \frac{d^6}{dt^6}\dot{p}$		$D = -\frac{K_6}{2}\overset{(4)}{p}{}^2$	neg. freq.-abh. Dämpfung
7	$v = K_7 \frac{d^7}{dt^7}\dot{p}$	$L = -\frac{K_7}{2}\overset{(4)}{p}{}^2$		freq.-abh. Masse
8	$v = K_8 \frac{d^8}{dt^8}\dot{p}$		$D = \frac{K_8}{2}\overset{(5)}{p}{}^2$	freq.-abh. Dämpfung

Tabelle A.5: L- und D-Funktionen für Elemente erster bis achter Ordnung in Impulsformulierung

A.2   Modelle in Ladungsformulierung

n	Zweipolrelation	L-Term	D-Term
1	$u = \frac{1}{V_s}q + \frac{T}{V_s}\frac{d}{dt}q$	$\frac{T}{2V_s}\dot{q}^2$	$\frac{1}{2V_s}\dot{q}^2$
2	$u = \frac{1}{V_s}\dot{q} + \frac{2T}{V_s}\frac{d}{dt}\dot{q} + \frac{T^2}{V_s}\frac{d^2}{dt^2}\dot{q}$	$\frac{T}{2V_s}\dot{q}^2$	$\frac{1}{V_s}\dot{q}^2 - \frac{T^2}{2V_s}\ddot{q}^2$
3	$u = \frac{1}{V_s}\dot{q} + \frac{3T}{V_s}\frac{d}{dt}\dot{q} + \frac{3T^2}{V_s}\frac{d^2}{dt^2}\dot{q}$ $+ \frac{T^3}{V_s}\frac{d^3}{dt^3}\dot{q}$	$\frac{3T}{2V_s}\dot{q}^2 - \frac{T^3}{2V_s}\ddot{q}^2$	$\frac{1}{2V_s}\dot{q}^2 - \frac{3T^2}{2V_s}\ddot{q}^2$
4	$u = \frac{1}{V_s}\dot{q} + \frac{4T}{V_s}\frac{d}{dt}\dot{q} + \frac{6T^2}{V_s}\frac{d^2}{dt^2}\dot{q}$ $+ \frac{4T^3}{V_s}\frac{d^3}{dt^3}\dot{q} + \frac{T^4}{V_s}\frac{d^4}{dt^4}\dot{q}$	$\frac{2T}{V_s}\dot{q}^2 - \frac{2T^3}{V_s}\ddot{q}^2$	$\frac{1}{2V_s}\dot{q}^2 - \frac{3T^2}{V_s}\ddot{q}^2 + \frac{T^4}{2V_s}\overset{(3)}{q}{}^2$
5	$u = \frac{1}{V_s}\dot{q} + \frac{5T}{V_s}\frac{d}{dt}\dot{q} + \frac{10T^2}{V_s}\frac{d^2}{dt^2}\dot{q}$ $+ \frac{10T^3}{V_s}\frac{d^3}{dt^3}\dot{q} + \frac{5T^4}{V_s}\frac{d^4}{dt^4}\dot{q}$ $+ \frac{T^5}{V_s}\frac{d^5}{dt^5}\dot{q}$	$\frac{5T}{2V_s}\dot{q}^2 - \frac{5T^3}{V_s}\ddot{q}^2 + \frac{T^5}{2V_s}\overset{(3)}{q}{}^2$	$\frac{1}{2V_s}\dot{q}^2 - \frac{5T^2}{V_s}\ddot{q}^2 + \frac{5T^4}{2V_s}\overset{(3)}{q}{}^2$
6	$u = \frac{1}{V_s}\dot{q} + \frac{6T}{V_s}\frac{d}{dt}\dot{q} + \frac{15T^2}{V_s}\frac{d^2}{dt^2}\dot{q}$ $+ \frac{20T^3}{V_s}\frac{d^3}{dt^3}\dot{q} + \frac{15T^4}{V_s}\frac{d^4}{dt^4}\dot{q}$ $+ \frac{6T^5}{V_s}\frac{d^5}{dt^5}\dot{q} + \frac{T^6}{V_s}\frac{d^6}{dt^6}\dot{q}$	$\frac{3T}{V_s}\dot{q}^2 - \frac{10T^3}{V_s}\ddot{q}^2 + \frac{3T^5}{V_s}\overset{(3)}{q}{}^2$	$\frac{1}{2V_s}\dot{q}^2 - \frac{15T^2}{2V_s}\ddot{q}^2 + \frac{15T^4}{2V_s}\overset{(3)}{q}{}^2$ $- \frac{T^6}{2V_s}\overset{(4)}{q}{}^2$
7	$u = \frac{1}{V_s}\dot{q} + \frac{7T}{V_s}\frac{d}{dt}\dot{q} + \frac{21T^2}{V_s}\frac{d^2}{dt^2}\dot{q}$ $+ \frac{35T^3}{V_s}\frac{d^3}{dt^3}\dot{q} + \frac{35T^4}{V_s}\frac{d^4}{dt^4}\dot{q}$ $+ \frac{21T^5}{V_s}\frac{d^5}{dt^5}\dot{q} + \frac{7T^6}{V_s}\frac{d^6}{dt^6}\dot{q}$ $+ \frac{T^7}{V_s}\frac{d^7}{dt^7}\dot{q}$	$\frac{7T}{2V_s}\dot{q}^2 - \frac{35T^3}{2V_s}\ddot{q}^2 + \frac{21T^5}{V_s}\overset{(3)}{q}{}^2$ $- \frac{T^7}{2V_s}\overset{(4)}{q}{}^2$	$\frac{1}{2V_s}\dot{q}^2 - \frac{21T^2}{2V_s}\ddot{q}^2 + \frac{35T^4}{2V_s}\overset{(3)}{q}{}^2$ $- \frac{7T^6}{2V_s}\overset{(4)}{q}{}^2$
8	$u = \frac{1}{V_s}\dot{q} + \frac{8T}{V_s}\frac{d}{dt}\dot{q} + \frac{28T^2}{V_s}\frac{d^2}{dt^2}\dot{q}$ $+ \frac{56T^3}{V_s}\frac{d^3}{dt^3}\dot{q} + \frac{70T^4}{V_s}\frac{d^4}{dt^4}\dot{q}$ $+ \frac{56T^5}{V_s}\frac{d^5}{dt^5}\dot{q} + \frac{28T^6}{V_s}\frac{d^6}{dt^6}\dot{q}$ $+ \frac{8T^7}{V_s}\frac{d^7}{dt^7}\dot{q} + \frac{T^8}{V_s}\frac{d^8}{dt^8}\dot{q}$	$\frac{4T}{V_s}\dot{q}^2 - \frac{28T^3}{2V_s}\ddot{q}^2 + \frac{28T^5}{V_s}\overset{(3)}{q}{}^2$ $- \frac{4T^7}{V_s}\overset{(4)}{q}{}^2$	$\frac{1}{2V_s}\dot{q}^2 - \frac{14T^2}{V_s}\ddot{q}^2 + \frac{35T^4}{V_s}\overset{(3)}{q}{}^2$ $- \frac{14T^6}{V_s}\overset{(4)}{q}{}^2 + \frac{T^8}{2V_s}\overset{(5)}{q}{}^2$

Tabelle A.6: *L*- und *D*-Funktionen für reale Elemente erster bis achter Ordnung in Ladungsformulierung

Anhang B

Das Paket Lagrange'

```
BeginPackage["Lagrange'"]

bauel::usage =
"Addiert den Beitrag eines Elements zur Lagrange-
bzw. Dissipationsfunktion. Fuer einige Standardbauelemente ist
bauel bereits definiert. Bei Definitionen von bauel fuer neue
Bauelemente muss bauel die Liste {L-Term, D-Term} zurueckgeben."

mkld::usage =
"Stellt die Lagrange- und Dissipationsfunktion auf. Die Funktion mkld
hat nur ein Argument, das eine Liste aus Listen der Argumente
fuer die Funktion bauel darstellt, fuer jedes Bauelement ein
Listenelement. Sie gibt die Liste {L-Funktion, D-Funktion}
zurueck."

feder::usage =
"Allgemeines Kraftpotential. bauel[feder, K, q] addiert eine
allgemeine Feder mit der Fedekonstante K
(in Ladungsformulierung z.B. ein Kondensator mit 1/C) in der
Ortskoordinate q zum Gesamtsystem."

masse::usage =
"Allgemeine freie Masse. bauel[masse, m, q] addiert eine
allgemeine freie Masse der Groesse m
(in Ladungsformulierung z.B. eine Spule mit L) in der
Ortskoordinate q zum Gesamtsystem."

daempfer::usage =
"Allgemeiner Resistor. bauel[daempfer, D, q] addiert einen
allgemeinen linearen Resistor mit der Daempfungskonstante
D (in Ladungsformulierung z.B. ein Widerstand mit R) in der
Ortskoordinate q zum Gesamtsystem."

gestquv::usage =
"Lineare geschwindigkeitsgesteuerte Kraftquelle. bauel[gestquv, K, q1, q2]
addiert  eine Kraftquelle der Form Q_1=K q2' zum Gesamtsystem."

gestquq::usage =
"Lineare ortsgesteuerte Kraftquelle.  bauel[gestquq, K, q1, q2]
```

addiert eine Kraftquelle der Form Q_1=K q2 zum Gesamtsystem."

trafo::usage =
"Linearer reziproker Wandler, der von der
Beschleunigung abhaengt. bauel[trafo, K, q1, q2] addiert einen
Wandler der Form Q_1=K q2", Q_2=K q1" (in der
Ladungsformulierung z.B. einen Transformantor mit der
Gegeninduktivitaet M) zum Gesamtsystem."

quelle::usage =
"Freie Quelle. bauel[quelle, f[t], q] addiert eine Quelle mit Q=f[t]
im Zweig q zum Gesamtsystem."

allgmasse::usage =
"Nichtlineare Masse (speicherintensiv). bauel[allgmasse, f[q'], q]
addiert eine allgemeine nichtlineare Masse mit Q=f'[q']
(in Ladungsformulierung z.B. eine Spule mit Eisenkern) in der
Ortskoordinate q zum Gesamtsystem."

allgdaempfer::usage =
"Nichtlinearer Resistor (speicherintensiv). bauel[allgdaempfer, f[q'], q]
addiert einen allgemeinen Daempfer mit Q=f[q']
(in Ladungsformulierung z.B. eine Diode) in der
Ortskoordinate q zum Gesamtsystem."

allgfeder::usage =
"Nichtlineare Feder (speicherintensiv). bauel[allgfeder, f[q], q]
addiert eine allgemeine nichtlineare Feder mit Q=f[q]
(in Ladungsformulierung z.B. ein Kondensator mit nichtlinearem
Dielektrikum) in der Ortskoordinate q zum Gesamtsystem."

allggestquv::usage =
"Nichtlineare geschwindigkeitsgesteuerte Quelle.
bauel[allggestquv, f[q2], q1, q2] addiert eine Kraftquelle
der Form Q_1=f[q2'] zum Gesamtsystem."

mkld::nodef =
"Von mindestens einem Element ist dem System
kein {L,D}-Modell bekannt."

mkeuler::usage =
"mkeuler[{L-Funktion,D-Funktion}, zwang, abh, unabh ,t] erzeugt
das DGLS, das die Bewegung der unabhaengigen Ortskoordinaten beschreibt.
Dabei ist zwang ein Gleichungssystem, dass die
Zwangsbedingungen beschreibt, abh und unabh die Liste der abhaengigen
bzw. unabhaengigen Ortskoordinaten und t die Variable fuer die Zeit."

mkfirst::usage =
"mkfirst[gllist_List,vars_List,t_] erzeugt aus einem DGLS hoeherer
Ordnung ein DGLS erster Ordnung zur numerischen Loesung. Dabei ist
<gllist> eine Liste von Differentialgleichungen hoeherer Ordnung, <vars>
ist die Liste der zu Loesenden Variablen und <t> ist die Variable, von
der die <vars> abhaengen. Es werden dabei neue Variablen der Form
hilf<n> eingefuehrt. Zurueckgegeben wird einen Liste, deren erstes
Element das neue DGLS und deren zweites Element die dazu gehoerigen
abhaengigen Variablen sind."

```
Begin["'Private'"]

(* Definition fuer bauel fuer die wichtigsten Bauelemente *)

bauel[feder,k_,q_]:=
    (
    (* Wenn k keine Zahl ist, bekommt k das Attribut
       Constant, damit es von Dt[] nicht abgeleitet wird. *)
    NumberQ[k] || SetAttributes[k,Constant];
    {- k/2 q^2,0}
    )

bauel[masse,k_,q_]:=
    (
    NumberQ[k] || SetAttributes[k,Constant];
    {k/2 q'^2,0}
    )

bauel[daempfer,k_,q_]:=
    (
    NumberQ[k] || SetAttributes[k,Constant];
    {0,k/2 q'^2}
    )

bauel[gestquv,k_,q1_,q2_]:=
    (
    NumberQ[k] || SetAttributes[k,Constant];
    {- k/2 q1 q2',
 k/2 q1' q2'}
    )

bauel[gestquq,k_,q1_,q2_]:=
    (
NumberQ[k] || SetAttributes[k,Constant];
{0,k q1' q2}
    )

bauel[trafo,k_,q1_,q2_]:=
    (
    NumberQ[k] || SetAttributes[k,Constant];
    {k q1' q2',0}
    )

bauel[quelle,k_,q_]:=
    {0,-q' k}

bauel[allgfeder,k_,q_]:=
    {-Integrate[k, {q,0,q}] /. x_Symbol :>
     (SetAttributes[x,Constant];x) /; x =!= q
    && FreeQ[Attributes[x],Protected], 0}

bauel[allgdaempfer,k_,q_]:=
    {0,Integrate[k, {q',0,q'}]} /.
     x_Symbol :> (SetAttributes[x,Constant];x)
    /; x =!= q && FreeQ[Attributes[x],Protected]}
```

```
bauel[allgmasse,k_,q_]:=
    {Integrate[k, {q',0,q'}] /. x_Symbol :>
      (SetAttributes[x,Constant];x) /; x =!= q
     && FreeQ[Attributes[x],Protected], 0}

bauel[allggestquv,k_,q1_,q2_]:=
    {-q1 k/2, q1' k/2+q1 q2" D[k, q2']/2} /.
     x_Symbol :>
       (SetAttributes[x,Constant];x) /;
        x =!= q1 && x=!=q2 && FreeQ[Attributes[x],Protected]

mkld[blist_List]:=
      Module[{ldterme},
         ldterme = bauel @@ #& /@ blist;
         (* Die Variable ldterme enthaelt nun die Liste aus
            den Listen der L- und D-Terme. *)
         If[MemberQ[ldterme,_bauel], Message[mkld::noder],
         Thread[Plus @@ ldterme]]
         (* Wenn eine Anwendung von bauel kein Ergebnis bringt,
            wird eine Meldung ausgegeben, sonst wird die Liste
            transponiert und aufaddiert;
            Ergebnis: {L-Fkt,D-Fkt} *)
      ]

mkeuler[{l_,d_},zwang_,abh_List,unabh_List,t_]:=
  Module[{ lzwang, dzwang, lord, dord },
     {lzwang, dzwang} = {l ,d }
     /. First[Solve[zwang,abh]]
     /. {x_ :> x[t] /; MemberQ[unabh,x]}
     /. {Derivative[i_][x_] :> D[x,{t,i}]};
     (* Die Abhaengigen werden durch die unabhaengigen substituiert,
        dann wird ein [t] angehaengt, dann werden die Ableitungen
        ausgefuehrt. *)
     lord = Cases[lzwang, Derivative[i_][_][t]->i,
                Infinity]//Max;
            (* Hoechste Ableitung in L-Fkt. *)
     dord = Cases[dzwang, Derivative[i_][_][t]->i,
                Infinity]//Max;
            (* Hoechste ableitung in D-Fkt. *)
     lord==-Infinity && (lord=0);
     (* Wenn keine Ableitung -> Ordnung 0 *)
     dord==-Infinity && (dord =0);
     (* Wenn keine Ableitung -> Ordnung 0 *)
     Sum[(-1)^(ii+1) Dt[D[lzwang,Derivative[ii][#][t]],
       {t,ii}],{ii,0,lord}]
     + Sum[(-1)^ii Dt[D[dzwang,Derivative[ii+1][#][t]],
         {t,ii}],{ii,0,dord-1}] == 0& /@ unabh
     /. If[a_,b_,c_] :> c /; b==c
     (* Fuer jede Unabhaengige wird eine DGL aufgestellt,
        durch Dt[] entstehen If's mit b==c, sie werden
        aussortiert. *)
  ]

mkfirst[gllist_List,vars_List,t_]:=
   Module[{tmpcnt=0,tmplist={},gln=gllist,devmax},
```

```
(* Die ganze While-Schleife ist eine reine Funktion,
   die auf jede der Variablen angewendet wird. *)
While[(devmax=Max[Cases[gln,
  Derivative[n_][#][t]->n,Infinity]])>1,
  (* solange Ableitungen existieren, die
     groesser 1 sind *)
  gln = gln /. Derivative[devmax][#][t]->
   ToExpression["hilf"<>ToString[++tmpcnt]]'[t];
  (* ersetze hoechste Ableitung durch hilf1,
     hilf2, ... *)
  AppendTo[gln,
   ToExpression["hilf"<>ToString[tmpcnt]][t] ==
  Derivative[devmax-1][#][t]];
  (* Haenge hilfn==Derivative[devmax-1][x] an *)
  AppendTo[tmplist,
   ToExpression["hilf"<>ToString[tmpcnt]]]
  (* Haenge hilfn an Variablenliste an *)
  ]& /@ vars;
{First[Solve[gln,#'[t]& /@ Join[tmplist,vars]]]
 /. Rule[n_,m_] :> Equal[n,m],Join[vars,tmplist]}
(* Loese nach den ersten Ableitungen auf, so dass
   y'=f(y,t) *)
]

End[]

EndPackage[]
```

Index

Made in United States
Orlando, FL
22 March 2026

79554155R00149